S弯隐身喷管

艾俊强　周　莉　杨青真　著

国防工业出版社

·北京·

内 容 简 介

S弯隐身喷管可大幅降低航空发动机排气系统的红外辐射强度和电磁散射信号,显著增强飞行器的隐身能力,主要应用于有低可探测性需求的轰炸机、运输机及无人机等。S弯隐身喷管在国外多种型号飞机上已得到实战应用,如B-2战略轰炸机、X-47无人战斗机及"神经元"无人机等,而我国在S弯隐身喷管研究方面仍处于起步阶段。结合国防现代化和武器装备现代化需要,本书系统、全面地论述了S弯隐身喷管的设计方法、气动特性、冷/热态试验、红外辐射特性计算方法、红外辐射特性试验、电磁散射特性计算方法、电磁散射特性试验以及S弯隐身喷管与航空发动机的相容性特征,可为开展相关研究的科研人员提供较为全面的基础理论和数据支持。

本书可为从事隐身飞行器设计及航空发动机排气系统设计的工程技术人员、教师和研究生参考用书。

图书在版编目(CIP)数据

S弯隐身喷管/艾俊强,周莉,杨青真著. —北京:国防工业
出版社,2017.1
ISBN 978 - 7 - 118 - 11082 - 1

Ⅰ.①S… Ⅱ.①艾… ②周… ③杨… Ⅲ.①飞行器 – 喷
管 – 隐身技术 Ⅳ.①V218

中国版本图书馆 CIP 数据核字(2017)第 030255 号

※

*国防工业出版社*出版发行
(北京市海淀区紫竹院南路23号 邮政编码100048)
腾飞印务有限公司印刷
新华书店经售

*

开本787×1092 1/16 印张17½ 字数452千字
2017年1月第1版第1次印刷 印数1—2000册 定价78.00元

国防书店:(010)88540777   发行邮购:(010)88540776
发行传真:(010)88540755   发行业务:(010)88540717

前　　言

本书是根据国防现代化和武器装备现代化对于隐身技术的需要,针对军用飞机的隐身问题,结合国内外的最新研究现状及其先进技术水平,以中航工业第一飞行设计研究院和西北工业大学新概念喷气推进国防重点学科实验室的科研成果为基础,编著而成。

低可探测性是未来军用飞机应具备的最主要特征之一,战斗飞机面临的主要威胁为红外制导武器和雷达制导武器,航空发动机尾喷管作为飞机上最强的红外辐射源以及主要的雷达反射源,如何降低尾喷管的红外辐射强度和电磁散射信号成为航空发动机排气系统设计必须考虑的问题。S弯隐身喷管的S弯型面可对发动机内部高温部件进行完全遮挡,非轴对称的出口形式可强化尾喷流与外界大气的混合,显著减少尾喷流的高温核心区,大大降低其红外辐射强度;同时入射的电磁波在S弯通道内反复折射被耗散掉,增强了排气系统的雷达隐身特性。因此,S弯隐身喷管可大幅降低航空发动机排气系统的红外辐射强度和电磁散射信号,显著增强飞行器的隐身能力,已成为低可探测性技术的研究重点。S弯隐身喷管在国外多种型号飞机上已得到实战应用,如B-2战略轰炸机、X-47无人战斗机及"神经元"无人机等,而我国在S弯隐身喷管研究方面仍处于起步阶段。

为了给S弯隐身喷管在我国隐身战机上的应用提供理论基础和技术支撑,本书作者对S弯隐身喷管研究所取得的基础成果进行总结,形成《S弯隐身喷管》一书,以期为相关技术领域的科技人员提供一本有价值的参考书,便于读者更加深入地了解与S弯隐身喷管相关的基本知识和理论,并有助于开展S弯隐身喷管的研究。

本书内容共包括7章。其中第1章梳理了S弯隐身喷管弯的研究现状及研究面临的挑战;第2章对S弯隐身喷管设计方法进行了详细介绍;第3章重点介绍了S弯隐身喷管气动性能试验验证;第4章详细了介绍了S弯隐身喷管红外辐射特性;第5章和第6章细致介绍了S弯隐身喷管电磁散射特性及电磁散射试验;第7章则介绍了S弯隐身喷管与发动机的相容性。

本书第1、3章由艾俊强著,第2、4、7章由周莉著,第5、6章由杨青真著,全书由周莉统稿。

在编写过程中,中航工业第一飞机设计研究院王家启研究员、杨成凤高工、孔德英高工、邓文剑高工、王利敏高工、张维仁高工、王建高工,西北工业大学刘增文副教授、施永强副教授、张晓博讲师、史经纬助理研究员、孙啸林博士、程稳博士、李岳峰博士、陈立海博士、高翔博士、郭霄博士、杨惠成博士参与了本书部分内容的编写及例图、图表制作的工作,特表示感谢。在编写过程中,得到了中航工业第一飞机设计研究院、西北工业大学同事们的大力支持,在此一并表示感谢。

由于作者水平所限,本书难免存在缺点和不足之处,恳请读者批评指正。希望本书的出版为我国 S 弯隐身喷管在隐身战机上的应用提供一定的推动作用。

著　者

2016 年 12 月

目　　录

第1章 绪 论

1.1 引言

隐身是指入射到物体的光线完全被物体吸收(部分波段的光被吸收)或绕过其继续传播,使得物体完全不可见或部分不可见的状态,而如果入射光线被反射到人眼或者光线探测设备上,物体便为可见的。另外,通过伪装将物体与周围环境融为一体而使其近距离都无法辨识的状态也可称为隐身。后者对我们来说并不陌生,自然界中形形色色的动物一方面为了躲避天敌攻击,另一方面为了伺机捕食猎物,通过"伪装术"将自己融于身边环境中,从而使其近在咫尺都无法被发现,变色龙便是最好的例子。对战争而言,隐身是重要的战术手段,通过隐身可使己方避开敌方侦查以实现刺探情报、埋伏敌人、奇袭敌人、保存自己等目的。

1903年12月17日,莱特兄弟飞机上天揭开了载人有动力飞机发展历史的序幕,飞机很快就在战争中被使用。飞机在投入战争使用时便考虑了隐身技术。1913年,美国作战部进行了几次研究试验,飞机机翼用一种名为赛璐璐的半透明材料制造,以评价建造一种肉眼看不到的飞机的可行性。当时的作战飞机主要采用迷彩涂料以降低飞机与天空背景的对比度,减少飞机的目视特征。1935年,英国率先将雷达技术应用于防空领域,为了应对雷达侦察,德国设计了飞翼式喷气飞机并使用了吸波材料,这是雷达隐身技术中隐身外形和隐身材料技术的首次应用。20世纪60年代初期,美国、苏联等国开始有计划地进行隐身技术的研究和试验工作,雷达散射截面的理论研究和计算方法、材料、测试以及目标红外辐射特征的基础理论研究取得了较大进展。20世纪60年代后,美国通过测试作战飞机的雷达和红外目标特征,在研究强散射源部位,探索吸波材料的新机理、新途径,降低雷达散射截面和红外辐射强度等方面取得了重大突破,为转入应用研究打下了基础。在20世纪60年代,美国主要将隐身技术应用于侦察机上,为此相继诞生了U-2高空侦察机与SR-71"黑鸟"高空高速侦察机。在20世纪60—70年代的战争中,空袭主要采用低空、超低空与中高空突防相结合,实施多层次、多批次、多方向饱和攻击,对防空系统进行干扰压制的模式,参战飞机包括战略轰炸机、反雷达飞机、电子干扰机、可变翼战斗轰炸机等,这些战机大多未考虑隐身设计。随着雷达制导、红外制导防空导弹的发展,战术飞机的易毁性日益增大,但促使美国发展隐身技术的直接动因是越南战争中美军的战机损耗和第四次中东战争中以色列军方飞机的重大损失。1972年,美国空军在代号为"后卫二号"的空袭行动中被苏联萨姆-2地空导弹共击落15架号称"空中重锤"的B-52战略轰炸机。1973年的第四次中东战争中,以色列在18天内损失了109架飞机,这些飞机大都是被苏联出口型萨姆导弹部队击落的。因此如何突破敌方对空防御,成为美国迫切需要解决的重大问题,隐身技术作为一项重要的军事高技术开始迅速发展。

1989 年，美国入侵巴拿马，6 架 F－117A 对巴拿马兵营进行了轰炸，至此，一直被美国列为绝密计划的隐身飞机面世；1991 年海湾战争中，F－117A 大显雄风，其出动的架次只占全部战斗机出动架次的 2%，但却攻击了伊拉克 40% 的战略目标且己方无一损伤；虽然在 1999 年的科索沃战争中，参战的 24 架 F－117A 隐身战斗轰炸机被击落和击伤各一架，但由于其较为突出的隐身性能，在 2003 年的伊拉克战争中，美国空军仍将 F－117A 隐身战斗轰炸机作为一把尖刀先后参加了"斩首行动"和多次夜间精确打击任务。在隐身战斗机计划发展的同时，美国也在秘密进行隐身轰炸机计划，1988 年 B－2 隐身战略轰炸机问世，1995 年试飞成功，1997 年在美国空军投入使用，1999 年科索沃战争中首次投入实战使用便名声大震。1999 年 3 月 23 日，美国空军第 509 轰炸机联队的两架 B－2 隐身轰炸机从密苏里州怀特曼空军基地起飞，该机飞越大西洋、穿越地中海、意大利领空，到达南联盟上空，每架飞机从 12190m 高空投下了 16 枚 908kg 级联合直接攻击弹药，对南联盟目标进行了空袭，然后又沿原航线返回。整个航程大约 19000km，历时逾 30h，在整个航行途中，B－2 轰炸机来无影去无踪，没有一个国家的防空雷达发现其行踪。在 2003 年的伊拉克战争中，B－2 隐身轰炸机以其独特的隐身性能和精确打击能力，参加了对伊拉克空中打击的"威慑行动"和持续轰炸行动。F－117A"夜鹰"隐身战斗轰炸机和 B－2"幽灵"隐身战略轰炸机因其出众的隐身能力为美国在近代几场局部战争取得的巨大优势立下了汗马功劳，同时隐身技术也引起各军事强国的高度重视，纷纷竞相发展隐身技术。

隐身技术又称为低可探测技术或目标特征控制技术。它是改变武器装备等目标的可探测特征信号，使敌方探测系统不易发现或发现距离缩短的综合性技术。目标可探测特征信号包括以下几种：

（1）雷达目标特征信号。目标的雷达特征信号通常用雷达截面积来表征。雷达截面积（Radar Cross Section，RCS）是目标受到雷达电磁波的照射后，向雷达接收方向散射电磁波能力的量度。

（2）红外目标特征信号。温度高于绝对零度的任何物体都不断地以电磁波形式向外释放能量，这称为红外辐射。红外辐射的电磁波波长范围为 0.76～1000μm，介于可见光和无线电波之间。不同物体的红外辐射强度和波谱不同，这成为侦察设备探测和识别不同目标的重要依据。目标的红外辐射强度和波谱即为目标的红外辐射特征信号（Infrared Radiation Signatures，IRS）。

（3）声学目标特征信号。目标的声学特征信号主要表现在噪声方面。在喷气式战斗机上，噪声大多由尾喷管喷出的热燃气流产生。

（4）视觉目标特征信号。目标的视觉特征信号包括目标的尺寸、颜色、反光及尾迹等。在战场近距离内，目标会被目视光学系统发现。

（5）光电目标特征信号。目标的光电特征信号主要表现为目标的机载设备电磁辐射，其本身所载的电子设备因不断向外辐射电磁波信号，故容易被敌方的电子侦察系统发现而暴露目标。

隐身技术并不能使飞机完全不可见，它是通过控制飞机的可探测特征信号，使其被发现的距离变短、被发现的概率变低的技术。那么在飞机设计的过程中，如何最大限度地降低飞机的可探测特征信号便成为设计师们极为关注的问题，它涉及飞机设计、飞机发动机设计、电磁学、红外学、材料学及噪声学等多种学科相融合的问题。因此，飞机的隐身设计是一个极其复杂的过程,对此,应分而治之。

航空发动机排气装置作为飞机推进系统的重要部件,其主要功能是将涡轮后的高温、高压燃气膨胀加速并排出机体,从而产生发动机推力。喷管是排气装置的主要构件,通过调节喷管喉道面积来改变涡轮和喷管中燃气膨胀比的分配,以改变压气机和涡轮的共同工作点,实现对发动机工作状态的控制,从而改变发动机的推力、耗油率以及改善发动机的气动性能。喷管对飞机的可探测特征信号的贡献表现在以下几个方面:

(1)强的红外辐射源。发动机喷管是飞机上最强的红外辐射源。它的红外辐射一部分来自喷管可以被探测到(暴露)的热壁面,另一部分则来自流经喷管排出的热尾喷流。前者主要来自喷管内腔体,包括涡轮出口端、加力筒体(如果有加力燃烧室)和喷管等固体壁面的红外辐射,这是因为内腔壁面温度高,并且腔体发射率也高。

(2)主要的雷达波空洞反射源。雷达波入射到飞机机身上的空洞后,经过多次反射通常容易反射回原来的位置,如涡轮发动机的涡轮叶片正面回波信号就十分强烈。

(3)主要的噪声源。对喷气式飞机而言,噪声大多数由尾喷管喷出的热燃气流产生。

(4)主要的尾迹源。飞机尾迹是飞机飞行中发动机排出的废气与周围空气混合凝结而成的特殊的云,俗称拉烟层。飞机尾迹会暴露飞机的行踪。

针对飞机及其发动机尾喷管所暴露的红外辐射可探测特征信号及雷达反射截面可探测特征信号,各国相继发展了相应的制导导弹以对付空中威胁。表1-1列出了自第二次世界大战结束后,部分局部战争中参战双方被导弹击落飞机占总损失飞机的比例统计,并详细列出了被各类导弹击落的飞机统计。

表1-1　部分局部战争中被红外制导空空导弹及雷达制导空空导弹击落的飞机

战争名称	时　间	参　战　方	被导弹击落数/损失飞机总数	被导弹击落飞机统计	导弹制导方式
印巴战争	1971年12月3—16日	印度	29/50	全被美制"响尾蛇"空空导弹击落	红外
		巴基斯坦	总损失14架	不详	
第四次中东战争	1973年10月6—23日	以色列	47/114	其中SA-6地空导弹击落41架;苏联K-13空空导弹击落6架	半主动雷达红外
		阿拉伯国家	196/334	其中"麻雀"空空导弹击落7架;"响尾蛇"空空导弹击落38架;"谢夫里"空空导弹击落151架	半主动雷达红外红外
贝卡谷地空战	1982年6月9日、10日	以色列	总损失19架	不详	
		叙利亚	90/90	其中40架被"响尾蛇"AIM-9L空空导弹击落;50架被"怪蛇"-3空空导弹击落	红外红外
马岛战争	1982年4月2日至6月14日	英国	1/36	被"罗兰"式地空导弹击落	半主动雷达
		阿根廷	72/117	其中AIM-9L空空导弹击落17架;"海狼"舰空导弹击落5架;"海标枪"舰空导弹击落8架;"海猫"舰空导弹击落10架;"轻剑"地空导弹击落20架;"吹管"地空导弹击落11架;"毒刺"地空导弹击落1架	红外火控系统半主动雷达火控系统雷达无线电控制红外

战争名称	时　　间	参　战　方	被导弹击落数/ 损失飞机总数	被导弹击落飞机统计	导弹制导方式
海湾战争	1991年1月17日 至2月28日	美国为首	无一损伤		
		伊拉克	38/40	其中28架被"麻雀"AIM – 7F/M 空空导弹击落； 10架被"响尾蛇"AIM – 9L/M空 空导弹击落	半主动雷达 红外

从表1-1可以清楚地看出，近代的这几场局部战争中，被红外制导导弹和雷达制导导弹击落的飞机数量占到飞机损失总数的60%以上，因此，降低飞机发动机尾喷管的红外特征信号和雷达特征信号可以显著提高飞机的生存能力。下面以喷管的红外辐射特征信号为例，介绍几种针对喷管的红外抑制技术。

前面曾提到，喷管红外辐射一部分来自喷管可被探测到的热壁面，另一部分来自流经喷管排出的热喷流。针对喷管热壁面的红外抑制技术包括以下几种：

（1）壁面冷却技术。喷管壁面冷却技术分为主动冷却技术和被动冷却技术。喷管壁面主动冷却技术，即利用发动机的风扇或压气机的较冷空气来冷却热壁面的技术。喷管壁面的被动冷却技术，即利用发动机排气的剩余功能引射外界大气来冷却热壁面的技术，由于它可以改善主动冷却技术造成的发动机循环效率的下降和改善飞机 – 发动机系统的装置性能，在考虑红外隐身的飞机 – 发动机技术中，现已成为普遍采用的、基本的红外抑制技术。引射冷却同时能起到降低发动机排气噪声、缩减尾迹区的作用。图1-1给出了美国YF – 23先进战斗机喷管超声段壁面排气引射冷却系统简图。

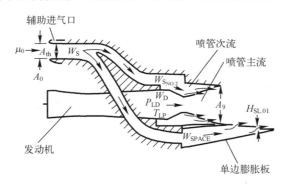

图1-1　YF – 23先进战斗机喷管超声段壁面排气引射冷却系统简图

（2）壁面涂层技术。发动机喷管通常是用耐热金属板材制成的，它们有较高的发射率，如果在它上面涂覆一层低发射率涂料，可以降低喷管热壁面的红外辐射。应用于喷管的涂层应当考虑耐高温和耐冲刷等要求。涂层技术在喷管内腔壁面实际应用时遇到两个主要问题：一个是为了使喷管内腔体红外辐射最小，要求不同位置的壁面涂上不同发射率的涂层，即内腔壁面应用单一发射率的涂层效果不是最理想的；另一个也是最主要的一个问题就是涂层只有在表面保持清洁干燥才能保持好的抑制红外辐射能力。但是，在实际中，发动机经过一定时间运行后，在喷管内腔壁的涂层上会形成具有较高发射率的积炭层，使红外涂层失效。

（3）壁面遮挡技术。在喷管设计中,与飞机后机身匹配的二元喷管,尤其像大宽高比的二元喷管(图1-2所示F-117A所用的)、单边膨胀的二元喷管(图1-3所示YF-23A所用的)以及二元塞式喷管(图1-4等)都可以在不同程度上遮挡喷管内腔体的红外辐射。

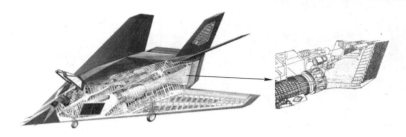

图1-2　F-117A隐身战斗机与其排气系统简图

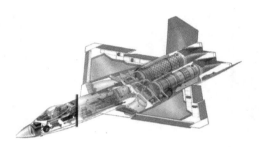

图1-3　YF-23A战斗机剖视图

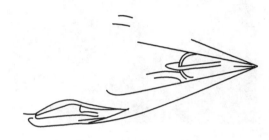

图1-4　二元塞式喷管

针对喷管热尾喷流的红外抑制技术,基本上是通过采取降低尾喷流的温度、尤其是减少尾喷流高温核心区来实现的。前面提到的排气引射技术就能有效地减少排气温度。另外一种可以使尾喷流的高温核心区缩短的成功技术就是采用非轴对称喷管出口以强化尾喷流与外界大气的混合,如矩形二元喷管出口、椭圆形出口,它们形成的尾喷流核心区都比轴对称出口的短。

上述有关喷管热壁面和热尾喷流的各项红外抑制技术,在不同程度上都可以抑制喷管的红外辐射。可以看出,二元喷管既能在一定程度上实现对高温壁面的遮挡,同时能强化热的尾喷流与外界大气的混合,因此二元喷管在现代战机中的应用更为广泛,美国现役的各类战斗机、轰炸机、无人机,如F-117战斗轰炸机(图1-5)、F-22战斗机(图1-6)、YF-23战斗机(图1-7)、B-2轰炸机(图1-8)、"暗星"无人机(图1-9)、RQ-180大型无人机(图1-10)、X-45无人战斗机(图1-11)、X-47无人战斗机(图1-12);英国的"雷电之神"无人机(图1-13)以及法国的"神经元"无人战斗机(图1-14)等的喷管出口均为二元形式。

图1-5　F-117战斗轰炸机

图1-6　F-22战斗机

图 1-7　YF-23 战斗机

图 1-8　B-2 轰炸机

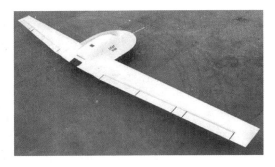

图 1-9　"暗星"无人机

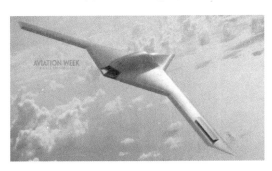

图 1-10　RQ-180 无人机

图 1-11　X-45 无人战斗机

图 1-12　X-47 无人战斗机

图 1-13　英国"雷电之神"无人机

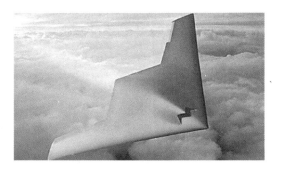

图 1-14　法国"神经元"无人机

由于二元喷管只是在一定程度上实现对高温涡轮出口端面及高温壁面的遮挡,在飞机飞行姿态改变时,高温涡轮出口端面还是会暴露给红外制导武器,那么,能否设计一种可以实现完全遮挡高温涡轮端面的二元喷管呢?S弯隐身喷管便是很好的选择。S是单词"serpentine"的首字母,意思为"蜿蜒的、在形状或移动上像蛇的、弯曲的",因此,S弯隐身喷管形似字母"S",如图1-15所示。

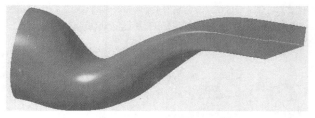

图1-15 S弯隐身喷管

1.2 S弯隐身喷管研究现状

S弯隐身喷管作为隐身飞机的重要组成部分,它是随着隐身飞机的发展而发展的,目的是使其能够与发动机相匹配,并且能够满足飞机的隐身要求。

1973年,美国空军和国防高级研究计划局签订了代号为"海弗蓝"(Hare Blue)的一系列研究合同,开始全力发展隐身战机。到1973年年底,"海弗蓝"计划已经取得了相当多的研究成果,于是美国空军决定向航空工业界招标生产技术验证原型机,即"XST试验隐身战术"计划。该计划的目的是要研制一种具有雷达截面小,蒙皮和内构件广泛使用吸波材料,采用能减少雷达截面的机身外形设计,采用低噪声和低排气温度发动机,以减少其声音和红外信号特征,安装特种屏显,能携带先进电子干扰、电子反干扰和电子支援设备,目视信号特征较低,在几百码以外都难以发现的飞机。1975年进行招标,次年,洛克希德公司获得了生产XST飞机的合同。XST原型机于1977年12月1日在美国内利斯空军基地的托诺帕靶场格鲁姆旱湖进行了首次飞行。XST飞机即是F-117A隐身战斗轰炸机的雏形。1978年11月1日洛克希德公司与美国空军签订了制造一种XST生产型飞机的合同,生产计划的代号为"大趋势"(Senior Trend)。预生产的"大趋势"飞机于1981年的6月18日进行了首飞。"大趋势"生产型飞机被正式命名为洛克希德F-117A隐身战斗机。F-117A是世界上第一种隐身战斗轰炸机。F-117A的外形采用钻石切割技术方法,即多面多角形设计,从正面看至少有大小20多个斜面,侧面看大约也有20多个斜面,俯视大约有40多个截面,而底部几乎是一个大平面,很少有凸起状。全机外表和一些内部构件表面涂有"铁球"型吸波材料。伪装色呈暗黑色(用于夜间飞行)或暗灰色(用于昼间飞行),可与背景浑然一体,以减少视觉探测特征。F-117A还采取了红外隐身措施,为了与飞机的多面体形状相融合,F-117A采用了大宽高比的二元喷管,确切地说,是具有"一个较浅的S形"、大宽高比的二元喷管。Gary A. Born在其专利"应用于以涡轴发动机为动力的飞机上的红外抑制排气系统"中提到:"用于飞机上的红外抑制排气装置通常是作为推进系统的一个基本要素来进行设计的。其典型的方式是在排气喷管内安装一个中心锥,使得无法直接观察到发动机的高温涡轮部件。另一个方法是采用由圆形进口转变为二元出口的喷管结构。如此可以使热喷流以水平薄层的方式喷出,这样减少了飞机水平面内的被探测角度。在美国空军 F-117A 战斗轰炸机上就可以找到如此的红外抑制排气装置的例子。在这款飞机里,喷管直接与发动机涡轮相连。喷管由圆形进口截面转为二元(矩形)出口,并且从侧边看,有一个很浅的 S 形。这种不寻常的概念是将科恩达面与可以遮挡涡轮的矩形截面相融合。"这是较早的关于 F-117A 战斗轰炸机应用 S 弯二元喷管的记载。由图 1-16 可以看出,喷管进口与涡轮出口相连,喷管通过支杆固定在机翼上,喷管内部布置了垂直承力板与水平承力板。

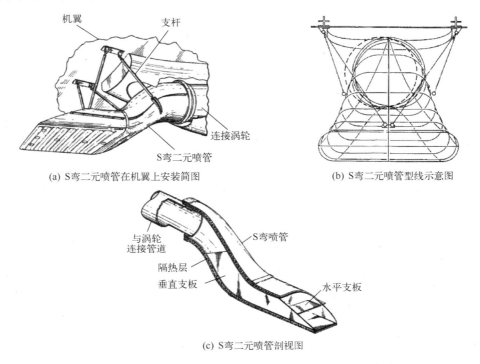

(a) S弯二元喷管在机翼上安装简图

(b) S弯二元喷管型线示意图

(c) S弯二元喷管剖视图

图 1-16　Gary A. Born 在其专利中所设计的 S 弯二元喷管

　　在隐身战机计划发展的同时,1977 年,美国出笼了"先进战略穿透机"(ASPA)计划,提出了如何发展穿透苏联领空的全新型轰炸机概念,对如何运用隐身技术突防进行了全面研究和探讨。1980 年美国空军正式对洛克希德和诺斯罗普两家公司发出招标建议,要求发展"先进战略穿透飞机"。最终,诺斯罗普公司的设计获得美国空军的青睐,得到 73 亿美元的发展先进技术轰炸机(ATB)的合同,即 B-2 隐身轰炸机。B-2 隐身轰炸机属于战略轰炸机,需要深入敌方纵深地区进行突袭,所以在外形上各个方向都考虑了隐身效果。整个机身从头到尾平滑地融合。飞机后缘呈锯齿状,以掩蔽发动机的红外信号特征。B-2 隐身战略轰炸机发动机安装在飞机上的结构简图如图 1-17 所示。发动机机舱隐埋在机翼中。发动机进气道设计成 S 形,如此可以有效避免发动机进口处的风扇直接暴露在雷达信号的照射之下。在进气道的内侧配置了一座狭长的辅助进气道:除了用来吸收不稳定的边界层气流外,也用来降低发动机喷口外侧的温度。与 F-117A 隐身战斗轰炸机喷管相类似,B-2 隐身战略轰炸机的喷管采用了弯数更多、弯度更大的 S 弯二元喷管,如此可以实现对发动机后段高温涡轮端面以及喷管前段高温壁面的完全遮挡;并且雷达波在 S 弯弯曲管道内会反复反射最终被耗散掉。因此无论飞机处于何种飞行姿态,红外制导设备及雷达制导设备都无法照射到 B-2 隐身战略轰炸机的高温涡轮端面和高温喷管壁面,所以 S 弯二元喷管的设计有效抑制了喷管的红外辐射信号并减小了喷管的雷达反射截面。另外,喷管外侧布置了引射装置以降低喷管排气温度,强化热喷流与冷空气的掺混,从而进一步降低尾喷流的红外辐射强度。虽然 F-117A 隐身战斗轰炸机与 B-2 隐身战略轰炸机都采用了 S 弯隐身喷管,但由于技术保密等原因,我们无从得知此类 S 弯隐身喷管的设计方法、关键设计参数、气动性能以及红外/电磁辐射性能,也无法知道 S 弯隐身喷管是如何与飞机相匹配的。

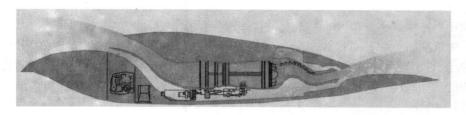

图 1-17　B-2 隐身战略轰炸机发动机在飞机上安装简图

与前述战斗机、轰炸机等有人作战飞机相比,无人机(Unmanned Aerial Vehicle,UAV)具有续航能力强、经济实用、无人员伤亡以及训练维修成本低等独特优势。作为无人机家族中的一员,无人驾驶战斗机(Unmanned Combat Aerial Vehicle,UCAV)主要用来执行携带精确制导武器纵穿敌方防空对目标实施攻击的任务,因此无人战斗机应具备很强的隐身性能。目前可考据的装备 S 弯隐身喷管的无人战斗机包括瑞典的 Eikon 无人战斗机和欧洲的“神经元”无人战斗机。瑞典国防研究局 FOI 在一项名为“Propulsion Integration”计划的最终报告中详细介绍了 Eikon 无人战斗机的设计历程,包括:无人机的外形设计,发动机选择,S 形进气道的选择、流动控制方法、流场试验、流固耦合数值模拟、雷达反射截面计算,S 弯隐身喷管的选择、流固耦合数值模拟、雷达反射截面计算,整机流场数值模拟以及整机红外辐射信号计算。该计划于 2003 年开始,于 2005 年完成。Eikon 无人战斗机及其所采用的 S 形进气道和 S 弯隐身喷管如图 1-18 所示。在该计划的最终报告发布之前,瑞典国防研究局 FOI 发表了关于 S 弯隐身喷管流固耦合数值模拟方面的文章以及关于 S 弯隐身喷管与轴对称喷管红外辐射强度对比的文章。同样地,由于技术保密等原因,瑞典国防研究局 FOI 所发表的文章中均未提到 S 弯隐身喷管的设计方法、设计参数选择以及气动性能结果;且其报告中的雷达反射截面数据以及红外辐射数据都经过了处理,无法判断其 S 弯隐身喷管的红外/电磁辐射强度量级。欧洲的“神经元”无人机项目由法国领导,瑞典、意大利、西班牙、瑞士和希腊参与。法国实施“神经元”项目的主要目的有两个:一是开发设计未来作战飞机(有人驾驶的或无人驾驶的)所需要的、关键的和战略性的技术;二是验证创新且高效的欧洲跨国合作模式。2012 年 11 月,“神经元”无人战斗机在法国伊斯特尔空军基地试飞成功。“神经元”无人战斗机隐身性能相当突出。在外形设计和气动设计布局上,该机借鉴了 B-2 隐身轰炸机的设计,采用了无尾布局和翼身完美融合的外形设计,其 W 形尾部、直掠三角翼以及锯齿状进气道遮板几乎是 B-2 的缩小版。与 B-2 相类似,该机也采用了 S 弯隐身喷管,如图 1-14 所示。

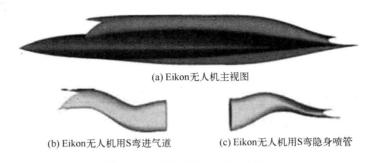

(a) Eikon无人机主视图

(b) Eikon无人机用S弯进气道   (c) Eikon无人机用S弯隐身喷管

图 1-18　瑞典 Eikon 无人战斗机

2010 年,美国 Edgar Brunet 等人在其专利"应用于飞机的与水平方向弯管相融合的尾喷管"中首次将 S 弯隐身喷管与推力矢量技术相结合,提出了一种可实现偏航方向推力矢量控制的 S 弯隐身喷管。Edgar Brunet 采用分叉管道将主流管道分为两个流通管道,分叉管道后段为收扩喷管,通过在喷管喉部或喷管扩张段喷射二次流实现偏航方向推力矢量控制。喷管各视图如图 1-19 所示。

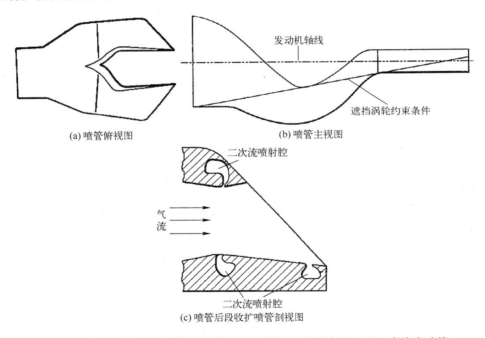

(a) 喷管俯视图   (b) 喷管主视图

(c) 喷管后段收扩喷管剖视图

图 1-19　Edgar Brunet 专利中设计的可实现推力矢量控制的二元 S 弯隐身喷管

纵观美国与欧洲国家隐身飞机的发展,国外 S 弯隐身喷管技术的发展已经相当成熟,并且经过了实战的验证。目前我国关于 S 弯隐身喷管的研究才刚刚起步,部分研究所和相关院校在 S 弯隐身喷管的复杂型面设计,S 弯隐身喷管内部流动机理,关键几何参数对 S 弯隐身喷管的气动/红外/雷达特性影响以及 S 弯隐身喷管的冷/热态模型试验等方面进行了初步的探索研究。中航工业西安飞机设计研究所针对多发布局的 S 弯喷管进行了设计。南京航空航天大学吉洪湖团队采用数值模拟的方法研究了不同形式的 S 弯喷管的红外辐射特性。西北工业大学杨青真团队研究了不同构型 S 弯喷管的红外特征和电磁特征。西北工业大学王占学团队针对 S 弯喷管的型面设计、复杂流动机理、参数化影响规律、冷态模型试验、热态模型试验、红外辐射特性以及飞行验证进行了系统的研究。

1.3　S 弯隐身喷管研究面临的挑战

S 弯隐身喷管与轴对称喷管相比,具有低的红外辐射强度、低的电磁辐射强度以及易于实现与飞机后机身的一体化设计等优点。但是要将 S 弯隐身喷管应用于工程实践,尚面临许多挑战和难题。只有将这些难题突破,才能将 S 弯隐身喷管应用于隐身战机。

S 弯隐身喷管研究面临的挑战有以下几个方面:

(1) S 弯隐身喷管的设计。S 弯隐身喷管前段与发动机高温涡轮出口相连,后段需与飞机后机身相融合,如何设计 S 弯隐身喷管使其能够完全遮挡高温涡轮端面并能很容易地与飞机后机身相融合,是 S 弯隐身喷管研究首先要解决的问题。

(2) S 弯隐身喷管关键几何参数选择。S 弯隐身喷管涉及的几何参数较多,为了得到气动性能、红外辐射性能以及电磁散射性能均较优的 S 弯隐身喷管,需要综合考虑各几何参数对喷管性能的影响。

(3) S 弯隐身喷管红外辐射特性计算方法。S 弯隐身喷管红外辐射特性与轴对称喷管相比有何不同,S 弯隐身喷管的红外辐射特性应如何计算,计算方法是否可行,这也是 S 弯隐身喷管研究面临的问题。

(4) S 弯隐身喷管电磁散射特性计算方法。S 弯隐身喷管电磁散射特性与轴对称喷管相比有何不同,S 弯隐身喷管的电磁散射特性应如何计算,计算方法是否可行,这同样是 S 弯隐身喷管研究面临的问题。

(5) S 弯隐身喷管与发动机的相容性。S 弯隐身喷管如何与发动机相匹配,其对发动机工作状态会产生怎样的影响,这是研究 S 弯隐身喷管的重点问题。

第 2 章 S 弯隐身喷管设计方法

2.1 引言

喷管按其流道横截面形状可分为轴对称型和非轴对称型。由于非轴对称型喷管进口截面是与涡轮出口端面相连接,故进口截面形状为圆形。非轴对称型喷管出口截面形状包括矩形二元出口、椭圆形出口及 V 形出口等多种形式,因此非轴对称喷管是由进口圆形截面过渡为出口非轴对称截面的变截面管道。本章由变截面管道设计的基本理论出发,介绍 S 弯隐身喷管型面设计方法与型面生成技术,并对 S 弯隐身喷管的关键几何设计参数进行分析。

2.2 变截面管道设计的基本理论

2.2.1 基于曲率控制的变截面管道设计方法

基于曲率控制的变截面管道设计方法所依据的数学定理为:一个封闭的几何图线与某一沿弧长的曲率分布函数 $k(s)$ 一一对应,如图 2-1 所示。于是,两个不同截面形状之间的过渡问题便转化为定义域相同的两个不同曲率分布函数之间的过渡问题。

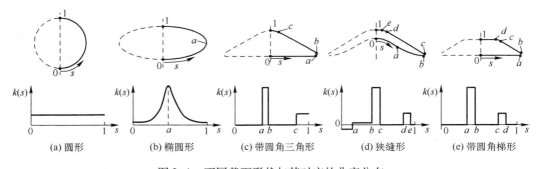

(a) 圆形   (b) 椭圆形   (c) 带圆角三角形   (d) 狭缝形   (e) 带圆角梯形

图 2-1 不同截面形状与其对应的曲率分布

在已知进、出口截面形状及截面几何参数的条件下,基于曲率控制的变截面管道设计步骤如下:

(1) 计算进、出口截面的曲率分布。由于进、出口截面形状及截面几何参数已知,故可通过两个坐标已知的点序列来描述进、出口截面:$(x_{in,i}, y_{in,i})$,$(x_{out,i}, y_{out,i})$,其中 $i = 1$,$2, \cdots, I$,且 I 为各序列的点数。根据已知的点序列坐标,如图 2-2 所示,可求得截面上各点之间线段的长度 ss_i,以及各线段与正向水平轴的夹角 θ_i,即

$$ss_i = \sqrt{(x_i - x_{i-1})^2 + (y_i - y_{i-1})^2} \qquad (2-1)$$

$$\theta_i = \arctan\left(\frac{y_i - y_{i-1}}{x_i - x_{i-1}}\right) \qquad (2-2)$$

则各点所对应的无量纲弧长为

$$s_i = \frac{ss_i}{\sum\limits_{i=1}^{I} ss_i} \qquad (2-3)$$

其取值范围为 0~1,其中,0 对应于截面型线的起点,1 对应于型线的终点。可按式(2-4)计算截面上各点的曲率,即

$$k_i = \frac{\theta_{i+1} - \theta_i}{ss_i} \qquad (2-4)$$

考虑到 i 与 s_i 一一对应,于是便得到曲率随无量纲弧长 s_i 的分布 $k_{\mathrm{in}}(s_i)$、$k_{\mathrm{out}}(s_i)$。

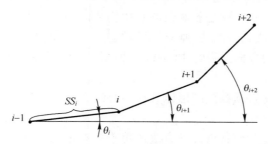

图 2-2　截面上各点曲率计算的示意图

(2) 计算沿程各截面的曲率分布。根据截面形状过渡快慢的需要,选择合适的变化规律来获得沿程各截面的曲率分布。变化规律可以是线性变化规律,也可是变化快慢程度不同的曲线变化规律。若管道的型面共由 J 个截面描绘而成,且用点序列 $c(j)$ 表示变化规律曲线,于是可以逐一计算各过渡截面的曲率分布,其表达式为

$$k_j(s_i) = k_{\mathrm{in}}(s_i) + c(j) \times (k_{\mathrm{out}}(s_i) - k_{\mathrm{in}}(s_i)) \qquad (2-5)$$

(3) 反求沿程各截面的几何型线。根据各截面的曲率分布函数可反求各截面的几何型线。其具体步骤是以截面型线的起点为基点,依据式(2-6)逐点推进,即

$$\begin{cases} \Delta\theta_i = ss_{i-1} \times k_{i-1} \\ \theta_i = \theta_{i-1} + \Delta\theta_i \\ x_i = x_{i-1} + ss_i\cos\theta_i \\ y_i = y_{i-1} + ss_i\sin\theta_i \end{cases} \qquad (2-6)$$

其中 ss_{i-1} 的取值可根据 s_i 和当前截面的总弧长确定,当前截面的总弧长则可以由进、出口截面的弧长通过插值求得。注意式(2-6)中的离散方式必须与式(2-4)中完全对应;否则会因离散格式的误差而导致截面型线的变形。另外,由于曲率过渡方式的多样性,对于任意的过渡横截面 j,可能会出现

$$\sum_{i=1}^{I} k_j(s_i) \times ss_i \neq \pi \qquad (2-7)$$

即图形不封闭的情况,此时应将该截面的曲率 $k_j(s_i)$ 的取值均乘以同一个系数,使其符合

13

式(2-8),即

$$\sum_{i=1}^{I} k_j(s_i) \times ss_i = \pi \qquad (2-8)$$

以保证图形封闭,且形状准确。

(4) 对各截面型线进行修正。前述过程仅确定了通道各截面的形状,其尺度的大小应该根据通道的截面面积来进行修正。

设进气道的进口截面、出口截面面积分别为 A_{in}、A_{out},选择某一通道面积变化规律,变化规律由 $c(j)$ 表示,则第 j 个横截面的面积 A_j 可根据式(2-9)来确定,即

$$A_j = A_{in} + c(j) \times (A_{out} - A_{in}) \qquad (2-9)$$

若 A_j 与第(3)步中确定型线的横截面积之比为 AR_j,则将第(3)步中获得的截面型线相对于截面的形心等比例放大(或缩小) $\sqrt{AR_j}$ 倍进行修正。至此,通道各截面的形状和尺度已经完全确定。

(5) 设计中心线。中心线是各截面形心所构成的曲线。若中心线为直线,则所设计的通道为直管道;若中心线为曲线,则所设计的通道为弯曲管道。所以,中心线的形状决定了通道内的主流流通方向。设计中心线时,根据不同的要求将其设计成直线或者弯曲程度不同的曲线。

(6) 生成型面。将各横截面图形以其在中心线上的形心为基点进行平移和旋转,获得最终的通道型面。

基于曲率控制的变截面管道设计方法适用于多样化和非常规化(类梯形、类三角形、椭圆形、M形等)的进出口形状的 S 形进气道及 S 弯隐身喷管设计。由此方法设计出的几种不同形状的 S 形进气道如图 2-3 所示。

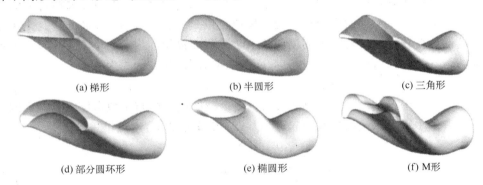

(a) 梯形	(b) 半圆形	(c) 三角形
(d) 部分圆环形	(e) 椭圆形	(f) M形

图 2-3 具有各种形状的亚声速扩压器

2.2.2 基于多参数耦合的变截面管道设计方法

对于图 2-4 中的类矩形、类椭圆形等简单几何图形,其截面型线由 4 条线段与 4 段弧线构成,线段与弧线光滑连接。截面形状与尺度大小由截面面积 A、宽度 W、高度 H 及弧线曲率半径 R 唯一确定,此 4 个几何参数满足面积关系,即

$$A = WH - A_{(R)} \qquad (2-10)$$

式中 $A_{(R)}$ 与弧线曲率半径有关,曲线形状不同,相对应的表达式也不同。基于多参数耦合的变截面管道设计方法就是在截面过渡过程中将这 4 种参数同时变化,通过面积关系修

14

正部分参数以获得最终的截面几何参数。

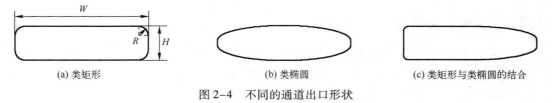

(a) 类矩形　　　　　　　(b) 类椭圆　　　　　(c) 类矩形与类椭圆的结合

图 2-4　不同的通道出口形状

如图 2-5 所示,圆截面到带圆角矩形截面的过渡,即截面 1 的几何参数(A_1,W_1,H_1,R_1)渐变为截面 2 的几何参数(A_2,W_2,H_2,R_2)。设截面 1 到截面 2 的过渡共有 J 个截面。沿程各截面不同的参数变化规律由 $A(x)$、$W(x)$、$H(x)$、$R(x)$ 描述,变化规律可以是线性变化规律,也可是曲线变化规律。对于第 j 个截面,其几何参数为

$$\begin{cases} A(j) = A_1 + A(x)(A_2 - A_1) \\ W(j) = W_1 + W(x)(W_2 - W_1) \\ H(j) = H_1 + H(x)(H_2 - H_1) \\ R(j) = R_1 + R(x)(R_2 - R_1) \end{cases} \qquad (2\text{-}11)$$

根据式(2-10)修正弧线曲率半径使得截面几何参数满足面积条件。对于带圆角的矩形,截面几何参数仍需满足如式(2-12)所示的倒角条件,即

$$\begin{cases} W(j) \geqslant 2R(j) \\ H(j) \geqslant 2R(j) \end{cases} \qquad (2\text{-}12)$$

各截面的几何参数确定后,截面型线便能很容易地获得。

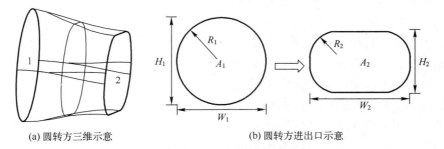

(a) 圆转方三维示意　　　　　　　　　(b) 圆转方进出口示意

图 2-5　不同截面之间的参数转变

当沿程各截面型线确定后,与基于曲率控制的变截面管道设计方法相同,将沿程各截面与中心线组合经过平移、旋转便可以构成最终的通道型面。

2.3　S 弯隐身喷管型面设计方法

基于多参数耦合的变截面管道设计方法思路简单清晰,适用于出口为类矩形、类椭圆形及矩形与椭圆相组合等简单形式的喷管设计,如此设计的喷管若需要进一步的造型(如斜切口、V 形出口及 W 形出口等)较容易实现。同时,采用此方法设计的喷管沿程各截面的各项几何参数均可直接获得,因此有利于进行不同几何参数对喷管的气动特性、红外特性及电磁特性的影响研究。本节介绍采用此方法进行 S 弯隐身喷管设计

的详细过程。

2.3.1　S 弯隐身喷管中心线设计

根据 2.2 节的介绍，无论采用何种方法，当完成变截面设计后，还需进行中心线的设计，然后将各截面与中心线相组合，通过平移、旋转变换等方式完成最终的型面构造。因此，中心线设计是变截面管道设计的必要步骤。

S 弯隐身喷管是以中心线的形状来命名的。由于中心线为 S 弯曲线，故称喷管为 S 弯隐身喷管。S 弯曲线是指图 2-6 所示的曲线，曲线在起点与终点处的导数均等于零，曲线形状和字母 S 相似。中心线为一段 S 弯曲线的喷管称为单 S 弯隐身喷管，如图 2-6(a)所示；中心线为两段 S 弯曲线的喷管称为双 S 弯隐身喷管，如图 2-6(b)所示，依此类推。

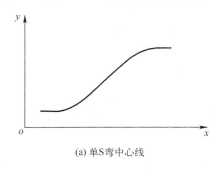
(a) 单S弯中心线

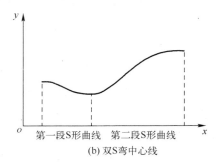
(b) 双S弯中心线

图 2-6　S 弯中心线示意图

数学中存在很多种构造 S 弯曲线的方式，如 Lee 曲线以及广泛应用于收缩喷管设计的维托辛斯基公式所对应的曲线等。本书主要依据 Lee 提出的曲线变化规律分别设计 S 弯隐身喷管的中心线和沿程各截面的形状，在此基础上，根据面积条件及倒角条件对所设计的 S 弯隐身喷管各截面进行修型，并在 CATIA、UG 环境下实现 S 弯隐身喷管的型面生成。

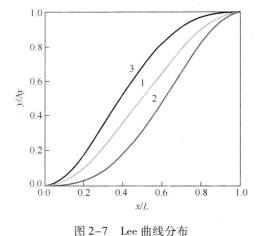

图 2-7　Lee 曲线分布

图 2-7 给出了 Lee 曲线分布，其方程如式(2-13)至式(2-15)所示，即

曲线 1 为

$$\frac{y}{\Delta y} = 3 \times \left(\frac{x}{L}\right)^2 - 2 \times \left(\frac{x}{L}\right)^3 \tag{2-13}$$

曲线 2 为

$$\frac{y}{\Delta y} = -3 \times \left(\frac{x}{L}\right)^4 + 4 \times \left(\frac{x}{L}\right)^3 \tag{2-14}$$

曲线 3 为

$$\frac{y}{\Delta y} = 3 \times \left(\frac{x}{L}\right)^4 - 8 \times \left(\frac{x}{L}\right)^3 + 6 \times \left(\frac{x}{L}\right)^2 \tag{2-15}$$

式中：$\Delta y = y_2 - y_1$，即曲线的进出口偏距；L 为曲线轴向总长度。式（2-13）表示"均匀"的变化规律；式（2-14）表示"前缓后急"的变化规律；式（2-15）表示"前急后缓"的变化规律。

S 弯中心线具体设计步骤如下：

（1）根据设计要求确定 S 弯中心线轴向长度 L。中心线轴向长度为喷管总长度减去喷管进、出口等值段长度。

（2）确定中心线的 S 弯曲线个数 N，并给定每段 S 形曲线的轴向长度 L_j（$j=1,2,\cdots,N$）以及每段 S 弯曲线的纵向偏距 ΔY_k（$k=1,2,\cdots,N$）。

（3）以点序列 (x_i,y_i) 来描述中心线，其中 $i=1,2,\cdots,I$，则沿程共有 I 个截面。一般地，点为均布排列，则 x_i 可知。根据式（2-13）至式（2-15）选择不同的曲线关系式计算出与 x_i 相对应的 y_i，如此得到点序列 (x_i,y_i)。采用 3 次自然样条插值将点列拟合为中心线。图 2-8 给出了设计双 S 弯中心线的示意图。

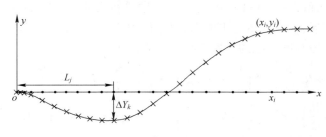

图 2-8　设计双 S 弯中心线示意图

2.3.2　S 弯隐身喷管沿程截面设计

一般地，S 弯隐身喷管截面设计都采用"圆转方"的方式，即由圆形的进口截面渐变为矩形或者其他非圆形状的出口截面。在 2.2 节中讲到，基于多参数耦合的变截面管道设计方法旨在求得沿程各截面的截面面积、截面宽度、截面高度以及截面弧线曲率半径，依据面积条件及倒角条件对截面进行修正获得最终的截面几何参数。所以 S 弯隐身喷管的截面设计步骤如下：

（1）进口截面几何参数确定。由于喷管进口与发动机涡轮出口相匹配，喷管进口直径等于发动机涡轮出口直径，喷管进口宽度及高度即为喷管进口直径。所以进口圆截面面积 A_{in}、宽度 W_{in}、高度 H_{in} 及进口半径 R_{in} 均已知。

（2）出口截面形状选择及截面几何参数确定。根据喷管进口燃气流量 $\dot{m}$、总压 P^*、总温 T^*、喷管总压恢复系数 σ 以及流量放大系数 f，可计算喷管的出口面积为

$$A_{ex} = f\frac{\dot{m}\sqrt{T^*}}{K\sigma P^* q_{(\lambda)}} \tag{2-16}$$

式中：$q_{(\lambda)}=1$。

选定出口截面形状，给定截面宽度 W_{ex}（或高度 H_{ex}）以及截面弧线曲率半径 R_{ex}，则出口截面便完全确定。

（3）计算沿程各截面几何参数。喷管进出口截面参数变化为

$$\Delta A = A_{ex} - A_{in}、\Delta W = W_{ex} - W_{in}、\Delta H = H_{ex} - H_{in}、\Delta R = R_{ex} - R_{in}$$

将 ΔA、ΔW、ΔH 及 ΔR 分别代替式(2-13)～(2-15)中的 Δy 并代入,进而求得不同变化规律下沿程各截面的几何参数。

(4) 针对所选择的截面形状,根据相应的条件对截面几何参数进行修正。

① 类矩形形式。类矩形是指带圆角的矩形,如图2-9所示,截面型线由4条线段(AB、CD、EF 及 GH)与4段圆弧($\overarc{BC}$、$\overarc{DE}$、$\overarc{FG}$及$\overarc{HA}$)构成。对于喷管沿程的第 i 个截面,截面参数满足以下面积条件,即

$$H_i = \frac{(A_i + 4A_{Ri})}{W_i} \qquad (2-17)$$

式中:$A_{Ri} = R_i^2 - \dfrac{\pi}{4} * R_i^2$。截面宽度、高度以及倒圆半径仍需满足倒圆角条件,即

$$W_i \geqslant 2R_i,\ H_i \geqslant 2R_i \qquad (2-18)$$

根据式(2-17)和式(2-18)对截面几何参数进行修正,获得最终的截面几何参数。截面几何参数确定后,在截面所处平面内,以截面中心为坐标原点(即中心线上的点),则构成截面型线的线段与圆弧线的各端点坐标可表示为

$$A\left(-\frac{W_i}{2}+R_i,\frac{H_i}{2}\right), B\left(\frac{W_i}{2}-R_i,\frac{H_i}{2}\right), C\left(\frac{W_i}{2},\frac{H_i}{2}-R_i\right), D\left(\frac{W_i}{2},-\frac{H_i}{2}+R_i\right)$$

$$E\left(\frac{W_i}{2}-R_i,-\frac{H_i}{2}\right), F\left(-\frac{W_i}{2}+R_i,-\frac{H_i}{2}\right), G\left(-\frac{W_i}{2},-\frac{H_i}{2}+R_i\right), H\left(-\frac{W_i}{2},\frac{H_i}{2}-R_i\right)$$

因此各端点之间的曲线方程便很容易得出,如此可以获得整个截面型线。

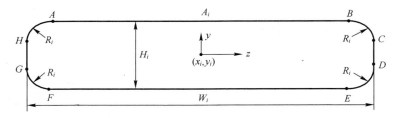

图2-9 类矩形形式截面计算

② 类椭圆形式。类椭圆形指的是圆角弧线为 F 值曲线,形状近似椭圆的截面。F 值曲线指的是由 F 值决定曲线弯曲程度的二次曲线,其定义如下:如图2-10所示,二次曲线 AB,已知两端点坐标 $A(x_1,y_1)$、$B(x_2,y_2)$ 以及曲线两端点处的切线与 x 轴的夹角 α_1 和

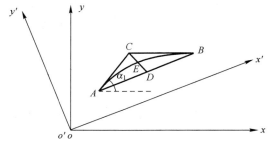

图2-10 F 值曲线示意图

α_2,其表达式为

$$ax^2 + bx + cxy + dy^2 + ey + f = 0 \tag{2-19}$$

根据已知条件,可求出两个端点切线的交点 $C(x_t, y_t)$。

当 $|\alpha_1| = 90°$时,有

$$x_t = x_1 \tag{2-20}$$
$$y_t = y_2 + \tan(\alpha_2)(x_t - x_2) \tag{2-21}$$

当 $|\alpha_2| = 90°$,有

$$x_t = x_2 \tag{2-22}$$
$$y_t = y_1 + \tan(\alpha_1)(x_t - x_1) \tag{2-23}$$

当 $|\alpha_1| \neq 90°$且 $|\alpha_2| \neq 90°$时,有

$$x_t = \frac{y_2 - y_1 + x_1 \tan(\alpha_1) - x_2 \tan(\alpha_2)}{\tan(\alpha_1) - \tan(\alpha_2)} \tag{2-24}$$

$$y_t = y_1 + \tan(ct_1)(x_t - x_1) \tag{2-25}$$

线段 AB 的中点 $D(x_{1m}, y_{1m})$ 为

$$x_{1m} = \frac{x_1 + x_2}{2} \tag{2-26}$$

$$y_{1m} = \frac{y_1 + y_2}{2} \tag{2-27}$$

F 值的定义:F 的大小定义为线段 DE 与 CD 的比值,即

$$F = \frac{|DE|}{|CD|} \tag{2-28}$$

根据 F 值的大小,确定 E 点的坐标 $E(x_0, y_0)$,即

$$x_0 = x_{1m} + (x_t - x_{1m}) * F \tag{2-29}$$
$$y_0 = y_{1m} + (y_t - y_{1m}) * F \tag{2-30}$$

规定曲线在 E 点的切线斜率等于直线 AB 的斜率。由于点 A、B 和 E 的坐标及斜率都已确定,得到 6 个已知条件,所以能够确定二次曲线方程中 $a \sim f$ 的值,二次曲线方程即为已知。F 值大小决定了曲线的凹凸程度,如图 2-11 所示。

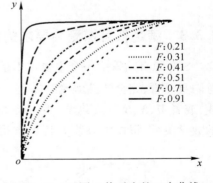

图 2-11 不同 F 值对应的二次曲线

如图 2-12 所示,类椭圆截面由 4 条线段(AB、CD、EF 及 GH)与 4 段 F 值曲线(BC、DE、FG 及 HA)构成,其中 F 值曲线在两端点处与其两端的线段分别相切。

对于第 i 个类椭圆形的截面,根据 F 值曲线定义可知,确定曲线的方程还需知道曲线两端点坐标,故引入角度 β,其表示端点同坐标原点的连线与水平坐标轴之间的夹角,则在截面所处平面,以截面中心为坐标原点,曲线各端点坐标可表示为

$$A\left(\frac{H_i}{2}, \frac{H_i/2}{\arctan\beta_{i1}}\right), \ B\left(\frac{H_i}{2}, \frac{H_i/2}{\arctan\beta_{2i}}\right), \ C\left(\frac{W_i}{2}, \frac{W_i}{2} \cdot \tan\beta_{3i}\right), \ D\left(\frac{W_i}{2}, \frac{W_i}{2} \cdot \tan\beta_{4i}\right),$$

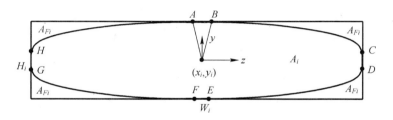

图 2-12   类椭圆形式截面计算

$$E\left(-\frac{H_i}{2}, -\frac{H_i/2}{\arctan\beta_{5i}}\right), F\left(-\frac{H_i}{2}, -\frac{H_i/2}{\arctan\beta_{6i}}\right), G\left(-\frac{W_i}{2}, -\frac{W_i}{2}\cdot\tan\beta_{7i}\right), H\left(-\frac{W_i}{2}, -\frac{W_i}{2}\cdot\tan\beta_{8i}\right)$$

根据已知的各端点坐标,可求得 4 段 F 值曲线方程,进而 A_{Fi} 可通过积分方式计算获得。由于截面参数满足面积公式,即

$$A_i = W_i H_i - 4A_{Fi} \tag{2-31}$$

据此修正截面几何参数。在截面几何参数完全确定后,截面上各端点坐标以及端点之间的曲线方程完全已知,如此可以完成截面型线设计。

③ 类矩形与类椭圆组合形式。此形式的 S 弯隐身喷管出口形状是前述两种形式的综合。其截面几何参数修正方法及截面型线生成方法不再赘述。类矩形与类椭圆的组合形式如图 2-13 所示。

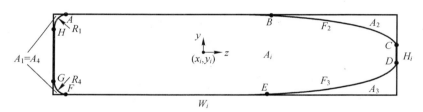

图 2-13   类矩形与类椭圆的组合形式

2.3.3   满足低可探测性要求的 S 弯隐身喷管约束条件

S 弯隐身喷管的一个主要作用是遮挡高温涡轮部件。从图 2-14 可以看出,对于双 S 弯隐身喷管,完全遮挡涡轮时需上、下纵线的切线 MN 过点 C 或者点 B,即 M、N、C 三点共线,或者 M、N、B 三点共线。因而 S 弯隐身喷管的中心线参数以及截面参数之间满足一定的数学关系:根据中心线方程可求得上、下两纵线方程,进而可求得上下纵线的公切线

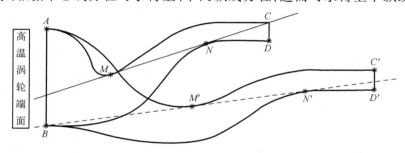

图 2-14   完全遮挡涡轮示意图

MN 以及切点 M、N 坐标;根据中心线出口坐标及截面出口高度可求得 C 点坐标;由 M、N、C 共线或 M、N、B 共线可得各参数之间的关系式。此关系式与喷管长径比、各段 S 弯曲线轴向长度、喷管总的轴向长度、各段 S 弯曲线偏距、第一段 S 弯管道出口高度以及喷管出口高度有关。单 S 弯隐身喷管及多 S 弯隐身喷管完全遮挡涡轮时的参数关系据此也可很容易地推导出来,不再赘述。

2.4 S 弯隐身喷管型面生成技术

由于 S 弯隐身喷管中心线切线方向指向气体流通方向,因而各截面需与中心线切线方向垂直,在完成中心线设计及各截面设计后,需将截面进行旋转变化,如图 2-15 所示。

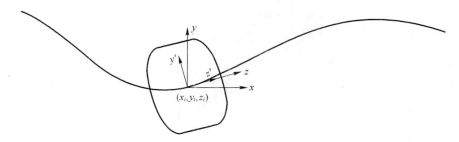

图 2-15　截面与中心线组合形式

设点 (x_i, y_i, z_i) 处截面绕 z 轴旋转 α,截面上某点未旋转前坐标为 (x'_j, y'_j, z'_j),旋转后坐标为 (x_j, y_j, z_j),则

$$z_j = z'_j \tag{2-32}$$

令 $x = x'_j - x_i$,$y = y'_j - y_i$,则有

$$x_j = x\cos\alpha + y\sin\alpha + x_i \tag{2-33}$$

$$y_j = -x\sin\alpha + y\cos\alpha + y_i \tag{2-34}$$

至此,描述截面形状的点的坐标完全确定,输出截面上所有的点坐标,将截面上的点拟合为截面剖面线,各截面上相应的特征点形成 8 条纵向线,根据剖面线及纵向线生成多截面曲面,即为 S 弯隐身喷管型面,如图 2-16 所示。

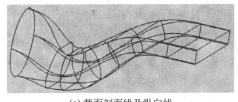

(a) 截面剖面线及纵向线　　　　　　　　　　(b) S 弯隐身喷管型面

图 2-16　S 弯隐身喷管型面生成

图 2-17 给出了其他构型的 S 弯隐身喷管型面。

(a) 三S弯类矩形形式喷管型面

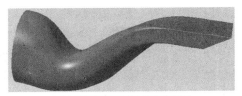
(b) 双S弯类矩形形式喷管型面

(c) 双S弯类椭圆形式喷管型面

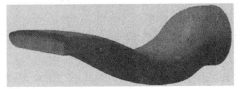
(d) 双S弯类矩形+类椭圆形式喷管型面

(e) 单S弯类矩形形式喷管型面

图 2-17　不同构型的 S 弯隐身喷管型面

2.5　S 弯隐身喷管的流动特性分析

本节采用 CFD 技术对 S 弯隐身喷管进行数值模拟,研究 S 弯隐身喷管的基本流动特性。数值模拟过程中,选用基于密度耦合的求解器求解 Reynolds 平均 Navier – Stokes 方程,其中湍流模型采用 SST $k-\omega$ 模型,所有方程中黏性项的空间离散采用中心差分格式,时间项采用全隐式。

2.5.1　控制方程

基于求解 Reynolds 平均 Navier – Stokes 方程进行粘性流场的数值模拟。在笛卡尔坐标系下,Reynolds 平均 Navier – Stokes 方程可以写成

$$\frac{\partial Q}{\partial t} + \frac{\partial F_{\text{inv}}}{\partial x} + \frac{\partial G_{\text{inv}}}{\partial y} + \frac{\partial H_{\text{inv}}}{\partial z} = S + \frac{\partial F_{\text{vis}}}{\partial x} + \frac{\partial G_{\text{vis}}}{\partial y} + \frac{\partial H_{\text{vis}}}{\partial z} \tag{2-35}$$

方程中的独立变量矢量为

$$\boldsymbol{Q} = \left[\rho, \rho v_x, \rho v_y, \rho v_z, \rho E\right]^{\text{T}} \tag{2-36}$$

式中:v_x、v_y、v_z 为绝对气流速度在 x、y、z 3 个方向的分量;ρ 为气体的密度;E 为气体的总内能。

根据理想气体假设,气体的压力计算为

$$p = (\gamma - 1)\left[E - \frac{1}{2}\rho(v_x^2 + v_y^2 + v_z^2)\right] \tag{2-37}$$

无粘通量项的定义为

$$F_{\text{inv}} = \begin{bmatrix} \rho v_x \\ \rho v_x^2 + p \\ \rho v_x v_y \\ \rho v_x v_z \\ \rho v_x H_t \end{bmatrix} \quad G_{\text{inv}} = \begin{bmatrix} \rho v_y \\ \rho v_x v_y \\ \rho v_y^2 + p \\ \rho v_y v_z \\ \rho v_y H_t \end{bmatrix} \quad H_{\text{inv}} = \begin{bmatrix} \rho v_z \\ \rho v_x v_z \\ \rho v_x v_z \\ \rho v_z^2 + p \\ \rho v_z H_t \end{bmatrix} \tag{2-38}$$

式中,总焓 H_t 与总内能相关,它的计算式为

$$H_t = E + \frac{p}{\rho} \tag{2-39}$$

粘性通量项的定义分别为

$$F_{\text{vis}} = \begin{bmatrix} 0 \\ \tau_{xx} \\ \tau_{xy} \\ \tau_{xz} \\ q_x \end{bmatrix} \quad G_{\text{vis}} = \begin{bmatrix} 0 \\ \tau_{yx} \\ \tau_{yy} \\ \tau_{yz} \\ q_y \end{bmatrix} \quad H_{\text{vis}} = \begin{bmatrix} 0 \\ \tau_{zx} \\ \tau_{zy} \\ \tau_{zz} \\ q_z \end{bmatrix} \tag{2-40}$$

根据 Newton 粘性流体的本构方程,粘性应力张量各分量和热通量各分量计算式为

$$\tau_{xx} = 2\mu \left(\frac{\partial v_x}{\partial x} \right) + \lambda_v \nabla \cdot \boldsymbol{V}$$

$$\tau_{yy} = 2\mu \left(\frac{\partial v_y}{\partial y} \right) + \lambda_v \nabla \cdot \boldsymbol{V} \tag{2-41}$$

$$\tau_{zz} = 2\mu \left(\frac{\partial v_z}{\partial z} \right) + \lambda_v \nabla \cdot \boldsymbol{V}$$

$$\tau_{xy} = \mu \left[\left(\frac{\partial v_y}{\partial x} \right) + \left(\frac{\partial v_x}{\partial y} \right) \right]$$

$$\tau_{xz} = \mu \left[\left(\frac{\partial v_z}{\partial x} \right) + \left(\frac{\partial v_x}{\partial z} \right) \right] \tag{2-42}$$

$$\tau_{yz} = \mu \left[\left(\frac{\partial v_y}{\partial z} \right) + \left(\frac{\partial v_z}{\partial y} \right) \right]$$

$$q_x = v_x \tau_{xx} + v_y \tau_{xy} + v_z \tau_{xz} + k \frac{\partial T}{\partial x}$$

$$q_y = v_x \tau_{yx} + v_y \tau_{yy} + v_z \tau_{yz} + k \frac{\partial T}{\partial y} \tag{2-43}$$

$$q_z = v_x \tau_{zx} + v_y \tau_{zy} + v_z \tau_{zz} + k \frac{\partial T}{\partial z}$$

式中:μ 为气体第一粘性系数,它由气体分子粘性系数和湍流粘性系数组成,k 为热导率;λ_v 为第二粘性系数,根据 Stokes 假设,有

$$\lambda_v = -\frac{2}{3}\mu \tag{2-44}$$

速度的散度为

$$\nabla \cdot \boldsymbol{V} = \frac{\partial v_x}{\partial x} + \frac{\partial v_y}{\partial y} + \frac{\partial v_z}{\partial z} \tag{2-45}$$

其他粘性项通过下列等式给出,即

$$\begin{aligned} \tau_{yx} &= \tau_{xy} \\ \tau_{zy} &= \tau_{yz} \\ \tau_{zx} &= \tau_{xz} \end{aligned} \tag{2-46}$$

考虑到喷管内部气流热力参数变化剧烈,因此,在计算过程中采用变比热容的计算方法,气体或燃气的比热容、比热比等都选取随温度变化的计算公式。气体分子粘性随温度的变化应用 Sutherland 公式进行计算,即

$$\mu_l = C_1 \frac{T^{1.5}}{T + C_2} \tag{2-47}$$

式中:C_1、C_2 是常数。热导率根据气体运动的 Prandtl 数进行计算,即

$$k = \frac{\gamma}{\gamma - 1} \left(\frac{\mu_l}{Pr_l} + \frac{\mu_t}{Pr_t} \right) \tag{2-48}$$

式中:下标 l 和 t 分别表示层流与湍流参数。

2.5.2 计算网格划分

图 2-18 给出了双 S 弯隐身喷管内部网格分块特征,该种分块方式可以生成质量非常好的网格。图 2-19 所示为喷管进口、喷管壁面以及全局的网格分布,可以看出无论是从分布(如壁面网格加密)还是网格正交性上其均表现出较好的效果,为 CFD 数值模拟工作的顺利开展提供很好的基础。

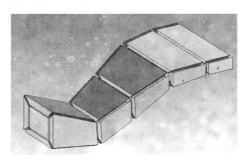

图 2-18 S 弯隐身喷管内部网格分块特征

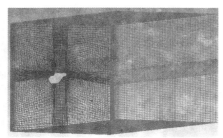

(a) S 弯隐身喷管全局网格分布

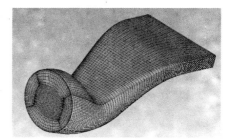

(b) S 弯隐身喷管进口及壁面网格分布

图 2-19 S 弯隐身喷管网格分布

2.5.3 边界条件

流场的求解一般是针对有限的计算区域,因此在计算区域的边界上必须给定边界条件,但是边界条件的给定不仅要在数学上满足适定性,还要在物理上保证尽量不影响内点数值解的精度和稳定性。就本研究而言,S 弯隐身喷管数值模拟包括以下几种边界条件:

(1)远场边界。对于数值模拟的地面工况远场来流 $Ma_\infty = 0$,但为了使计算便于收敛,取 $Ma_\infty = 0.05$,静压 $P_0 = 101325Pa$,静温 $T_0 = 288K$,来流方向与喷管进口轴线平行。

(2)压力进口边界。

对于外流进口,$P_{t1}^* = 101325Pa$,$T_1^* = 288.14K$。

对于内流进口,总压根据不同工况要求进行设置。

(3)压力出口边界。给定出口背压 $P_0 = 101325Pa$,总温 $T_0^* = 288K$。

(4)壁面边界。绝热无滑移壁面条件。

S 弯隐身喷管计算区域中各边界设置如图 2-20(a)、(b)所示。

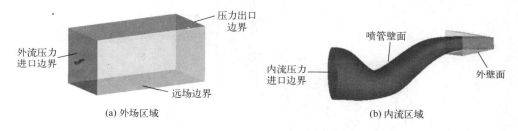

图 2-20 计算区域边界条件设置

2.5.4 S 弯隐身喷管流动特性

本节以图 2-21 所示的双 S 弯隐身喷管为例,研究喷管内部的流动机理。其中喷管出口形状为类矩形形式,喷管面积收缩比 0.403,长径比 2.82,出口宽高比 7,两弯中心线均为"前急后缓"的变化规律,其他参数均采用均匀的变化规律。

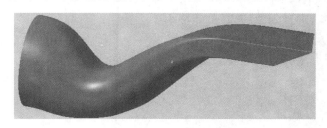

图 2-21 S 弯隐身喷管几何模型

S 弯隐身喷管在喷管落压比 NPR(Nozzle Pressure Ratio,是喷管进口总压与出口背压之比)为 1.6 条件下,对称面与沿程截面上 Ma 数及流线分布如图 2-22 所示。可以看到,在 S 弯收缩段内,气流逐渐加速,但各流通截面 Ma 数分布存在明显的不均匀,在第一弯转弯处及第二弯转弯处存在局部高速区。在第一弯通道内,气流向下偏转,上半部分气流受到上壁面提供的向心力的限制,气流加速效果受到抑制,上半部分速度低于下半部分;在第一弯转弯处,下壁面处气流受到下壁面提供的向心力的限制,加速效果受到抑制,气

25

流在上壁面处受到离心力作用加速效果有所增强,因此上壁面处气流加速效果高于下壁面;在第二弯通道内,气流向上偏转,上部分气流受到上壁面提供的向心力限制,加速效果受到抑制,下部分气流速度高于上部分;第二弯转弯处气流在下壁面处受到离心力作用,在上壁面处受到向心力作用,下壁面气流加速效果高于上壁面。正是由于气流通过 S 弯隐身喷管不同的转向,在各个转弯处气流受到向心力、离心力的影响,各截面上气流分布表现为受向心力处 Ma 数减小,受离心力处 Ma 数增大,喷管内各截面不同位置处气流加速效果不相同,因而 Ma 数分布不均匀,直至喷管出口 Ma 数分布才近乎均匀。图中沿程各截面流线分布显示,在 S 弯隐身喷管内部存在着横向流动:在喷管进口截面,喷管通道向下弯曲,因而截面上流线方向向下;之后的截面内,由于 S 弯隐身喷管的几何限制,上部分气流向下偏转因而有向下的速度分量,下部分气流向上偏转,因而有向上的速度分量,因此截面上部分流线方向向下,下部分流线方向向上,流线的汇聚线是一条从鞍点至节点的流线;在第一弯转弯处,通道向上弯曲,所以此截面上的流线方向朝上;第二段 S 弯通道的截面内,随着管道向上偏转,鞍点与节点的位置不断移动,最后在喷管出口处发展成一对横向涡。

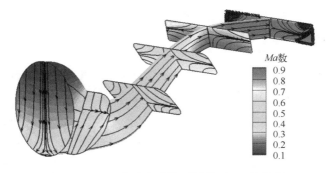

图 2-22　双 S 弯隐身喷管不同截面 Ma 数分布

　　尽管气流在 S 弯通道内经过了两道转弯,流线分布显示在喷管内部不存在分离现象,仅在喷管出口处有一对横向涡的存在。图 2-23 给出了双 S 弯喷管壁面剪切力及极限流线分布,由图可见,壁面极限流线未汇合为一条线,因而不存在分离。同时可以看出壁面附近气体速度越高,则壁面剪切力越大,即第一弯转弯处的上壁面处以及第二弯转弯处的下壁面剪切力高于其他区域。图 2-24 给出了双 S 弯喷管对称面上总压恢复系数分布。由图可知,总压损失主要是由边界层内的动量损失所导致。

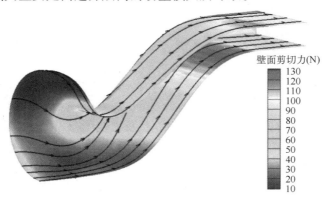

图 2-23　双 S 弯隐身喷管壁面剪切力及极限流线图

图 2-24 双 S 弯隐身喷管对称面总压恢复系数分布

2.6　S 弯隐身喷管关键几何参数影响分析

在 S 弯隐身喷管设计中,S 弯隐身喷管的 S 弯曲线个数、各段 S 弯曲线轴向长度、中心线变化规律、出口宽高比、各段 S 弯通道出口面积、各段 S 弯通道出口宽度等几何设计参数对 S 弯隐身喷管的构型有极大影响,不同的参数组合构成不同构型的 S 弯隐身喷管,如此导致喷管的流场特性也各不相同,通过研究各几何参数对 S 弯隐身喷管流场特性的影响规律,确定对 S 弯隐身喷管气动性能有重要影响的关键几何参数,可获取 S 弯隐身喷管气动性能较优的几何参数组合。

喷管气动性能参数包括总压恢复系数 δ_p、流量系数 C_D 和推力系数 C_{fg}。总压恢复系数 δ_p 是喷管出口面积加权平均总压 P_e^* 与进口总压 P^* 之比。流量系数是试验测得或数值模拟获得的流量 G 与理想流量 m_i 之比。推力系数 C_{fg} 是试验测得或数值模拟获得的轴向推力 F_x 与理想推力 F_i 之比。其中,理想流量和理想推力根据以下公式计算获得,即

当 NPR < 1.893 时,有

$$m_i = \sqrt{\frac{k}{R}\left(\frac{2}{k+1}\right)^{\frac{k+1}{k-1}}} \frac{P^*}{\sqrt{T^*}} A_{ex} q_{(Ma)} \tag{2-49}$$

$$F_i = m_i \sqrt{2\frac{k}{k-1}RT^*\left[1-\left(\frac{1}{\mathrm{NPR}}\right)^{\frac{k-1}{k}}\right]} \tag{2-50}$$

其中: $q_{(Ma)} = Ma\left[\frac{2}{k+1}\left(1+\frac{k-1}{2}Ma^2\right)\right]^{-\frac{k+1}{2(k-1)}}$。

当 NPR ≥ 1.893 时,有

$$m_i = \sqrt{\frac{k}{R}\left(\frac{2}{k+1}\right)^{\frac{k+1}{k-1}}} \frac{P^*}{\sqrt{T^*}} A_{ex} \tag{2-51}$$

$$F_i = m_i \sqrt{2\frac{k}{k+1}RT^*} + (P_e - P_b)A_{ex} \tag{2-52}$$

式中: $P_e = P^* \cdot \beta_{cr}$。对空气而言,$k = 1.4$,$R = 287.06(\mathrm{J/kg/K})$,$\beta_{cr} = 0.5283$。

采用喷管内部损失来进行几何参数对 S 弯隐身喷管气动性能的影响分析。S 弯隐身喷管内部的损失包括摩擦损失和局部损失。摩擦损失可通过喷管内壁面摩擦力 f 与理想推力 F_i 的比值 f/F_i 来表示。壁面摩擦力与壁面附近的气流速度梯度以及湿周面积相关。

速度梯度越大,壁面摩擦力就越大;同样地,湿周面积越大,壁面摩擦力也越大。局部损失包括碰撞损失、局部加速损失、二次流损失及激波损失(如果存在激波)。局部损失与弯道的曲率半径相关,曲率半径越小,弯道就越急,损失也越大。局部损失所造成的推力损失可通过 f_s 来表示,$f_s = 1 - C_{fg} - f/F_i$。

2.6.1　S 弯曲线个数对 S 弯隐身喷管气动性能的影响

　　S 弯隐身喷管的设计程序可生成单 S 弯、双 S 弯及三 S 弯隐身喷管。在其他参数相同的条件下,S 弯曲线个数不同,满足完全遮挡涡轮的约束条件时各段 S 弯曲线偏距便不同,S 弯曲线个数越多越容易实现完全遮挡涡轮。但 S 弯曲线个数越多,气流在喷管内来回偏转的次数就越多,流场结构就变得越加复杂。为了研究 S 弯曲线个数对喷管气动性能的影响,图 2-25 给出了进出口面积收缩比为 0.403、长径比为 2.82、出口宽高比为 7、出口截面为"矩形 + 倒圆角形式"、中心线变化规律为"前急后缓"的变化规律、均满足完全遮挡涡轮约束条件的单 S 弯、双 S 弯及三 S 弯隐身喷管的三维模型,数值模拟 NPR = 1.6 和 NPR = 2.4 工况下这 3 种构型喷管的流场特征,对比分析其气动性能参数。由图可知,满足完全遮挡涡轮的约束条件时,双 S 弯隐身喷管的偏距比三 S 弯隐身喷管的大,而单 S 弯隐身喷管的进出口偏距要比其他两种构型喷管的偏距大很多,单 S 弯隐身喷管的出口要抬得非常高才能满足完全遮挡涡轮的约束条件。

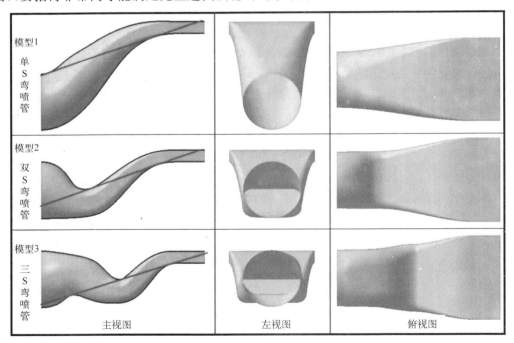

图 2-25　单 S 弯、双 S 弯及三 S 弯隐身喷管的三维几何模型

　　表 2-1 给出了这 3 种构型喷管的气动性能参数对比。由表可知,随着 S 弯曲线个数的增多,喷管气动性能参数均下降。随着喷管落压比的升高,喷管总压恢复系数略有降低,而流量系数和推力系数略微升高。表 2-2 中这 3 种构型喷管的摩擦损失与局部损失造成的推力损失对比表明,双 S 弯隐身喷管的摩擦损失相对最大,三 S 弯隐身喷管的摩擦

28

损失比单 S 弯的略低；而随着 S 弯曲线个数的增多，局部损失增加，三 S 弯隐身喷管的局部损失相对最大。随着喷管落压比的升高，f/F_i 和 f_s 均下降。

表 2-1   单 S 弯、双 S 弯及三 S 弯隐身喷管气动性能参数对比

喷管类型	总压恢复系数 δ_p		流量系数 C_D		推力系数 C_{fg}	
	NPR = 1.6	NPR = 2.4	NPR = 1.6	NPR = 2.4	NPR = 1.6	NPR = 2.4
单 S 弯隐身喷管	0.9906	0.9897	0.9823	0.9861	0.9711	0.9798
双 S 弯隐身喷管	0.9865	0.9846	0.9757	0.9798	0.9600	0.9707
三 S 弯隐身喷管	0.9840	0.9824	0.9730	0.9779	0.9548	0.9679

表 2-2   3 种构型喷管的摩擦损失与局部损失造成的推力损失对比

喷管类型	f/F_i/%		f_s/%	
	NPR = 1.6	NPR = 2.4	NPR = 1.6	NPR = 2.4
单 S 弯隐身喷管	1.46	1.11	1.43	0.902
双 S 弯隐身喷管	1.78	1.39	2.22	1.54
三 S 弯隐身喷管	1.44	1.10	3.08	2.10

为了分析导致上述 S 弯隐身喷管气动性能差异的原因，图 2-26 给出了这 3 种构型喷管对称面上 Ma 数分布。由图可知，在相同落压比下，单 S 弯、双 S 弯及三 S 弯隐身喷管

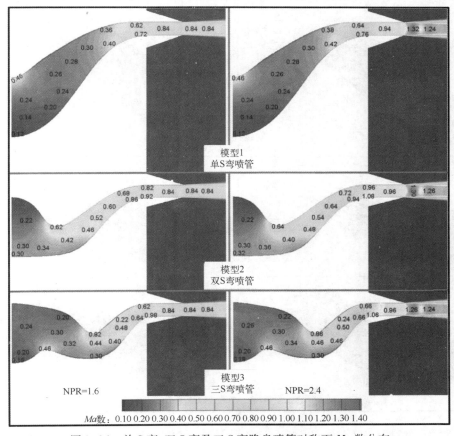

图 2-26   单 S 弯、双 S 弯及三 S 弯隐身喷管对称面 Ma 数分布

的出口 Ma 数均相同,而 Ma 数分布不同的地方主要表现在喷管转弯处的局部气流加速区。单 S 弯隐身喷管在喷管进口上壁面附近存在局部加速区;但是在喷管出口前的转弯处下壁面附近却未见局部加速,此区域的气流在之后的通道内继续加速。双 S 弯隐身喷管在第一弯转弯处及第二弯转弯处均存在局部加速区,加速区内的速度在之后的通道内与周围气流相互掺混进行动量交换,逐渐减速,因而存在局部加速损失,且局部气流加速越高,损失就越大。三 S 弯隐身喷管存在 3 个局部加速区,并且在第二个转弯处附近气流 Ma 数即达到非常高的数值,在第三个转弯处更是接近声速,这是由于三 S 弯隐身喷管在这两个转弯处的曲率半径都较小,所受的离心力较大所导致的。因此,三 S 弯隐身喷管的局部加速损失最大。从图中还可以看出,随着喷管落压比的提高,3 种构型喷管的出口气流速度均增大,且转弯处的局部加速区范围扩大、速度增高。因此,局部加速损失增加;在双 S 弯隐身喷管第二弯转弯处存在着局部的膨胀波和压缩波;在三 S 弯隐身喷管第三弯转弯处附近气流局部加速后在通道内形成一道激波,气流经激波后减速,因而在三 S 弯隐身喷管内存在着激波损失。随着落压比的提高,这 3 种构型喷管的局部损失均增大。

图 2-27 给出了壁面剪切力及极限流线分布。由图可知,在相同落压比下,双 S 弯隐身喷管的壁面剪切力比单 S 弯隐身喷管的大,这是因为双 S 弯隐身喷管通道内近壁面速

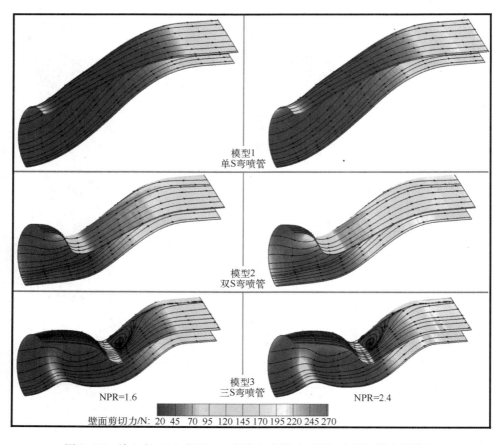

图 2-27 单 S 弯、双 S 弯及三 S 弯隐身喷管壁面剪切力及极限流线分布

度比单 S 弯隐身喷管的高。虽然,三 S 弯隐身喷管通道内速度比单 S 弯和双 S 弯隐身喷管的都高,但是其极限流线分布显示,在三 S 弯隐身喷管第二弯转弯上壁面附近存在着流动分离,这个区域的极限流线表现为鞍点到焦点的漩涡,流动分离的存在导致此区域的气流速度极低,壁面剪切力很小。因此,表 2-2 中三 S 弯隐身喷管的摩擦损失比单 S 弯的表现得略低。由于三 S 弯隐身喷管内部存在着流动分离,所以在三 S 弯隐身喷管内部存在较大的二次流损失。综合前文所述的局部损失分析,随着 S 弯曲线个数的增多,总的能量损失的增大导致 S 弯隐身喷管的气动性能参数下降。从图 2-27 还可看出,随着喷管落压比的提高,壁面剪切力增大,对比图 2-27 可知,这是由于气流速度增加,壁面附近速度梯度增大所导致的。由于壁面剪切力和局部损失随着落压比的升高均增大,所以代表能量损失多少的总压恢复系数随着落压比的提高而降低。但是,根据式(2-49)和式(2-50)可知,理想推力随着落压比的提高也增大,结果表现为随着落压比的升高,f/F_i 和 f_s 均减小,因此,流量系数和推力系数随着落压比的提高而增大。

由上述分析可知,相同条件下,S 弯曲线个数越多,满足完全遮挡涡轮的约束条件时各段 S 弯曲线的偏距越小,即越容易实现完全遮挡涡轮,但是喷管的能量损失却越大,进而表现出越低的气动性能。尽管单 S 弯隐身喷管的气动性能较优,但其实现完全遮挡涡轮时进出口偏距太大,在飞机上布局难以实现。因此,本书主要关注双 S 弯隐身喷管的几何参数对其气动性能、红外辐射特性以及电磁散射特性的影响,为 S 弯隐身喷管设计时的关键几何参数选择提供理论依据。

图 2-28 给出了双 S 弯隐身喷管涉及的主要几何参数,包括第一段 S 弯通道出口面积 A_1、出口宽度 W_1(或宽高比 W_1/H_1)、轴向长度 L_1、纵向偏距 ΔY_1 以及第二段 S 弯通道轴向长度 L_2、纵向偏距 ΔY_2、出口宽高比 W_e/H_e、等值段长度 L_3 以及两段 S 弯曲线的中心线变化规律。其中,采用等值段的目的是为了确保出口气流均匀,因此,计算过程中把它当作固定值。根据前文介绍的确定低可探测性约束条件的过程可知,在其他几何参数确定的情况下,第二段 S 弯通道的纵向偏距 ΔY_2 为确定值,由于本书中关于几何参数的影响研究均考虑了完全遮挡涡轮的约束条件,因此,ΔY_2 由其他几何参数确定,不作为几何参数中的变量。本书中所有的喷管进、出口面积均为固定值,面积收缩比为 0.403。出口截面均为"矩形 + 倒圆角"形式。下文首先介绍喷管总长度 L 一定(即长径比一定,$L/D = 2.82$,$L_3/L = 0.156$)的条件下,不同的几何参数:两段 S 弯曲线的中心线变化

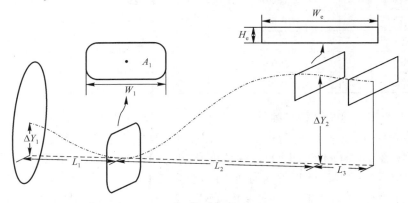

图 2-28 双 S 弯隐身喷管几何设计参数

规律、两段 S 弯曲线的轴向长度之比 L_1/L_2、第一段 S 弯通道出口面积 A_1/A_{in}、第一段 S 弯通道出口宽度 W_1/D、第一段 S 弯通道纵向偏距 $\Delta Y_1/L_1$ 以及出口宽高比 W_e/H_e 对双 S 弯隐身喷管气动性能的影响;其次介绍不同喷管长径比 L/D 下的双 S 弯隐身喷管的流动特性。

2.6.2　中心线变化规律对 S 弯隐身喷管气动性能的影响

中心线变化规律决定了 S 弯通道内弯道的缓急程度,影响内部气流的加速性和压力分布,是 S 弯隐身喷管设计过程中重要的几何参数,所以有必要研究中心线变化规律对 S 弯隐身喷管气动性能的影响。中心线存在"均匀变化""前缓后急"及"前急后缓"3 种变化规律。对于双 S 弯隐身喷管而言,两段 S 弯中心曲线变化规律共有 9 种组合方式。本节数值模拟了这 9 种构型喷管的流场特性。各喷管的其他几何参数均设置为:$L_1/L_2 = 1$:2,$A_1/A_{in} = 0.6$,$W_1/D = 1.015$,$\Delta Y_1/L_1 = 0.28$,$W_e/H_e = 7$。9 种不同构型喷管的三维模型如图 2-29 所示。由图可知,中心线变化规律对 S 弯隐身喷管的构型造成较大影响,中心线变化规律不相同的 S 弯通道构型差异较大,中心线变化规律相同的 S 弯通道构型一致。表 2-3 中这 9 种不同构型喷管的第二段 S 弯曲线纵向偏距对比表明,第二段 S 弯中心曲线变化规律相同的 S 弯隐身喷管 $\Delta Y_2/L_2$ 的值相同;第二段 S 弯中心曲线变化规律为"均匀变化"时的纵向偏距最大,第二段 S 弯中心曲线变化规律为"前缓后急"时的纵向偏距比"前急后缓"的略低。图 2-30 中这 9 种不同构型喷管的中心线分布显示,不同中心线组合的 9 条中心曲线仅表现为 3 条,这是由于变化规律相同的 S 弯曲线相重合所导致的。从图 2-30 中可以看出,中心线变化规律不同,中心线上各点的纵向位置及其切线方向便不同。对于相同的第一段 S 弯曲线纵向偏距而言,"前缓后急"变化规律的中心曲线位置靠上,"均匀变化"变化规律的中心曲线位置居中,"前急后缓"变化规律的中心曲线位置靠下。第二段 S 弯曲线的位置与其纵向偏距有关。因此,在截面形状相同的条件下,截面所处的纵向位置和偏转的方向因中心曲线的不同而不同,最终导致 S 弯隐身喷管构型的差异。

表 2-3　9 种不同中心线变化规律的双 S 弯隐身喷管的 $\Delta Y_2/L_2$ 对比

喷管类型	$\Delta Y_2/L_2$	喷管类型	$\Delta Y_2/L_2$
模型 4	0.607	模型 9	0.516
模型 5	0.511	模型 10	0.607
模型 6	0.516	模型 11	0.511
模型 7	0.607	模型 12	0.516
模型 8	0.511		

图 2-31 给出了这 9 种构型喷管的总压恢复系数、流量系数及推力系数的对比,由图可知,在相同落压比条件下,随着中心线变化规律的改变,3 种气动参数的变化趋势是一致的;双 S 弯隐身喷管的第一段 S 弯曲线变化规律相同时,第二段 S 弯曲线为"前缓后急"变化规律(NY-2=2)的喷管气动性能最差,第二段 S 弯曲线为"前急后缓"变化规律(NY-2=3)的喷管气动性能比"均匀变化"(NY-2=1)的喷管气动性能略高;双 S 弯隐身喷管的第二段 S 弯曲线变化规律相同时,同样地,第一段 S 弯曲线为"前缓后急"变化规律

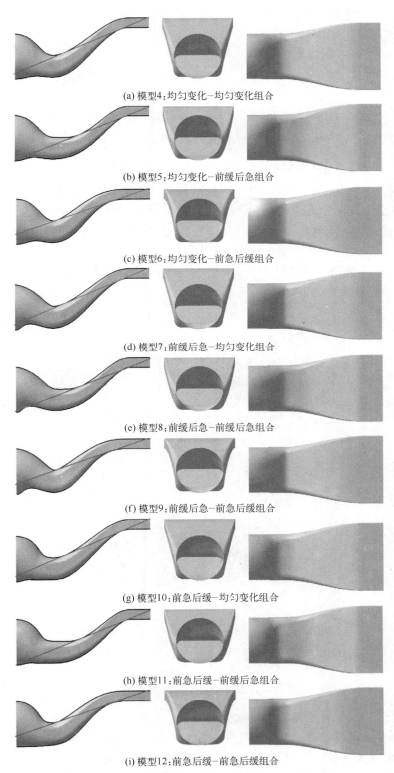

(a) 模型4：均匀变化-均匀变化组合

(b) 模型5：均匀变化-前缓后急组合

(c) 模型6：均匀变化-前急后缓组合

(d) 模型7：前缓后急-均匀变化组合

(e) 模型8：前缓后急-前缓后急组合

(f) 模型9：前缓后急-前急后缓组合

(g) 模型10：前急后缓-均匀变化组合

(h) 模型11：前急后缓-前缓后急组合

(i) 模型12：前急后缓-前急后缓组合

图 2-29　不同中心线变化规律组合的双 S 弯隐身喷管三维模型

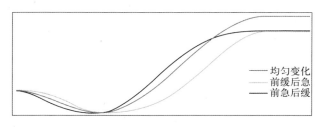

图2-30　9种不同中心线变化规律的双S弯隐身喷管的中心线分布对比

（NY－1＝2）的喷管气动性能最差，第一段S弯曲线为"前急后缓"变化规律（NY－1＝3）的喷管气动性能比"均匀变化"（NY－1＝1）的喷管气动性能略高。因此，这9种构型中，模型8（中心线变化规律为前缓后急－前缓后急的组合）气动性能最差，模型12（中心线变化规律为前急后缓－前急后缓的组合）气动性能最优。随着落压比的升高，9种构型喷管的总压恢复系数均下降，推力系数均增大；而对于流量系数，随着落压比的升高，第二段S弯曲线为"前急后缓"变化规律（NY－2＝3）的这3种构型喷管的流量系数均增大，其余6种构型喷管的流量系数均下降。

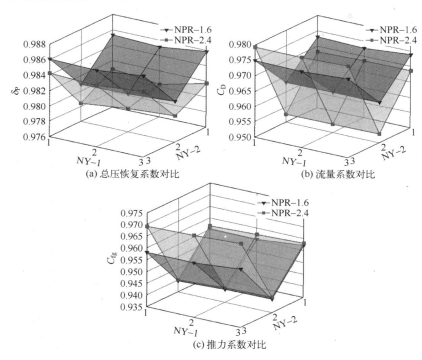

图2-31　不同中心线变化规律组合的双S弯隐身喷管气动性能参数对比

（NY－1—第一段S弯曲线的变化规律；NY－2—第二段S弯曲线的变化规律）

图2-32给出了9种构型喷管对称面上Ma数分布。由图可知，在相同的落压比条件下，双S弯隐身喷管第一段S弯曲线变化规律相同时，对称面上Ma数分布的差异主要表现在第一弯转弯附近、第二弯转弯附近以及等值段区域。可以看出，第二段S弯曲线为"前缓后急"变化规律的喷管在第一弯转弯附近Ma数最低，即局部加速效果最小，对比图2-30可知，其中心线在第二段S弯通道进口处切线斜率最小，第一弯转弯处曲率半径

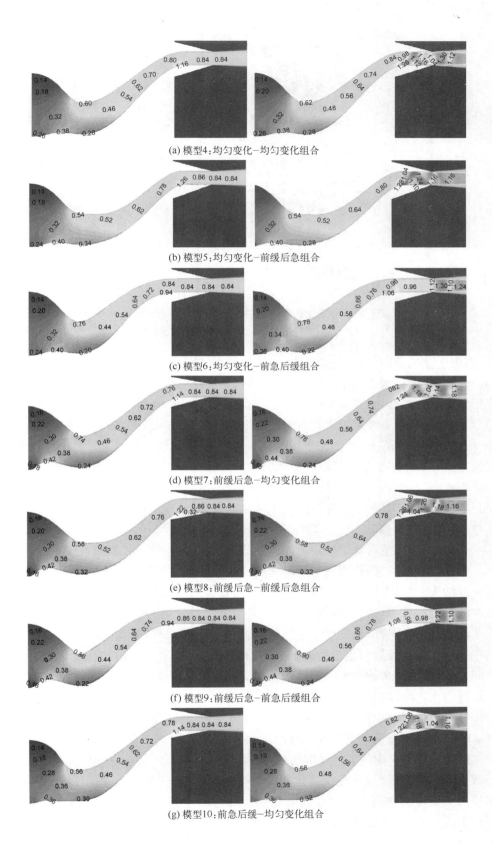

(a) 模型4：均匀变化-均匀变化组合

(b) 模型5：均匀变化-前缓后急组合

(c) 模型6：均匀变化-前急后缓组合

(d) 模型7：前缓后急-均匀变化组合

(e) 模型8：前缓后急-前缓后急组合

(f) 模型9：前缓后急-前急后缓组合

(g) 模型10：前急后缓-均匀变化组合

35

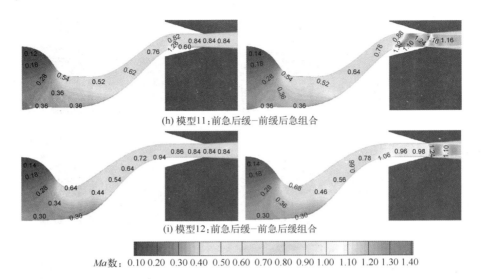

(h) 模型11:前急后缓–前缓后急组合

(i) 模型12:前急后缓–前急后缓组合

*Ma*数： 0.10 0.20 0.30 0.40 0.50 0.60 0.70 0.80 0.90 1.00 1.10 1.20 1.30 1.40

图2-32　9种不同中心线变化规律的双S弯隐身喷管对称面上 *Ma* 数分布对比
（左侧一列为NPR＝1.6工况，右侧一列为NPR＝2.4工况）

最大,所以受到的离心力小,加速效果小;在第二弯转弯附近局部加速区最大,加速区内达到的速度最高,这是由于其中心线在第二弯转弯处曲率半径最小,受到的离心力大所导致的。第二段S弯曲线为"前急后缓"变化规律的喷管在第一弯转弯附近 *Ma* 数最大,局部加速效果最强,其中心线在第二段S弯通道进口处切线斜率最大,第一弯转弯处曲率半径最小,所以受到的离心力大,加速效果强;在第二弯转弯附近局部加速区最小,加速区内达到的速度最小,这是因为其中心线在第二弯转弯处曲率半径最大,受到的离心力小所导致的。对比图2-32中(a)、(d)、(g),图2-32中(b)、(e)、(h),图2-32中(c)、(f)、(i)可知,在双S弯隐身喷管的第二段S弯曲线变化规律相同时,第一段S弯曲线为"前缓后急"变化规律的喷管型面与其他两种变化规律的喷管型面差异较大,在喷管进口后端有一个小的转弯,使得此区域附近的速度分布与其他两者不同,表现为在进口下壁面附近有一个速度较低的区域,之后有一个速度较高的区域。随着落压比的提高,喷管局部加速区速度增大,尤其在第二弯转弯附近,第二段S弯曲线为"均匀变化"和"前缓后急"变化规律的喷管在第二弯转弯因局部加速效果附近产生较宽的膨胀波,膨胀波在壁面反射为膨胀波,之后在喷管出口处产生一道斜激波,而第二段S弯曲线为"前急后缓"变化规律的喷管仅在转弯处局部加速略高于声速,未见明显的膨胀波和激波。

图2-33给出了9种构型喷管壁面剪切应力及极限流线分布。由于速度高的区域,壁面剪切应力大,参照图2-32中 *Ma* 数分布可知,壁面剪切应力分布与 *Ma* 数分布大体一致。而极限流线分布显示,对于第二段S弯曲线为"前缓后急"变化规律的喷管,当NPR＝1.6时,在下壁面等值段起始处附近发生流动分离,之后,分离再附于壁面,可以看出分离的起始线和再附线。这是因为在落压比较低的情况下,气流速度相对较低,在第二弯转弯处,由于"前缓后急"变化规律的中心线在此处的弯道曲率半径小,气流转折角大,速度较低的气流在转弯后无法附着到壁面,因而发生流动分离;而在NPR＝2.4,即较高落压比下,流动分离现象消失。

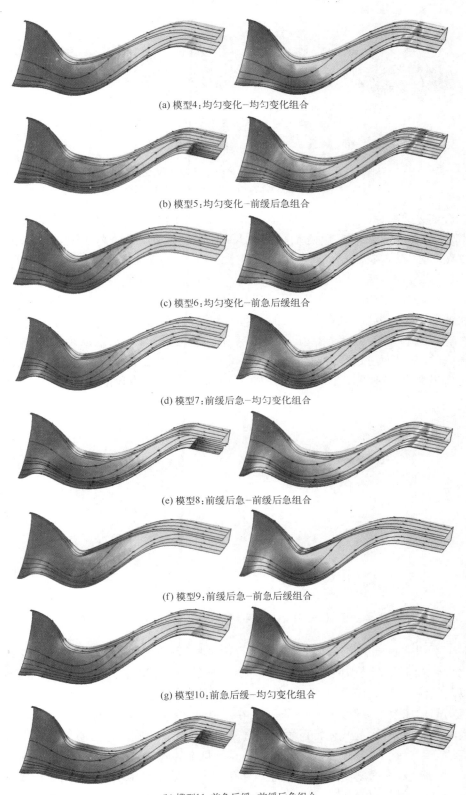

(a) 模型4:均匀变化–均匀变化组合

(b) 模型5:均匀变化–前缓后急组合

(c) 模型6:均匀变化–前急后缓组合

(d) 模型7:前缓后急–均匀变化组合

(e) 模型8:前缓后急–前缓后急组合

(f) 模型9:前缓后急–前急后缓组合

(g) 模型10:前急后缓–均匀变化组合

(h) 模型11:前急后缓–前缓后急组合

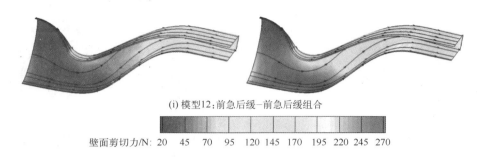

(i) 模型12:前急后缓－前急后缓组合

壁面剪切力/N: 20 45 70 95 120 145 170 195 220 245 270

图 2-33 9 种不同中心线变化规律的双 S 弯隐身喷管壁面剪切力及极限流线分布

(左侧一列为 NPR = 1.6 工况,右侧一列为 NPR = 2.4 工况)

综合前述分析,在 NPR = 1.6 工况下,第二弯 S 弯曲线为"前缓后急"变化规律的喷管由于其在等值段下壁面发生流动分离,分离处速度极小,因而总的壁面摩擦力小,如图 2-34(a)所示;但是流动分离的存在使得局部二次流损失很大,如图 2-34(b)所示,因此,第二弯 S 弯曲线为"前缓后急"变化规律的喷管气动性能最差。在 NPR = 2.4 工况下,第二弯 S 弯曲线为"均匀变化"和"前缓后急"变化规律的喷管在第二弯转弯之后均产生膨胀波和激波,在此区域存在较大的局部激波损失,因此,喷管气动性能要比第二弯曲线为"前急后缓"的低。随着落压比的提高,由于摩擦损失以及激波损失的增大,代表能量损失的总压恢复系数降低;由于理想流量和理想推力均增大,如果能量损失造成的流量和推力损失大于理想流量和理想推力的增量,则流量系数和推力系数下降;反之,则提高。

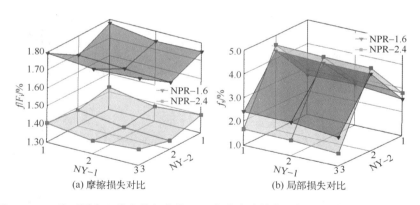

(a) 摩擦损失对比   (b) 局部损失对比

图 2-34 9 种不同中心线变化规律的双 S 弯隐身喷管能量损失造成的推力损失对比

对于不同中心线变化规律组合的双 S 弯隐身喷管流动特性数值模拟研究表明,中心线变化规律对喷管的气动性能影响较大。中心线变化规律决定了通道转弯处弯道的曲率半径以及气流转折角,因而对气流在转弯处的加速效果产生影响。小的曲率半径造成大的气流局部加速效果,导致大的摩擦损失,在较高的喷管落压比下甚至产生激波,从而形成较大的激波损失;大的气流转折角使得气流在低落压比下在转弯后不易附着于壁面,会产生流动分离,从而导致较大的二次流损失。可见在转弯处应选择变化较缓的中心线变化规律。因此,双 S 弯隐身喷管的中心线变化规律应采用"均匀变化－前急后缓"或"前急后缓－前急后缓"的组合方式。下文中的双 S 弯隐身喷管的中心线变化规律均采用

"前急后缓 – 前急后缓"的组合方式,其他参数变化则采用"均匀变化"的变化规律。

2.6.3　S 弯曲线轴向长度 L_1/L_2 对 S 弯隐身喷管气动性能的影响

对于双 S 弯隐身喷管,在喷管总长度确定的情况下,两段 S 弯曲线长度的取值不同会造成 S 弯隐身喷管构型的差异,进而导致相应的喷管流场特性差别较大。本节计算对比了第一段 S 弯曲线轴向长度与第二段 S 弯曲线轴向长度 L_1/L_2(=3:2、1:1、2:3、1:2)4 种构型喷管的气动性能。各喷管的其他几何参数均设置为:$A_1/A_{in}=0.6$,$W_1/D=1.015$,$W_e/H_e=7$。各喷管的第一段 S 弯曲线纵向偏距相同,第二段 S 弯曲线纵向偏距由完全遮挡涡轮的约束条件确定。4 种构型喷管三维模型如图 2-35 所示。表 2-4 列出了这 4 种喷管的 $\Delta Y_1/L_1$ 和 $\Delta Y_2/L_2$ 的值。可以看出,在第一段 S 弯曲线纵向偏距 ΔY_1 相等的条件下,随着 L_1/L_2 的值变小,$\Delta Y_1/L_1$ 必然变大;第二段 S 弯曲线纵向偏距 ΔY_2 逐渐变大,但是 $\Delta Y_2/L_2$ 却变小,这是因为 ΔY_2 增大的幅值没有 L_2 大。图 2-35 中的俯视图显示,L_1/L_2 的不同使得喷管的宽度分布存在着不同。

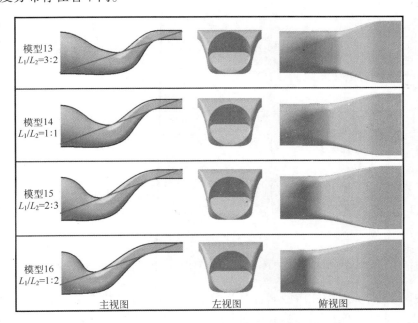

图 2-35　4 种不同 L_1/L_2 的双 S 弯隐身喷管三维模型

表 2-4　4 种不同 L_1/L_2 的双 S 弯隐身喷管的 $\Delta Y_1/L_1$ 和 $\Delta Y_2/L_2$ 的值

L_1/L_2	3:2	1:1	2:3	1:2
$\Delta Y_1/L_1$	0.156	0.187	0.234	0.286
$\Delta Y_2/L_2$	0.681	0.629	0.555	0.516

这 4 种构型喷管的气动性能参数对比如图 2-36 所示。由图可知,在不同的落压比下,随着 L_1/L_2 的变化,气动性能参数表现出不同的变化趋势。当 NPR = 1.6 时,随着 L_1/L_2 的增大,总压恢复系数、流量系数以及推力系数均先增大后减小,在 $L_1/L_2=1:1$ 时取得最大值,即模型 14 的气动性能相对最优,但是 4 种喷管的气动性能之间的差异比较小。

当 NPR = 2.4 时,随着 L_1/L_2 的增大,3 种气动性能参数同样地均先增大后减小,但是在 $L_1/L_2 = 2:3$ 时取得最大值,即模型 15 的气动性能在此工况下相对最优;模型 13 的气动性能相对最差,和其他 3 种喷管的气动性能差别较大。当落压比由 1.6 增大到 2.4 时,4 种喷管的总压恢复系数均下降;而模型 13($L_1/L_2 = 3:2$)和模型 14($L_1/L_2 = 1:1$)的流量系数下降,模型 15($L_1/L_2 = 2:3$)和模型 16(1:2)的流量系数上升;模型 13 的推力系数下降,其余 3 种喷管的推力系数上升。

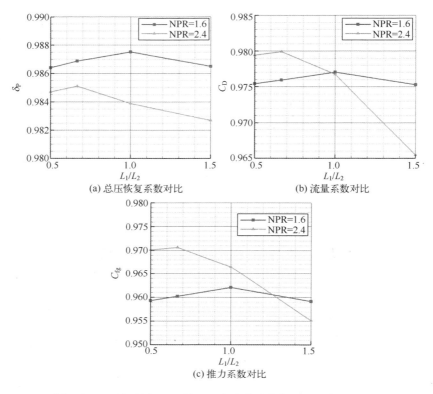

图 2-36　4 种不同 L_1/L_2 的双 S 弯隐身喷管气动性能参数对比

图 2-37 给出了这 4 种构型喷管对称面上 Ma 数分布。由图可知,由于模型 13 到模型 16 的第二段 S 弯通道斜率 $\Delta Y_2/L_2$ 逐渐减小,第二个转弯处的曲率半径逐渐增大、气流偏转角逐渐变小,所以第二个转弯处的局部加速区范围变小,加速区内的最大速度减小。由于第一段 S 弯通道斜率 $\Delta Y_1/L_1$ 随着 L_1/L_2 的减小而增大,气流在喷管进口之后的上壁面处碰撞损失增加。在 NPR = 1.6 工况下,模型 13 第一段 S 弯通道较为平缓,因而进口处碰撞损失小,但是其第二个转弯处的局部加速达到很高的速度,对应的局部加速损失较大;模型 14 的第二个转弯处的局部加速同样超过了声速,但加速区范围以及幅值都比模型 13 的小;模型 15 和模型 16 的第二个转弯处局部加速均未超过声速,模型 16 的加速效果略低,但是模型 16 在进口处上壁面的碰撞损失最大。在 NPR = 2.4 工况下,模型 13 在第二个转弯处的局部加速区范围变大,最大速度增大,加速后的气流在通道内减速并在喷管出口前形成一道正激波,因此存在着较大的激波损失。模型 14 通道内同样存在着激波,与模型 13 相比,激波位置前移,激波前 Ma 数降低,激波损失减小。模型 15 和模型 16

通道内不存在明显的激波,因而没有激波损失。

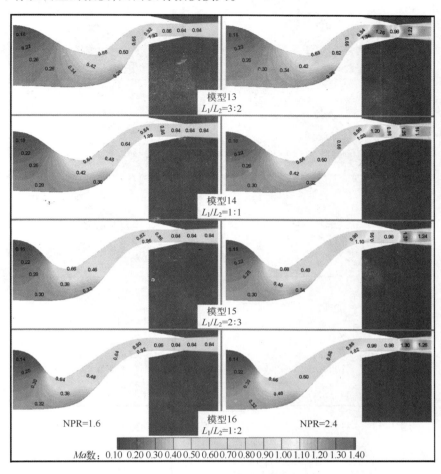

图 2-37 4 种不同 L_1/L_2 的双 S 弯隐身喷管管对称面上 Ma 数分布

图 2-38 给出了 4 种构型喷管壁面剪切应力与极限流线分布。极限流线分布显示,4 种喷管在两种不同工况下均未出现流动分离现象。壁面剪切应力分布显示,速度高的区域剪切应力大,剪切应力与 Ma 数分布相一致,模型 13 到模型 16 第二个转弯处的壁面剪切应力依次减小,如图 2-39(a)所示。随着落压比的提高,壁面剪切力增大,但是理想推力也增大,因此,表现为随着落压比的提高,f/F_i 减小。

综合前述分析,NPR = 1.6 工况下,碰撞损失和局部加速损失综合作用的结果使得模型 14 的气动性能相对最优;而在 NPR = 2.4 工况下,由于模型 13 和模型 14 存在着大的激波损失,因而气动性能相对较差,模型 15 气动性能相对最优,4 种喷管局部损失造成的推力损失下降如图 2-39(b)所示。随着落压比的提高,局部损失增大,局部损失造成的推力下降值增大,由于理想推力也增大,模型 14 ~ 模型 16 局部损失造成的推力下降幅值比理想推力增大的幅值小,所以表现为 f_s 随着落压比的提高而下降;但是模型 13 局部损失造成的推力下降幅值比理想推力增大的幅值大,f_s 随着落压比的提高而增大。

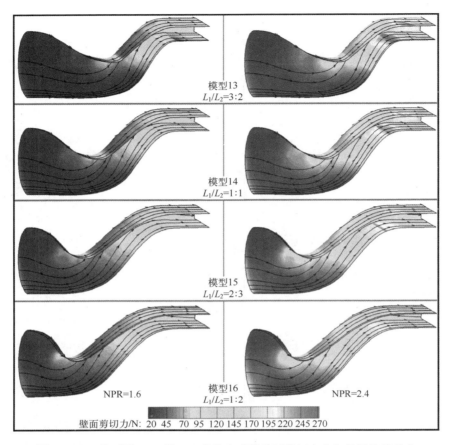

图 2-38　4 种不同 L_1/L_2 的双 S 弯隐身喷管壁面剪切应力与极限流线分布

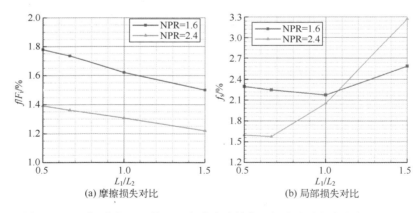

图 2-39　4 种不同 L_1/L_2 的双 S 弯隐身喷管能量损失造成的推力损失对比

　　由上述分析可知,双 S 弯隐身喷管第一段和第二段 S 弯曲线轴向长度的不同会造成喷管气动性能的差异。第一段 S 弯曲线轴向长度过短会造成气流在喷管进口附近碰撞损失较大;而第二段 S 弯曲线轴向长度过短会造成气流在第二个转弯处很强的局部加速,甚至在通道内产生激波,引起很大的激波损失。因此,双 S 弯隐身喷管两段 S 弯曲线轴向长度选择应取 $L_1/L_2 = 1:2 \sim 2:3$。

2.6.4 第一段 S 弯通道出口面积 A_1/A_{in} 对 S 弯隐身喷管气动性能的影响

喷管面积决定了喷管的收缩程度,进而影响到喷管内部气流的加速效果。双 S 弯隐身喷管第一段 S 弯通道出口面积不同,气流在第一段 S 弯通道内的加速效果便不同,最终导致各喷管之间的气动性能不同。本节分别数值模拟了第一段 S 弯通道出口面积为进口面积的 0.5、0.6、0.7、0.8、0.9 倍这 5 种构型喷管的流场特性。各喷管的其他几何参数均设置为:$L_1/L_2 = 1:2$,$W_1/D = 1.015$,$\Delta Y_1/L_1 = 0.28$,$W_e/H_e = 7$。5 种喷管的几何模型如图 2-40 所示,由图可知,第一段 S 弯通道出口面积越大,喷管第一段 S 弯通道出口高度越大,喷管表现得越"粗胖";完全遮挡涡轮时第二段 S 弯通道的纵向偏距越大,如表 2-5 所列,相应地,第二个转弯的弯道半径越小。

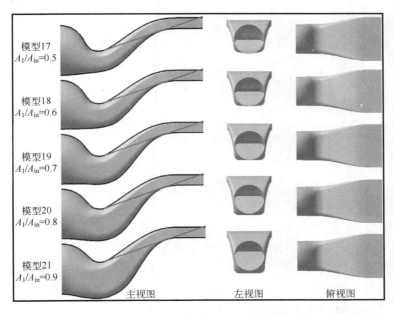

图 2-40 5 种不同 A_1/A_{in} 的双 S 弯隐身喷管三维模型

表 2-5 5 种不同 A_1/A_{in} 的双 S 弯隐身喷管 $\Delta Y_2/L_2$ 的对比

A_1/A_{in}	0.5	0.6	0.7	0.8	0.9
$\Delta Y_2/L_2$	0.483	0.516	0.546	0.572	0.600

图 2-41 给出了 5 种不同 A_1/A_{in} 的双 S 弯隐身喷管气动性能参数对比。由图可知,在相同的喷管落压比下,随着第一段 S 弯通道出口面积的增大,3 种气动性能参数均增大。当喷管落压比提高时,总压恢复系数下降,流量系数和推力系数均增加。

图 2-42 给出了这 5 种喷管对称面上 Ma 数分布对比,图中 $\overline{Ma}$ 表示第一段 S 弯通道出口面积加权平均 Ma 数。由图可知,随着第一段 S 弯通道出口面积的增大,面积在第一段 S 弯通道内的收缩程度变小,气流膨胀加速效果减小,所以第一段 S 弯通道出口处的气流速度减小。在 NPR = 1.6 工况下,5 种喷管在等值段的气流速度相同,在第二个转弯处附近的局部加速区内的最大速度也相同,这表明第二个转弯附近的局部加速效果并没有因

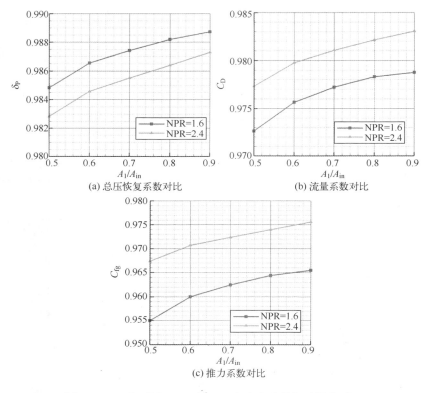

(a) 总压恢复系数对比   (b) 流量系数对比

(c) 推力系数对比

图 2-41　5 种不同 A_1/A_{in} 的双 S 弯隐身喷管气动性能对比

为第二段 S 弯通道纵向偏距的增大而增强,相反地,在 NPR = 2.4 工况下,第二段 S 弯通道纵向偏距最小的模型 17 在第二转弯附近的局部加速区范围却最大,加速区内的最大速度也最高,而其他 4 种喷管的局部加速效果却相同。这是因为,转弯处的局部加速效果与气流受到的离心力作用相关,离心力的大小不仅与弯道的曲率半径有关,同时与气流的来流速度相关,离心力与弯道的曲率半径成反比,与来流速度成正比。因此,在相同来流速度条件下,弯道处的曲率半径越小,气流在转弯处受到的离心力就越大,所以局部加速效果就越强;当来流速度不同时,弯道处的加速效果不能单纯通过曲率半径来对比。

图 2-43 给出了这 5 种喷管壁面剪切力及极限流线分布对比。极限流线分布显示,5 种喷管内均不存在流动分离现象,因此不存在分离损失。5 种喷管的壁面剪切力分布在第一段 S 弯通道内差异较大,随着第一段 S 弯通道出口面积的增大,第一段 S 弯通道内的壁面剪切力逐渐变小,参照图 2-42 中 Ma 数分布可知,这是由于第一段 S 弯通道内的速度逐渐减小所导致的。由于第一段 S 弯通道内的壁面剪切力占主导地位,所以图 2-44 (a) 显示,随着 A_1/A_{in} 的增大,f/F_i 逐渐减小。当落压比提高时,壁面剪切力增大,但理想推力也增大,所以表现为 f/F_i 下降。

由于随着第一段 S 弯通道出口面积的增大,第一段 S 弯通道出口处气流速度减小,对应的第一个转弯处的局部加速效果变小,局部加速损失减小;然而,第二个转弯附近的局部加速效果并未增强,第一段 S 弯通道内的局部加速损失占据了主导地位,因此,随着

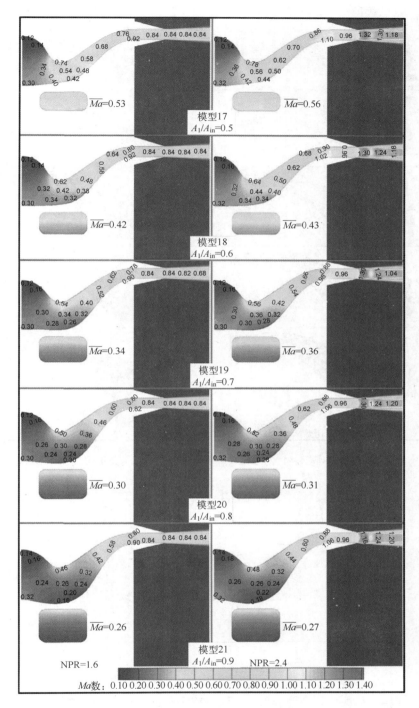

图 2-42 5 种不同 A_1/A_{in} 的双 S 弯隐身喷管对称面上 Ma 数分布对比

A_1/A_{in} 的增大,f_s 减小。当落压比提高时,局部加速效果增强,局部损失增大,但理想推力也增大,所以表现为 f_s 下降,如图 2-44(b)所示。

由上述分析可知,第一段 S 弯通道出口面积大小对双 S 弯隐身喷管气动性能有较大

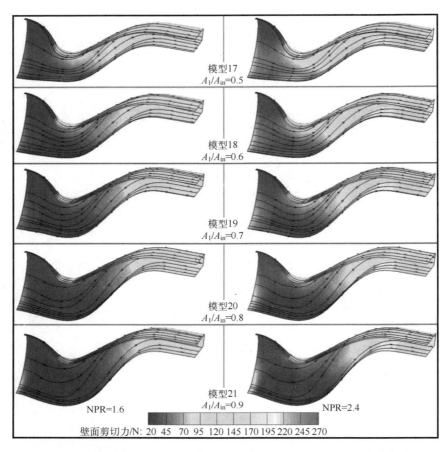

图 2-43　5 种不同 A_1/A_{in} 的双 S 弯隐身喷管壁面剪切力及极限流线分布对比

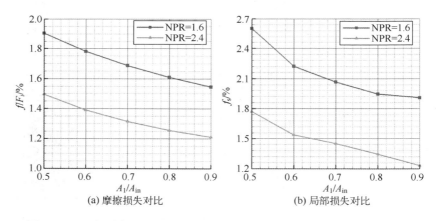

图 2-44　5 种不同 A_1/A_{in} 的双 S 弯隐身喷管能量损失造成的推力损失对比

影响,第一段 S 弯通道出口面积过小时,气流在第一段 S 弯通道内迅速加速,导致此通道内较大的摩擦损失和第一个转弯处大的局部加速损失,如此使得喷管的气动性能较差。因此,进行双 S 弯隐身喷管设计时,在空间布局允许的前提下,喷管第一段 S 弯通道出口面积应取较大的值。

2.6.5 第一弯 S 弯通道出口宽度 W_1/D 对 S 弯隐身喷管气动性能的影响

双 S 弯隐身喷管第一段 S 弯通道出口宽度的不同会导致第二段 S 弯通道纵向偏距的不同,从而造成喷管构型的差异。为了研究第一段 S 弯通道出口宽度对喷管气动性能的影响,本节数值模拟了 4 种不同 $W_1/D(\ =0.7、1.0、1.3、1.6)$ 的双 S 弯隐身喷管流场特性。各喷管的其他几何参数均设置为: $L_1/L_2=1:2$,$A_1/A_{in}=0.6$,$\Delta Y_1/L_1=0.28$,$W_e/H_e=7$。4 种喷管的三维几何模型如图 2-45 所示,由图可知,在相同的第一段 S 弯通道出口面积的条件下,第一段 S 弯通道出口宽度越大,高度就越小,喷管表现得就越"扁宽"。同时可以看出,在完全遮挡涡轮的约束条件下,随着第一段 S 弯通道出口宽度的增加,第二段 S 弯通道的纵向偏距减小,如表 2-6 所列。

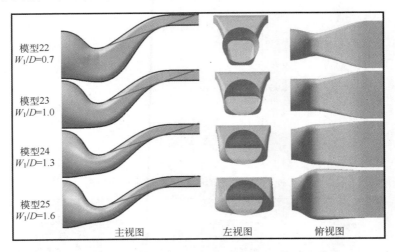

图 2-45 4 种不同 W_1/D 的双 S 弯隐身喷管三维模型

表 2-6 4 种不同 W_1/D 的双 S 弯隐身喷管第二段 S 弯通道的 $\Delta Y_2/L_2$ 对比

W_1/D	0.7	1.0	1.3	1.6
$\Delta Y_2/L_2$	0.595	0.518	0.469	0.434

图 2-46 给出了这 4 种喷管的气动性能参数对比。由图可知,随着第一段 S 弯通道出口宽度的增加,3 种性能参数均先增加后减小,模型 22 的气动性能相对最差。随着落压比的提高,总压恢复系数下降,流量系数和推力系数均增大。

图 2-47 给出了这 4 种喷管对称面上 Ma 数分布的对比。由图可知,在相同落压比下,模型 22 在第一个转弯处的局部加速比其他 3 种模型略高,随着第一段 S 弯通道出口宽度的增加,第二个转弯处附近的局部加速区范围减小,加速区内的最大速度变小。当落压比由 1.6 提高到 2.4 时,模型 22 在等值段内产生一道正激波,存在着激波损失;模型 23 的局部加速最大速度超过声速,但并未产生激波;模型 24 的局部加速最大速度达到声速;模型 25 的局部加速未超过声速。产生如此变化的原因是,随着第一段 S 弯通道出口宽度的增加,第二段 S 弯通道的纵向偏距变小,弯道曲率半径增大,在相同的来流速度情况下,气流受到的离心力变小,所以加速效果变弱。

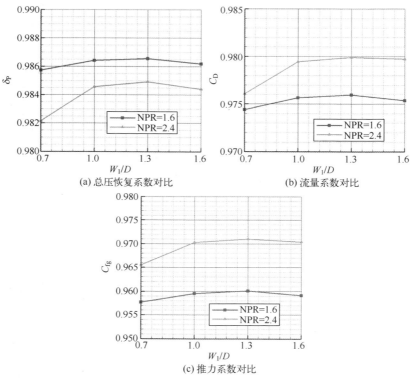

(a) 总压恢复系数对比

(b) 流量系数对比

(c) 推力系数对比

图 2-46　4 种不同 W_1/D 的双 S 弯隐身喷管气动性能对比

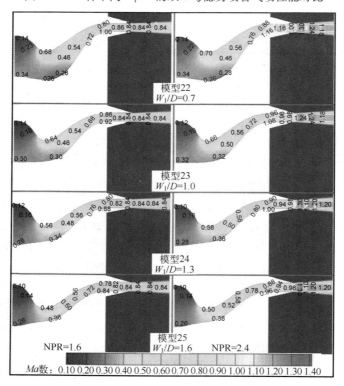

图 2-47　4 种不同 W_1/D 的双 S 弯隐身喷管对称面上 Ma 数分布对比

图 2-48 给出了这 4 种喷管壁面剪切力及极限流线分布。极限流线分布显示,4 种喷管内部均不存在流动分离,因而不存在分离损失。由于速度高的区域壁面剪切力大,所以壁面剪切力与图 2-47 中 Ma 数分布一致。由于壁面剪切力与湿周面积成正比,随着第一段 S 弯通道出口宽度的增加,喷管的湿周逐渐增大,对应的壁面剪切力也增大,如图 2-49(a)所示。当落压比提高时,壁面剪切力增大,但理想推力也增大,所以 f/F_i 减小。

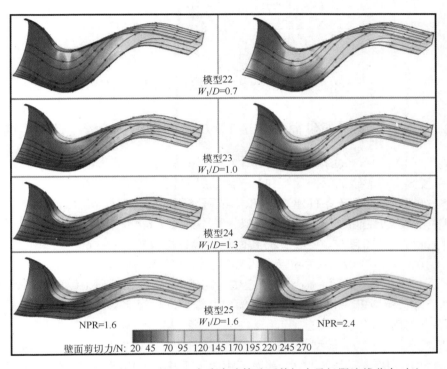

图 2-48　4 种不同 W_1/D 的双 S 弯隐身喷管壁面剪切力及极限流线分布对比

根据图 2-48 中分布对比可知,模型 22 在第二个转弯附近的局部加速区最大,加速区内的最大速度最高,在高落压比下通道内甚至出现了激波,引起激波损失,所以其局部加速损失最大。随着第一段 S 弯通道出口宽度的增加,局部加速区减小,加速区内速度也减小,相应的局部加速损失下降,如图 2-49(b)所示。当落压比提高时,局部损失增大,但理想推力也增大,所以表现为 f_s 减小。在摩擦损失和局部损失的综合作用下,模型 22 的气动性能相对最差,模型 25 的气动性能也较差。

根据上述分析可知,第一段 S 弯通道出口宽度的不同会导致喷管的第二段 S 弯通道纵向偏距不同,从而引起喷管气动性能的差异。第一段 S 弯通道出口宽度过小,会使得第二段 S 弯通道纵向偏距较大,从而导致大的局部加速区甚至在通道内产生激波,造成较大的性能损失。第一段 S 弯通道出口宽度过大,由于其湿周面积大,所以会导致大的壁面摩擦损失。因此,在双 S 变隐身喷管的设计过程中,第一段 S 弯通道出口宽度应取得适中,可以根据喷管的空间布局要求适当放大第一段 S 弯通道出口宽度。

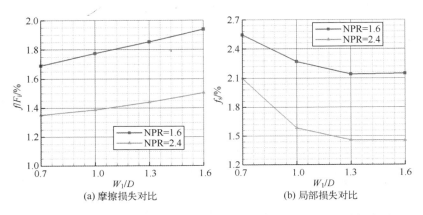

(a) 摩擦损失对比　　　　　　　　(b) 局部损失对比

图 2-49　4 种不同 W_1/D 的双 S 弯隐身喷管能量损失造成的推力损失对比

2.6.6　第一弯 S 弯通道纵向偏距 $\Delta Y_1/L_1$ 对 S 弯隐身喷管气动性能的影响

　　S 弯隐身喷管中心线的纵向偏距对 S 弯喷管的构型有重要影响,由于双 S 弯隐身喷管的第一段 S 弯中心线的纵向偏距和第二段的纵向偏距之间存在着耦合关系,耦合关系根据完全遮挡涡轮的约束条件建立,所以本节研究不同的第一段 S 弯通道纵向偏距对双 S 弯隐身喷管气动性能的影响。数值模拟 4 种不同的 $\Delta Y_1/L_1$ (= 0.14、0.28、0.42、0.56) 双 S 变隐身喷管流场特性。各喷管的其他几何参数均设置为: $L_1/L_2=1:2$, $A_1/A_{in}=0.6$, $W_1/D=1.015$, $W_e/H_e=7$。4 种喷管的几何模型如图 2-50 所示,可以看出,随着第一段 S 弯通道纵向偏距的增大,第一段 S 弯通道变得陡峭,第二段 S 弯通道纵向偏距逐渐增大。同时可以看出,模型 26 ~ 模型 28 的遮挡涡轮判据是以喷管上出口点为基准的,而模型 29 的遮挡涡轮判据是以喷管下进口点为基准的。表 2-7 中 4 种喷管第二段 S 弯通道的纵向偏距对比显示,模型 26 ~ 模型 28 的 $\Delta Y_2/L_2$ 相同,这表明,对这 3 种喷管而言,第二段 S 弯中心线随着第一段 S 弯中心线的下移而等距向下平移。而由于模型 29 与其他 3 种喷管模型遮挡涡轮的判据基准不同,所以,它的第二段 S 弯通道纵向偏距略微减小。

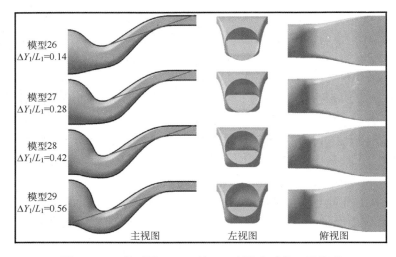

图 2-50　4 种不同 $\Delta Y_1/L_1$ 的双 S 弯隐身喷管三维模型

50

表 2-7　4 种不同 $\Delta Y_1/L_1$ 的双 S 弯隐身喷管的 $\Delta Y_2/L_2$ 对比

$\Delta Y_1/L_1$	0.14	0.28	0.42	0.56
$\Delta Y_2/L_2$	0.516	0.516	0.516	0.509

图 2-51 给出了这 4 种喷管气动性能参数对比。可以看出,随着第一段 S 弯通道纵向偏距的增大,3 种性能参数均下降。随着落压比的提高,总压恢复系数下降,流量系数和推力系数均增大。

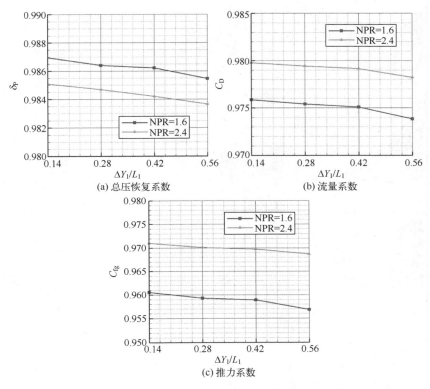

图 2-51　4 种不同 $\Delta Y_1/L_1$ 的双 S 弯隐身喷管气动性能对比

图 2-52 给出了这 4 种喷管对称面上 Ma 数分布对比。由图可知,由于模型 26～模型 28 这 3 种喷管第二段 S 弯通道纵向偏距相同,模型 29 的第二段 S 弯通道纵向偏距与这 3 种喷管的差异较小,所以,在相同落压比下,4 种喷管的第二段 S 弯通道内 Ma 数分布相一致,Ma 数分布的差异主要表现在第一段 S 弯通道内。可以看出,随着第一段 S 弯通道纵向偏距的增大,喷管第一个转弯处的曲率半径减小,气流偏转角变大,此处的局部加速效果增强,局部加速损失增加。另外,由于第一段 S 弯通道斜率变大,通道变得陡峭,气流在进口后上壁面附近与壁面的碰撞区域变大,气流受到壁面的向心力作用变强,所以第一段 S 弯通道内上壁面附近气流速度降低,碰撞损失增加。

这 4 种喷管的壁面剪切力及极限流线分布如图 2-53 所示。极限流线分布显示,4 种喷管内部均不存在流动分离现象,因而不存在分离损失。参照图 2-54(a)中摩擦损失造成的推力损失对比可知,4 种喷管的壁面剪切力差异很小。因此,4 种喷管的性能差异主要由局部损失造成。

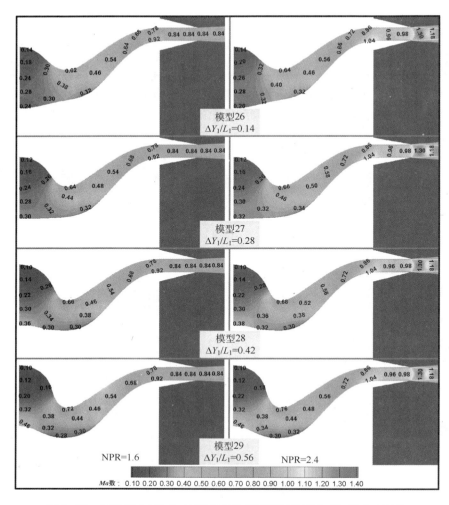

图 2-52　4 种不同 $\Delta Y_1/L_1$ 的双 S 弯隐身喷管对称面上 Ma 数分布对比

根据图 2-52 中 Ma 数分布可知,随着第一段 S 弯通道纵向偏距的增大,第一段 S 弯通道内进口上壁面附近碰撞损失增大,第一个转弯处局部加速效果增强,局部加速损失增加,所以图 2-54(b)显示,随着 $\Delta Y_1/L_1$ 的增加,喷管的局部损失 f_s 增加。

根据上述分析可知,S 弯隐身喷管的纵向偏距对其气动性能有重要影响,在考虑完全遮挡涡轮的约束条件下,第二段 S 弯中心线随着第一段 S 弯中心线的下移而等距向下平移,各喷管的第二段 S 弯通道的 $\Delta Y_2/L_2$ 相同,所以,各喷管的第二段 S 弯通道内的流场特征相近。但是,随着第一段 S 弯通道纵向偏距的增大,第一段 S 弯通道内的碰撞损失和第一转弯处的局部加速损失增加,结果导致喷管性能的下降。因此,进行双 S 弯隐身喷管设计时,在空间布局允许的条件下,第一段 S 弯通道的纵向偏距应取较小值。

2.6.7　出口宽高比 W_e/H_e 对 S 弯隐身喷管气动性能的影响

S 弯隐身喷管的出口宽高比是 S 弯隐身喷管设计过程中的重要参数,它的改变,一方面影响 S 弯隐身喷管的构型,出口宽高比越大越容易实现遮挡涡轮;另一方面对喷管的流

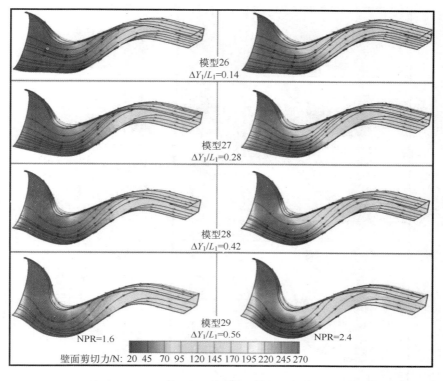

图 2-53　4 种不同 $\Delta Y_1/L_1$ 的双 S 弯隐身喷管壁面剪切力及极限流线分布对比

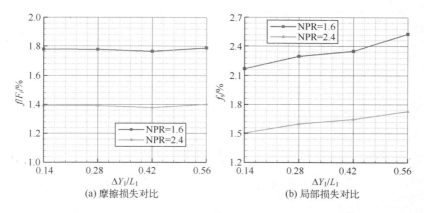

(a) 摩擦损失对比　　　　　　　(b) 局部损失对比

图 2-54　4 种不同 $\Delta Y_1/L_1$ 的双 S 弯隐身喷管能量损失造成的推力损失对比

场特性和红外辐射特性有重要影响,宽高比越大,气流在喷管出口与外界大气的掺混作用就越强,尾流辐射强度便会迅速衰减。为了研究出口宽高比对 S 弯隐身喷管气动性能的影响,本节数值模拟了出口宽高比 W_e/H_e($=3$、5、7、9、11)这 5 种构型喷管的流场特性。各喷管的其他几何参数均设置为:$L_1/L_2=1:2$, $A_1/A_{in}=0.6$, $W_1/D=1.015$, $\Delta Y_1/L_1=0.28$。5 种喷管的几何模型如图 2-55 所示,由图可知,随着喷管出口宽高比的增大,第二段 S 弯通道的纵向偏距逐渐变小,如表 2-8 所列,第一个转弯处的曲率半径和第二个转弯处的曲率半径均变大。

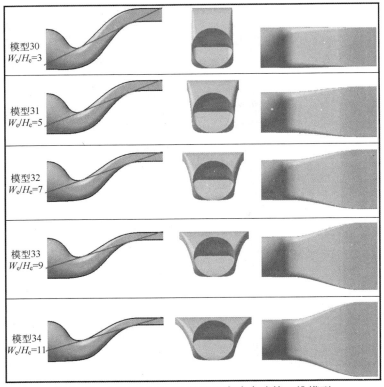

图 2-55   5 种不同 W_e/H_e 的双 S 弯隐身喷管三维模型

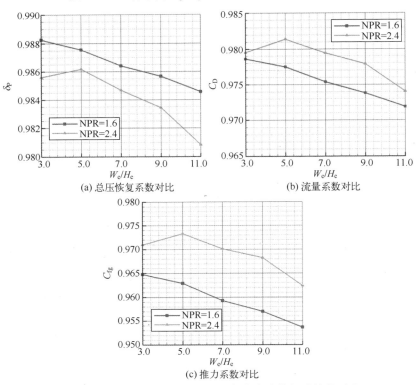

(a) 总压恢复系数对比

(b) 流量系数对比

(c) 推力系数对比

图 2-56   5 种不同 W_e/H_e 的双 S 弯隐身喷管气动性能对比

表 2-8   5 种不同 W_e/H_e 的双 S 弯隐身喷管的 $\Delta Y_2/L_2$ 对比

W_e/H_e	3	5	7	9	11
$\Delta Y_2/L_2$	0.672	0.572	0.516	0.479	0.448

图 2-56 给出了这 5 种喷管的气动性能参数对比,由图可知,在 NPR = 1.6 工况下,3 种性能参数均随着宽高比的增大而下降;在 NPR = 2.4 工况下,随着宽高比的增大,3 种性能参数均先增大后减小,模型 31 的气动性能相对最优,模型 34 的气动性能相对最差。随着落压比的提高,总压恢复系数下降,流量系数和推力系数均上升。

图 2-57 给出了这 5 种喷管对称面上 Ma 数分布对比。可以看出,在 NPR = 1.6 工况下,5 种喷管的等值段内及出口气流速度分布相同,随着出口宽高比的增大,由于第二段 S 弯通道纵向偏距减小,第一个转弯处和第二个转弯处的弯道半径均增大,附近气流受到的离心力变小,局部加速效果变弱,所以加速区范围变小,加速区内最大速度变小。在 NPR = 2.4 工况下,随着出口宽高比的增大,5 种喷管在第一个转弯处的局部加速效果与 NPR = 1.6 的工况相同,即由于弯道半径的增大,局部加速效果变弱,加速区内最大速度变小;但是,第二段转弯处附近的加速效果却没有因为第二段 S 弯通道偏距的减小而变弱,可以看出,模型 31 和模型 32 在等值段内未出现激波,而模型 30、模型 33 和模型 34 在等值段内均出现一道正激波,因而在这 3 种喷管内部存在着激波损失。

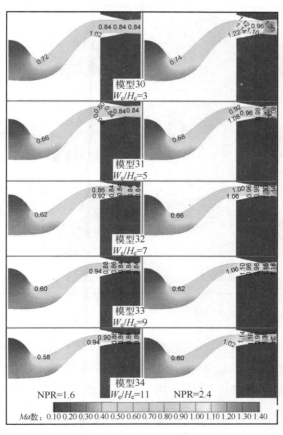

图 2-57   5 种不同 W_e/H_e 的双 S 弯隐身喷管对称面上 Ma 数分布对比

图 2-58 给出了这 5 种喷管壁面剪切力及极限流线分布对比。由极限流线分布可以看出,5 种喷管内部均不存在流动分离现象,因而不存在分离损失。由壁面剪切力分布对比可知,速度高的区域剪切力大,而由于摩擦力大小与湿周面积成正比,随着出口宽高比的增大,第二段 S 弯通道的湿周面积变大,所以图 2-59(a)中 f/F_i 逐渐增大。随着落压比的提高,壁面剪切力增大,但由于理想推力也增大,所以 f/F_i 随着落压比的提高而减小。图 2-59(b)中局部损失对比表明,在 NPR = 2.4 工况下,随着宽高比的增加,局部损失先减小后增加,这是由于激波损失先消失后存在所造成的。而在 NPR = 1.6 工况下,随着宽高比的增加,局部损失增加,这是因为大的宽高比导致大的横向流动。

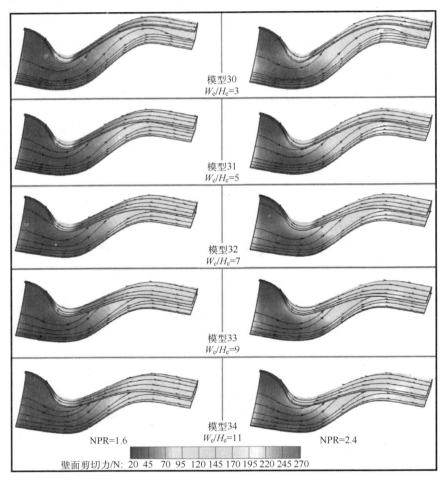

图 2-58 5 种不同 W_e/H_e 的双 S 弯隐身喷管壁面剪切力及极限流线分布对比

根据上述分析可知,相同条件下,喷管宽高比越大,遮挡涡轮时所需的偏距越小,但宽高比越大摩擦损失越大;大的宽高比会导致缩颈现象的发生,因而在通道内产生激波。因此,在进行 S 变隐身喷管的设计时,喷管出口宽高比选 6~8 较为合适。

2.6.8 长径比 L/D 对 S 弯隐身喷管气动性能的影响

在进行 S 弯隐身喷管的设计时,喷管长度受到布局空间的限制,因此不能任意给定。

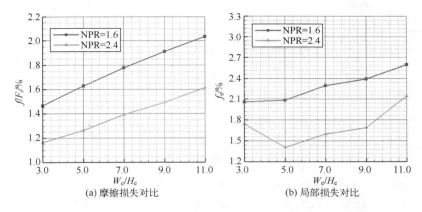

(a) 摩擦损失对比   (b) 局部损失对比

图 2-59　5 种不同 W_e/H_e 的双 S 弯隐身喷管能量损失导致的推力损失对比

为了研究不同喷管长度下的喷管性能,本节数值模拟了 5 种不同长径比 L/D(= 1.9、2.2、2.5、2.8、3.1)下的喷管流场特性。各喷管的其他几何参数均设置为:$L_1/L_2 = 2:3$,A_1/A_{in} = 0.6,W_1/D = 1.015,W_e/H_e = 7;ΔY_1 及 L_3 均相同。5 种喷管的几何模型如图 2-60 所示,由图可知,随着喷管长度的增加,第二段 S 弯通道纵向偏距增大,但 $\Delta Y_2/L_2$ 却减小;$\Delta Y_1/L_1$ 也随着喷管长度的增大而减小,如表 2-9 所列。结果表现为,随着喷管长度的增加,喷管转弯处的曲率半径增大,弯道变缓。

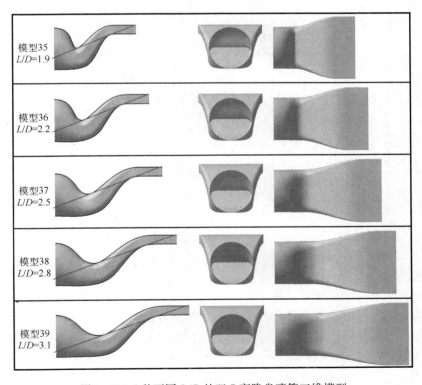

图 2-60　5 种不同 L/D 的双 S 弯隐身喷管三维模型

表 2-9　5 种不同 L/D 的双 S 弯隐身喷管的 $\Delta Y_1/L_1$ 和 $\Delta Y_2/L_2$ 的值

L/D	1.9	2.2	2.5	2.8	3.1
$\Delta Y_1/L_1$	0.381	0.317	0.270	0.234	0.209
$\Delta Y_2/L_2$	0.776	0.682	0.616	0.556	0.514

图 2-61 给出了这 5 种喷管气动性能参数对比。由图可知,在 NPR=1.6 工况下,随着喷管长径比的增大,总压恢复系数、流量系数以及推力系数均先显著增大而后略微下降;在 NPR=2.4 工况下,随着喷管长径比的增大,3 种性能参数的变化趋势均为先显著提高,而后略微增大,最后变平。随着落压比的增大,5 种喷管的总压恢复系数均下降;模型 35 和模型 36 的流量系数和推力系数下降,而模型 37、模型 38 和模型 39 的流量系数和推力系数均上升。

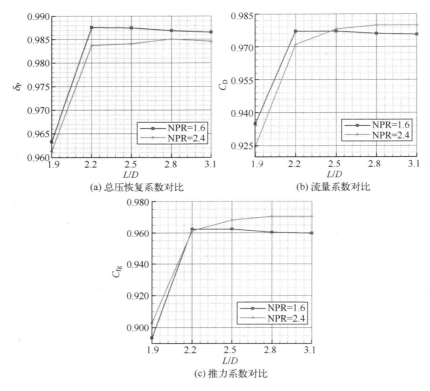

(a) 总压恢复系数对比　　　　　　(b) 流量系数对比

(c) 推力系数对比

图 2-61　5 种不同 L/D 的双 S 变隐身喷管气动性能参数对比

图 2-62 给出了这 5 种喷管对称面上 Ma 数分布对比。由图可知,随着喷管长度的增大,在第一个转弯处和第二个转弯处附近的局部加速效果变弱,加速区内的最大速度减小。这是因为,随着喷管的长度增加,转弯处的曲率半径增大,气流受到的离心力变小,所以加速效果减弱。在模型 35 的第一个转弯之后上壁面附近存在着速度极低的区域,这是因为在此处存在着流动分离现象。

图 2-63 给出了这 5 种喷管壁面剪切力及极限流线分布对比,剪切力分布对比表明,速度高的区域剪切力大,但是,随着喷管长度的增加,气流与喷管接触的部分增多,总的湿

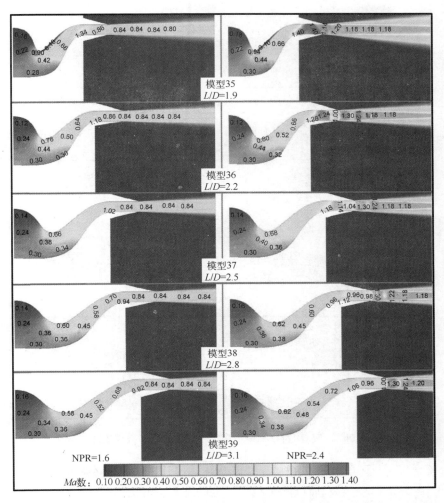

图 2-62　5 种不同 L/D 的双 S 弯隐身喷管对称面上 Ma 数分布对比

周面积变大,结果表现为,随着喷管长度的增加,f/F_i 增大。随着落压比的提高,剪切力变大,由于理想推力也变大,所以 f/F_i 随着落压比的提高而减小,如图 2-64(a)所示。极限流线分布对比显示,在模型 35 喷管内部存在着流动分离,而其他模型均不存在流动分离。在 NPR = 1.6 工况下,模型 35 喷管内部存在着两处流动分离,一处发生在第一个转弯之后上壁面附近,另一处发生在第二个转弯之后下壁面附近,两处分离均为闭式分离,流动分离的发生是由于转弯处的气流偏转角太大,气流经过转弯后无法附着在壁面上所导致的。在 NPR = 2.4 工况下,模型 35 喷管内部仅在第一个转弯之后的上壁面附近发生流动分离,第二个转弯之后的流动分离被消除,这是由于落压比增大后,气流速度增高,气流经转弯后足以附着在壁面上。流动分离的存在使得模型 35 的气动性能极差,喷管内部存在着很大的局部损失,如图 2-64(b)所示。

　　在 NPR = 1.6 工况下,模型 35 因其内部存在着两处流动分离,因而气动性能最差;而对于其他模型,由于喷管均不存在激波损失,对应的局部损失差异较小,因此摩擦损失占主导作用,由于随着喷管长度的增加,摩擦损失增大,喷管性能略微下降。在 NPR = 2.4

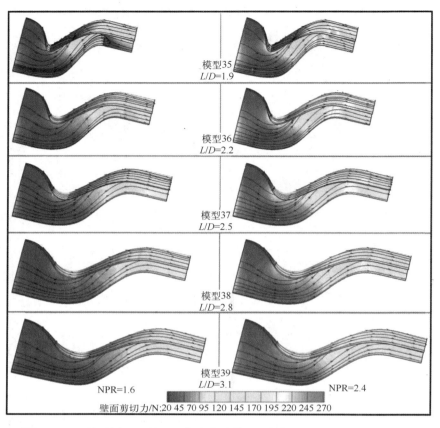

图2-63 5种不同L/D的双S弯隐身喷管壁面剪切力及极限流线分布对比

工况下,模型35喷管气动性能最差,模型36和模型37喷管内部存在着激波损失,模型38和模型39内部不存在激波,所以随着喷管长度的增大,局部损失减小,但由于摩擦损失增加,气动性能参数变化趋势表现为先增大后减小再变平。

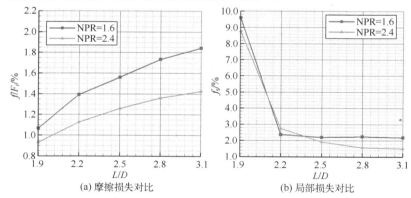

图2-64 5种不同L/D的双S弯隐身喷管能量损失造成的推力损失对比

综合前述分析,在喷管进口直径确定的条件下,双S弯隐身喷管的长度对喷管气动性能有重要影响。喷管长径比小于2时,会在喷管内部出现激波以及流动分离现象,导致极差的喷管性能。喷管长径比大于 3 时,喷管的摩擦损失成为主要的能量损失,同样导致较差的喷管性能。因此,在进行双 S 弯隐身喷管设计时,喷管的长径比应选 2.5~2.8 较为合适。

本节采用数值模拟的方法,分别计算了不同的 S 弯曲线个数、双 S 弯隐身喷管的两段 S 弯曲线的中心线变化规律、两段 S 弯曲线的轴向长度之比 L_1/L_2、第一段 S 弯通道出口面积 A_1/A_{in}、第一段 S 弯通道出口宽度 W_1/D、第一段 S 弯通道纵向偏距 $\Delta Y_1/L_1$ 以及出口宽高比 W_e/H_e 对双 S 弯隐身喷管气动性能的影响;其次研究了不同的喷管长径比 L/D 下的双 S 弯隐身喷管的流动特性。计算结果表明,S 弯隐身喷管性能与转弯处气流转折角及气流加速效果直接相关,转折角越大,气流局部加速越大,相应的摩擦损失及局部损失就越大,进而喷管的性能就越差。为了得到气动性能较优的 S 弯隐身喷管,在喷管的设计过程中,双 S 弯隐身喷管的中心线变化规律应采用"均匀变化 – 前急后缓"或"前急后缓 – 前急后缓"的组合方式;两段 S 弯曲线轴向长度选择应取 $L_1/L_2 = 1:2~2:3$;在空间布局允许的前提下,喷管第一段 S 弯通道出口面积应取较大的值;可以根据喷管的空间布局要求适当放大第一段 S 弯通道出口宽度;在空间布局允许的条件下,第一段 S 弯通道的纵向偏距应取较小值;喷管出口宽高比选 6~8 较为合适;喷管的长径比选 2.5~2.8 较为合适。

第3章　S弯隐身喷管气动性能试验

3.1　引言

S弯喷管气动性能试验是其工程实用化的前提,从研究途径上讲,一般需要从如下几方面开展研究工作:①通过风洞喷流测压试验研究S弯隐身喷管总压恢复特性与内管道流动特性;②利用地面校准箱研究S弯隐身喷管总压恢复特性和推力特性;③采用小型涡喷或涡扇发动机,以轴对称喷管为基准,开展以小推力损失为目标的初步S弯隐身喷管热态试验研究;④基于地面发动机试车台,以轴对称喷管为基准开展S弯隐身喷管气动性能喷流试验,进行包括推力损失、耗油率及稳定性等较为全面的性能对比;⑤开展带S弯隐身喷管的发动机整机"高空台试验",利用发动机工作关键参数的相似性,在地面台架上,模拟发动机不同工作状态,换算出发动机在空中不同高度、不同速度下的整机高空特性;⑥带S弯隐身喷管的真实发动机飞行台试验,在真实环境下直接获得S弯隐身喷管气动性能以及对发动机工作的全面影响。

从上面研究内容来看,从风洞冷喷流间接测力试验,经过地面冷喷流直接测力试验,到小型发动机地面台架试验,再到真实发动机地面台架试验、地面高空台试验,最后到飞行台试验等层层推进的试验研究途径,可以为带S弯隐身喷管的发动机最后装机试飞打好基础。图3-1给出了S弯隐身喷管气动特性的研究途径。上述每种试验针对不同的研究阶段,各具特点。有的模型简单,有的试验周期长,有的获取试验数据比较全面,因此需要根据自身的实际情况,确定研究目标,制定研究方案。

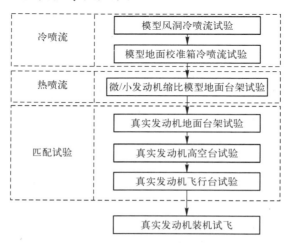

图3-1　S弯隐身喷管气动特性研究途径

本章主要介绍初步研究阶段所开展的冷喷流测压试验、校准箱和小型发动机热喷流试验等工作,重点介绍了这些试验中所采用的试验设备、模型设计以及试验结果,同时也对 S 弯隐身喷管气动性能试验中一些试验结果给出了初步分析。

3.2　S 弯隐身喷管模型的风洞喷流试验

目前国内可以开展 S 弯隐身喷管喷流试验的风洞包括低速和高速试验风洞。它们不用进行风洞改造就可以完成的试验主要包括:喷管内壁壁面测压、喷管出口截面测压以及喷管内壁壁面的流动显示等。但在风洞中开展 S 弯隐身喷管推力特性研究只能通过间接测量关键参数的方法来实现。不能直接测量推力性能的主要原因是风洞尺寸较小、多分量天平布置困难、与机体模型连接引起的干扰力较大,很难分离出绝对喷流推力。因此将试验内容重点安排在以下几个方面:

(1) 喷管的总压恢复系数随喷流落压比的变化规律;

(2) 内壁壁面的气动载荷分布;

(3) 内壁壁面的流动分离情况;

(4) 喷流对后机体的流动干扰,特别是对于飞行器结构设计有较大影响的高温高压喷流区域流动显示以及压力脉动测量。

3.2.1　喷流试验风洞介绍

国内可进行 S 弯隐身喷流试验的低速风洞主要包括:四川 FL - 12 风洞、FL - 13 风洞、哈尔滨 FL - 8 风洞、西北工业大学 NF - 3 风洞以及南京航空航天大学 NH - 2 低速风洞等。其中 FL - 12 风洞、FL - 13 风洞尺寸较大,FL - 8 风洞、NF - 3 风洞和 NH - 2 低速风洞等试验段截面尺寸均为 3m 量级。这些风洞技术实力较强,并已开展常规喷流试验研究多年,试验设备及测量手段较为齐全,可以完成上述 S 弯隐身喷管气动性能的试验内容。对于最为关注的喷管喷流推力在风洞中的直接测量技术,中国航空气动院在 FL - 8 风洞开展过类似的研究。这些风洞气流流场品质均满足国军标 GJB 1179—1991《高速风洞与低速风洞流场品质规范》中的相关规定,气流品质良好。

四川 FL - 12(4m × 3m)风洞是一座单回流闭口试验段的低速风洞(图 3-2 和图 3-3)。风洞试验段长度 8m,宽度 4m,高度 3m。试验段横截面为截角矩形,中心界面有效面积为 $10.72m^2$,风洞最大风速 100m/s,试验段常用风速 30 ~80m/s。具备两点腹撑和单点支撑。腹支撑系统的迎角变化范围为 - 25°~35°,侧滑角范围为 - 30°~30°。风洞采用自动化、集成化控制,试验效率较高。喷流试验最大供气量为 6kg/s(单路),最大可供 4 路气路,空气流量控制精度为 0.3%,最大落压比为 2.25,各路可独立控制,也可利用多路同时试验。利用多路系统可以进行近距多发布局下 S 弯隐身喷管喷流之间气动特性的相互干扰研究。

四川 FL - 13(8m ×6m)风洞是目前国内试验段尺寸最大的低速风洞(图 3-4),它是一座开路式、闭口串列双试验段的大型低速风洞。拥有 8m ×6m 和 12m ×16m两个试验段,其中 8m ×6m 试验段长 15m,宽 8m,高 6m,有效面积 $47.4m^2$,常用风速 20 ~85m/s。12m ×16m 试验段长 25m,宽 12m,高 16m,有效面积 $189.12m^2$,常用风速 5~20m/s。FL-13 风洞配备有三点、两点和单点等多种腹撑系统。其中两点腹撑系统迎角变化范围为 -20°~35°,侧滑角范围为 -180°~180°,姿态角控制精度为 1.2′。风洞采用设备的自动化程度较高,配有先进的数据采集系统,具备静、动态数据采集能力。静态采集有 96 个采样通道,动态采集有 32 个采样通道。

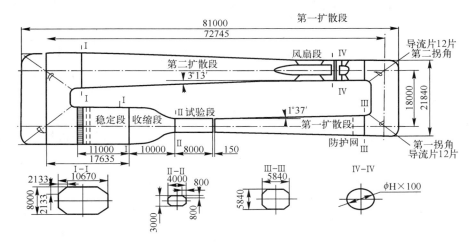

图 3-2　四川 FL-12m 风洞气动轮廓

图 3-3　四川 FL-12 风洞试验段

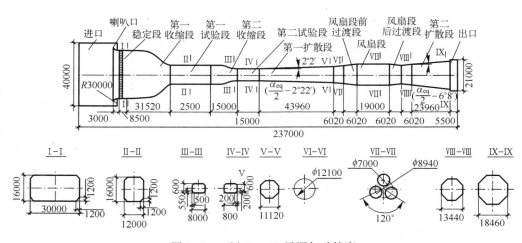

图 3-4　四川 FL-13 风洞气动轮廓

哈尔滨 FL-8 风洞是一座闭口单回流低速风洞(图 3-5)。风洞于 1965 年投入运行,是我国最早投入型号试验的 3m 量级低速风洞。试验段长度 5.5m,横截面为 3.5m×2.5m 矩形截八角形,最大风速为 73m/s,风扇电机最大功率 1000kW,紊流度 ε 为 0.15%,姿态角控制精度为 0.1°,试验精度符合国军标 GB1061—91《民机低速风洞测力试验技术研究》的先进标准。除了可以进行常规的测力及测压试验外,还可以进行发动机推力矢量/喷流试验,并已开展过多次喷管喷流力的直接测量研究。

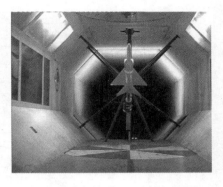

图 3-5 哈尔滨 FL-8 风洞试验段

西北工业大学 NF-3 风洞是国内翼型试验的主要试验风洞之一(图 3-6),为直流闭口风洞。风洞长 80m,有 3 个可以更换的试验段,其中三维试验段可进行喷流试验。该试验段长度 12m,横截面形状为宽度 3.5m、高度 2.5m 的矩形切去四角,电机功率为 1120kW,空风洞最大风速 90m/s,紊流度 ε 为 0.078%,风洞迎角机构的调节范围为:迎角 -18°~30°,侧滑角范围 -30°~30°,精度为 30′~2′。配用多套压力测量系统,并配有专门的喷流试验高压气源。压力测量数据通道数 64 路,最多可提供 374 点压力数据测量。喷流试验时,高压气罐中的高压气通过布置在风洞试验段下壁面的送气管道,经过专门开设的壁面孔后进入试验段,与试验模型相连,为喷管试验提供高压气源,最高落压比可达 4.0。

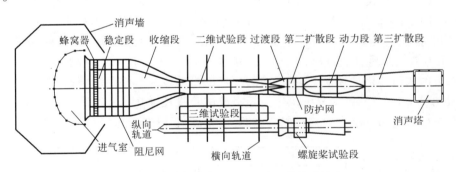

图 3-6 西北工业大学 NF-3 风洞气动轮廓

南京航空航天大学 NH-2 风洞是一座串直置双试验闭口回流式低速风洞(图 3-7)。具有前后两个试验段,第一试验段为长度 7m,宽度 5.1m,高度 4.25m,风速 0~31m/s,紊流度 ε 为 0.5%;第二试验段为长度 6m,宽度 3.0m,高度 2.5m 风速,紊流度 ε 为 0.14%,风速 0~93m/s,迎角控制精度为 0.1°,侧滑角控制精度为 0.1°。喷流试验的设备与引气方式与西北工业大学 NF-3 风洞试验相似。

目前,国内可以开展 S 弯隐身喷管高速喷流试验的主要风洞包括:FL-26 风洞(2.4m×2.4m)、FL-24 风洞(1.2m×1.2m)以及 FL-2 风洞(1.2m×1.2m)等。但它们目前均不具备直接测量 S 弯隐身喷管推力的能力,仅可完成喷管内壁壁面测压、喷管出口截面测压、内壁壁面的流动显示等试验研究。喷管喷流推力特性研究必须通过间接测量的方法来实现。导致推力无法直接测量的主要原因是风洞较小,以至于天平的布置和安

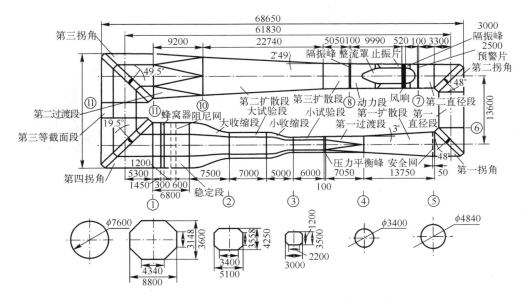

图 3-7　南京航空航天大学 NH-2 风洞气动轮廓

装比在低速风洞中实现起来更加困难。同低速风洞试验一样,可以将试验内容放在喷管总压恢复系数与喷流落压比的关系、内壁壁面的流动分离以及喷流对后机体的流动干扰上,特别是对于飞行器结构设计影响较大的高温高压喷流区域流动显示以及压力脉动测量。

FL-26 风洞是我国最大的高速风洞,它是一座增压回流引射式超声速风洞。其风洞试验段尺寸长度 7m,宽度 2.4m,高度 2.4m,试验 $Ma=0.3\sim1.2,1.4;Ma=0.7$ 时,风洞迎角机构的控制精度 0.16°,紊流度 ε 为 0.03%,压力测量数据通道数 32 路,最多可提供 1536 点压力数据测量,风洞最高工作压力可达 4.5×10^4。FL-24 风洞(图 3-8)是一座半回流、暂冲式跨超声速风洞,具有两个可更换的试验段。其中跨超声速试验段截面尺寸为 1.2m(宽)×1.2m(高)×3.6m(长);超声速试验段长度 2.1m,宽度 1.2m,高度 1.2m,试验 $Ma=1.4\sim2.0$,风洞迎角范围为 -18°~30°,控制精度为 0.08°。

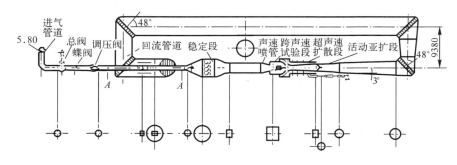

图 3-8　FL-24 风洞气动轮廓

FL-2 风洞是一座直流暂冲下吹式三声速风洞(图 3-9)。其风洞试验段尺寸长度 3.8m,宽度 1.2m,高度 1.2m,试验 $Ma=0.2\sim1.2$、1.5、1.8、2.0。风洞迎角控制精度 0.02°,紊流度 ε 为 0.045%。试验模型常采用尾撑形式,动态压力测量通道 24 路,稳态压力测量 1024 通道,喷流试验配有容积 $100m^3$,压力 2MPa 的气源和试验装置。

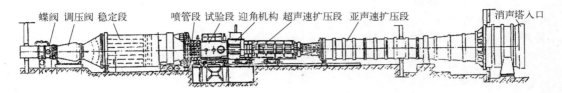

图 3-9　FL-2 风洞气动轮廓

3.2.2　S 弯隐身喷管风洞试验模型设计

目前在国内风洞中进行的 S 弯隐身喷管喷流试验中,直接测量喷管的气动特性时,特别是直接获得 S 弯隐身喷管与轴对称喷管相比的推力损失时,存在如风洞尺寸较小;高压气流进入喷管进口前需要较大的稳压腔体,必要时甚至还必须采取一些整流措施;同时喷管与稳压腔出口需要布置多分量的天平以及需要降低与机体模型连接引起的干扰力等诸多问题,这些问题使得直接测力显得异常困难,并且试验精度不高。由于 S 弯隐身喷管与轴对称喷管推力差别本身较小,因此对试验精度提出了很高的要求,即使在低速试验中,解决起来也不容易。但通过间接测量关键气动参数的试验方法来研究 S 弯隐身喷管气动特性就相对简单许多。因此,在初步研究阶段可先将试验目的确定在 S 弯喷管内管道性能获取、内管道的流动情况显示、对后机体的干扰上,并兼顾一定的推力性能分析。

1. S 弯隐身喷管风洞试验研究内容

S 弯隐身喷管风洞试验的试验目的主要包括以下几个方面:

(1)获取不同设计参数下总压恢复系数与喷流落压比的关系。

(2)获取不同设计参数下流量系数与喷流落压比的关系。

(3)获取不同喷流落压比下喷流对后机体的影响区域。

(4)获取相同出口面积下常规的轴对称喷管的上述气动性能,作为对比研究的基准。

针对上述 S 弯隐身喷管风洞试验的试验目的,风洞试验内容包括以下几个部分:

(1)测量 S 弯隐身喷管进口剖面上的总压分布。

(2)测量 S 弯隐身喷管出口剖面上的总压分布。

(3)测量 S 弯隐身喷管内壁壁面上的静压分布。

(4)测量 S 弯隐身喷管出口附近飞行器后体上的静压分布。

(5)通过 S 弯隐身喷管内管道的油流试验,观察内壁壁面上气流的流动情况。

(6)通过 S 弯隐身喷管内管道的油流试验,观察不同喷流落压比下 S 弯隐身喷管喷流对后机体的影响区域。

(7)获取相同出口面积下常规的轴对称喷管的上述气动性能,作为对比研究的基准。

2. S 弯隐身喷管风洞试验模型简介

根据上述试验目的以及试验内容,开展高、低速风洞中 S 弯隐身喷管的试验模型设计,模型设计必须满足相关的模型设计规范。S 弯隐身喷管喷流试验(图 3-10)的模型外形和常规喷管试验的模型基本相同。喷流连接头连接在机体上。高压气体输送方式一般可以分为两类。一类是高压气经过天平的空心支杆,其通气管道与天平杆相连。根据通气管道是否与天平之间直接相连,分为直接式和间接式两种连接形式。直接连接形式如用胶管、波纹管等和天平支杆直接相连。这种连接方式很简单,但因为胶管或波纹管在不同压力状态下变形的弹力是不同的,因而会对天平产生较大的干扰,现在测力试验已很少使用,但测压试验可以使用。间接连接按其密封方式不同,分为水银密封、迷宫式密封及空气轴承密封等,都不与天平杆直接相连,消除了通气管道的弹性力对天平的干扰,因而天平可以比较容易改变侧滑角。喷流接头是一个盒形件,将从空心支杆送来的高压空气再送到模型中稳压室内外,它还是个铰链接头,模型能绕主支杆接头转动来改变模型的迎角。这个系统和模型同步地改变迎角和侧滑角时,必须在试验过程中与模型保持一定的间隙,这就要求有一套比较复杂的操纵机构。在S弯隐身喷管气动性能试验中,由于不直接测量喷管中喷流产生的推力,因而采用直接式连接为佳。

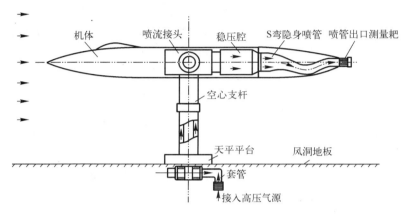

图 3-10 S 弯隐身喷管喷流试验模型安装略图

在一般的高、低速喷流测力试验中,低速喷流模型最大迎风面积不宜超过风洞试验段截面积的5%,高速喷流试验模型一般不应大于1%,模型和支架组合的阻塞度一般不大于2.2%。而作为间接测量S弯隐身喷管气动性能的测压试验,喷流试验的模型阻塞度可适当提高,由于低速风洞的尺寸相对较大,问题不大,而高速试验采用不大于1%的阻塞度就显得较小,这时可以借鉴进气道试验的经验,选取3%的阻塞度。目前国内风洞所配备的喷流试验的高压气源的最高落压比各有不同,正常飞行时发动机喷口的落压比一般在 3 ~ 4 之间,高速喷流风洞目前所配备最大的落压比仅为 2 ~ 3,相对发动机真实工作落压比有所偏低,再加上气流从高压气源到喷管进口前的内管道总压损失,因而需要配备压力更高的高压气源。

在风洞试验中,必须保证模型相似、来流 Ma 数、发动机出口 Ma 数、落压比等相等,喷流介质的比热比近似相等。在发动机压气机动力相似情况下,对应点上同类力的方向相同而大小成比例。试验证明,当 Re 数(参考长度为压气机叶片弦长)足够大时,即 Re 数大于 2×10^5 时,黏性力作用相对于惯性力甚弱,整个流动过程就不再受影响,这时 Re 数作为一个相似准则已经退化,即 Re 数不再是相似准则,此时,称流动进入自动模化区。航空发动机的压气机在大多数工况下 Re 数大于 2×10^5,这时,作为压气机的动力相似条件就只有 Ma 数了。而当 Re 下降到低于 2×10^5 时,就会引起压气机效率的下降,通常采用效率修正的方法。对于喷管试验的结果,由于模型比例较小,试验 Re 数较小,目前 Re 数大小对试验结果的影响,可供参考的资料较少,主要还依赖于设计经验。在大落压比时,喷管出口处于临界或超临界状态,对于 S 弯隐身收敛喷管,喷管内部的

流动 Ma 数一般情况下从进口 0.4 逐渐增加到 1.0，属于高速流动，因此喷管模型设计可以参考高速进气道试验模型 Re 数设计要求（以模型进气道进口当量直径为特征长度，Re 数应大于 1×10^6）。

为了获得不同落压比和状态角下喷管高压气流的流量，通常的做法是在喷管入口段前的内管道某个截面布置总压耙、静压点及总温测量点，组成喷管喷流流量测量耙。但在实际试验中，为了避免或降低流量测量耙对测量数据的影响，通常将流量测量耙布置在高压气接入段前的等直圆形管道内，这样既不受模型结构的限制，结构简单，所感受的气流也比较均匀，品质较好，同时其造成的影响又可以通过稳压室以及一些整流措施得到很好地改善。喷流的流量测量耙设计可以参考进气道风洞试验的方法，在测量面的管道内壁面上均匀布置 4 个静压测量点，总压测量耙采用"十"字形测量耙，每个耙臂上布置 4~5 个总压测量点，测量点的径向半径分布采用等环面积布置（图 3-11），总温采用高压气罐的静温测量值。

在风洞中进行喷流试验，由于模型较小，如何将高压气通到带机身的喷管试验模型中，同时保证喷管进口处的气流品质是在风洞中研究 S 弯隐身喷管气动性能的关键。高压气流通过高压气接入管道，经过空心支杆进入喷管进口前，在此过程中，管道内的高压气流经多次大角度转弯，气流极不均匀，脉动大，湍流度高，在喷管进口前必须对气流进行减速、增压和整流。但由于风洞试验模型小，无法布置较大体积的稳压腔体，在较短长度和较小横截面的稳压腔条件下，需要保证喷管所需流量，同时提高喷管进口的流场品质，因而稳压腔（图 3-12）的设计就成为 S 弯隐身喷管风洞喷流试验模型设计的关键技术之一。

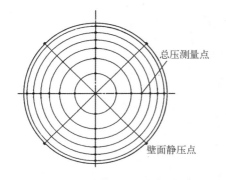

图 3-11　流量测量耙上测量点布置

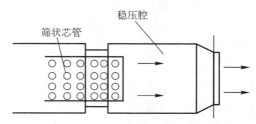

图 3-12　筛状芯管整流稳压腔示意图

3. S 弯隐身喷管进口流场品质评估

S 弯隐身喷管进口前气流的总压和总温分布的均匀程度对其气动性能影响很大，在风洞试验中对其进口流场品质的要求要比常规喷流试验时更高。为了在喷流试验中得到喷管进口处良好品质的高压喷流，提高试验的精度，需要将气流湍流度控制在试验允许的范围内，但目前喷流试验进口前喷流流场品质的试验标准或指标很少。为了衡量 S 弯隐身喷管进口前的气流场品质，借鉴了一些进气道出口剖面进气畸变的研究成果，简单定义了一些技术指标，可分为静态、动态和静动态综合畸变等指数定义。下面分别对喷管进口截面静态总压畸变 $\overline{D}$、喷管进口面平均湍流度 ε_{AV}、综合畸变指数 W 进行定义。

（1）喷管进口静态总压畸变（不均匀度）的计算式为

$$\overline{D} = \frac{P_{0max} - P_{0min}}{P_{0FAV}}$$ (3-1)

式中：P_{0max} 为喷管进口截面的最高总压测量值；P_{0min} 为喷管进口截面的最低总压测量值；P_{0FAV} 为喷管进口截面的总压测量平均值。

（2）喷管进口面平均湍流度 ε_{AV}

喷管进口湍流度（图 3-13）是指喷管进口气流脉动的随机场，即总压空间不均匀随时间的变化。通常采用随机过程的参数作为总压脉动的定量测量特性，将测量点上总压时间均方根值作为截面上一点的脉动主要特征。

图 3-13 湍流度参数定义

测量点湍流度为

$$\varepsilon_i = \frac{(\Delta P_0)_{RMS}}{P_{AV}} \times 100\%$$ (3-2)

$$(\Delta P_0)_{RMS} = \sqrt{\frac{1}{T_u} \int_0^{T_u} (P_0(t) - P_{AV})^2 dt}$$ (3-3)

式中：$P_0(t)$ 为截面的测量点随时间变化的总压值；P_{AV} 为时间 T_u 内该点总压平均值；T_u 为总压平均的时间间隔。该间隔应远大于气流波动的最长周期（试验时可取 3s）。

面平均湍流度为

$$\varepsilon_{AV} = \sum_{i=1}^{n} \frac{\varepsilon_i}{n}$$ (3-4)

（3）综合畸变指数 W

综合畸变指数（也称总压扰动的总值）是指喷管进口前总压不均度的总特性，由总压周向不均度和面平均的脉动强度之和构成，即

$$W = \Delta\overline{\sigma_0} + \varepsilon_{AV}$$ (3-5)

其中稳态总压畸变（周向不均匀度）$\Delta\overline{\sigma_0}$ 为

$$\Delta\overline{\sigma_0} = 1 - \frac{\overline{P_0}}{P_{0FAV}}$$ (3-6)

式中：$\overline{P_0} = 1/\theta_0 \int_{\theta_1}^{\theta_2} P_0 d\theta$ 为低压区平均静态总压（有多个低压区时，取不同低压区中的最小值），$\theta_0 = \theta_2 - \theta_1$，$\theta_2$ 和 θ_1 分别为低压区的起始和结束角度；$P_{0r-j} = \sum_{i=1}^{5} P_{0i}/5$，第 j 个耙

臂的静态总压恢复系数平均值；P_{0r-j} 为由 σ_{r-j} 和 θ_j 组成的函数，其中 θ_j 为横坐标，σ_{r-j} 为纵坐标。

对于涡扇、涡喷发动机，一般情况下，$W<5\%$ 或 $\overline{D}<10\%$ 时，发动机均能良好地稳定工作。虽然气流经过压气机、燃烧室及涡轮进入喷管气流的畸变可能会有所增加，目前缺乏这方面的大量试验数据，但可以近似参考发动机对进气畸变的要求，在喷流试验中引入对进入喷管高压气流畸变采用 $W<5\%$ 或 $\overline{D}<10\%$ 的技术指标。

4. S 弯隐身喷管进口流场品质改善措施

在喷流试验中，喷流从室外的高压气源出发，经过多重弯曲的送气管道进入天平空心支杆，接着 $90°$ 转弯进入稳压室，依靠布置在稳压室进口附近的整流装置，对气流品质进行改善。目前常用的整流措施包括在稳压室中安装阻尼网、阻尼板或筛状芯管等。

1）安装阻尼网

阻尼网是降低气流湍流度的最有效办法之一，在风洞内应用较为普遍。为了获取稳压腔中品质优良的流场，减少高压气源进入稳压腔转弯出现的气流分离，保证稳压腔出口处气流的品质，特别是出口截面气流的总压均匀和气流的方向，在稳压腔进口附近安装平面阻尼网是一个较好的方法。一般阻尼网采用单层环面网状结构，单层丝网结构由不锈钢丝网和周边一系列拉网机组成，金属丝直径一般为 $0.028 \sim 0.5\text{mm}$，单层平面丝网的特点是柔性大、结构刚度小，在外载作用下容易导致大范围的振动，动态畸变大。当受到外载时，丝网的刚度变化明显，丝与丝之间由于接触而相互作用，使丝网的几何非线性引起的刚度变大。网状布置的单层丝网受力形成凹状的双曲率曲面，由于两个方向的丝呈正交布置，各方向受力近似相等。在喷流试验中，随着稳压器内的总压逐渐增加，由于稳定段前来流为非均匀气流，阻尼网最前面一层的受力状态最为恶劣。试验中阻尼网频繁受到气动载荷冲击，在分析其结构气动载荷时，需要考虑几何非线性的影响。

根据理论分析，单个阻尼网按照 $1/\sqrt{1+k_p}$ 规律来降低湍流度，其中 k_p 为压降系数，它与阻尼网的目数和风速等因素有关。阻尼网在降低湍流度的同时，会伴随有气流能量的耗散，适当选择阻尼网可以降低总压损失。

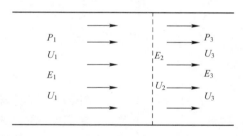

图 3-14　阻尼网理论分析简图

如图 3-14 所示，考虑一段等截面直管，并且在截面上装有阻尼网，假设流过阻尼网的气流速度为 U，可以认为湍流就是气体相对于具有速度为 U 的动参考系，以速度分量 u、v、w 向各个方向的运动，单位体积的湍流能量为

$$E' = \frac{1}{2}\rho(u^2 + v^2 + w^2) \tag{3-7}$$

单位体积内的时均总能为 $(P+1/2\rho U^2)$，可以初步认为阻尼网的阻力与气流的密度和速度的平方成正比。阻尼网单位面积上的阻尼可写成 $k_p \times 1/2 \times \rho V^2$，$V$ 是阻尼网附近的气流速度（但并不是网孔内的气流速度）。管道是等截面管，从流量连续方程可知，在管内（网孔内除外），速度 U 是一常量。因此，单位面积上网对时均流的阻尼为 $k_p \times 1/2 \times$

ρV^2，这也是单位体积内的能量消耗，可用式（3-8）表示，即

$$k_{\mathrm{p}} \frac{1}{2}\rho U^2 = \left(P_1 + \frac{1}{2}\rho U_1^2\right) - \left(P_3 + \frac{1}{2}\rho U_3^2\right) \qquad (3-8)$$

由于 $U_1 = U_3$，所以有

$$k_{\mathrm{p}} \frac{1}{2}\rho U^2 = P_1 - P_3 \qquad (3-9)$$

当气流流过阻尼网时，单位面积的网对湍流的阻尼为 kE_2'，由于这也是单位体积内湍流能量的损失，所以有

$$k_{\mathrm{p}} E_2' = E_1' - E_3' \qquad (3-10)$$

式中：E_2' 为网孔右侧湍流的能量，由于所有的能量损失都考虑在阻尼平面内，所以 $E_2' = E_3'$，上述方程可以转化为

$$\frac{E_1'}{E_3'} = \frac{1}{(1 + k_{\mathrm{p}})} \qquad (3-11)$$

方程式（3-11）描述了压降系数 k_{p} 与阻尼网前后湍流能量比值之间的关系。k_{p} 可通过测出 $P_1 - P_3$ 及 U 的值，由方程（3-9）计算出。

根据湍流度的定义，有

$$U' = \sqrt{\frac{1}{3}\left(u'^2 + v'^2 + w'^2\right)} \qquad (3-12)$$

方程式（3-7）和方程式（3-11）可得

$$\frac{U_1'}{U_3'} = \frac{\sqrt{E_1'}}{\sqrt{E_3'}} \qquad (3-13)$$

湍流度比值也可表达为

$$\frac{U_1'}{U_3'} = \frac{1}{\sqrt{1 + k_{\mathrm{p}}}} \qquad (3-14)$$

对于各向同性湍流，其紊流度为

$$\varepsilon_{\mathrm{AV}} = \frac{\sqrt{\overline{u^2}}}{U} \qquad (3-15)$$

有关的研究结果表明（图3-15），随着阻尼网目数的增加，压降系数 k_{p} 值减小。对目数高的阻尼网，k_{p} 值对风速的变化率大；对目数低的阻尼网（10～30 目），k_{p} 值近似为一个常数。为了进一步降低气流的湍流度，可以采用两网串联的方式，效果比单网的好，而且两网目数越接近效果越好。

假设阻尼网的阻力系数为 C_{d}，Re 数对阻力系数有较大影响，不同资料也提供了许多计算方法，下面给出一种简单计算阻力系数 C_{d} 的方法，其中 β 为阻尼网的开闭比 $\beta = (1 - d/L)^2$，L 为网格间距。

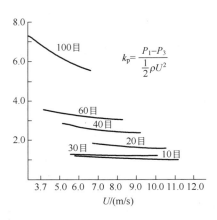

图3-15　不同目数阻尼网的 k-U 曲线

当 Re 数不小于 400 时,黏性影响较小,用式(3-16)计算,即

$$C_x = \left[1.3 \times (1-\beta) + \left(\frac{1-\beta}{\beta} \right)^2 \right] \tag{3-16}$$

当 Re 数不大于 400 时,黏性影响较大,用式(3-17)计算,即

$$C_x = \frac{22}{Re} + \left[1.3(1-\beta) + \left(\frac{1-\beta}{\beta} \right)^2 \right] \tag{3-17}$$

气流流过阻尼网时,阻尼网会发生几何变形,丝网变形后的曲面形状有抛物面和弓形面等。一般可以假定网变形后的曲面形状为抛物面,d 为网丝的直径,δ 为阻尼网中心处的最大挠度,q 为来流动压。阻尼网的受力分析如图 3-16 所示。

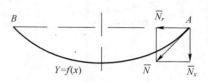

图 3-16 阻尼网受力示意图

初步计算时可以假设,网变形后的曲面为抛物面形状,它在 A 点的导数为 $4\delta/d$,其方程为

$$y = \frac{\delta}{\left(\frac{d}{2} \right)^2} x^2 - \delta \tag{3-18}$$

阻尼网在周边处单位长度上的轴向力 $\overline{N}_x$ 为

$$\overline{N}_x = \frac{C_x q d}{4} \tag{3-19}$$

在气流的作用下,网受力变形为曲面时,周边处单位长度上的径向力 $\overline{N}_r$ 为

$$\overline{N}_r = \frac{C_x q}{4} d \times \frac{d}{4\delta} \tag{3-20}$$

阻尼网在周边处单位长度上的合力 $\overline{N}$ 为

$$\overline{N} = \sqrt{\overline{N}_x^2 + \overline{N}_r^2} = \frac{C_x q d^3}{16\delta} \sqrt{1 + \left[\frac{4\delta}{d} \right]^2} \tag{3-21}$$

上面的计算公式是在阻尼网预紧力为零时给出的变形计算的,一般情况下 d/δ 取 15 ~20 之间,实际中需要在网固定时适当增加预紧力。

2)安装阻尼板

气流进入稳压腔前,往往经过了许多急转弯,进入稳压腔前又会遇到大扩散的情况,一般会出现严重气流分离,常用的流动控制方法有管道型面优化和加装导流叶片等。对于这种情况,除了采用阻尼网措施外,也有技术人员提出了在管道内急转弯后加装多孔气动阻尼调整板的流动控制方法,并通过数值模拟和风洞试验手段进行了验证,其整流效果较好。多孔阻尼板设计和制作所需的各个参数尚处于依靠经验取值的阶段。其造成的总压损失主要由两部分组成:一是孔板造成的压力损失;二是尾流中存在的涡街。

$$\Delta P_0 = \Delta P_{孔板} + \Delta P_{涡街} \tag{3-22}$$

多孔阻尼板相对于阻尼网整流,其在结构设计上简单,更重要的是可以避免阻尼网使用中出现的变形,安装时无需增加预紧力,安装方便,但主要缺点是流通率较小。多孔阻尼板实际的流通面积与阻尼板的面积之比在 50%~60% 之间,对流量影响较大,一般情况下可首先将稳压腔进口面积扩大到多孔阻尼板安装截面,即面积扩大为 2 倍左右。对

于筛状芯管可以理解为多面孔板的组合使用,它可以在截面积受限的情况下,利用侧面的表面积,通过侧面开孔增加组合孔板的流通率。筛状芯管的气动原理与平面孔板基本相同,只不过更为复杂(图3-17)。

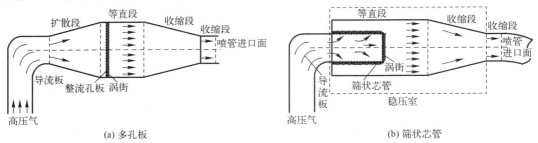

(a) 多孔板   (b) 筛状芯管

图3-17 多孔板/筛状芯管稳压腔内气流的流动示意图

为了缩短稳压腔的长度,减小稳压腔的体积,经常将导流片和整流孔板结合起来使用。高压气经过空心天平,进入导流片前端的90°弯曲管道,经过导流片的导流作用,进入稳压腔扩散段,气流在扩散段流速降低,虽然在90°转弯处安排有导流片,但由于转弯半径受到模型尺寸以及天平杆布置的限制,一般情况下转弯半径较小,气流都会出现比较严重的分离现象。经过未安装整流孔板的稳压腔时,即使在稳压腔后段布置有收缩段,气流的品质也是极差的。当布置有多孔阻尼板时,不均匀的气流经过扩散段后,在流经多孔板时,由于孔板具有的阻滞以及流量重新分配的作用,会使极不均匀的气流向均匀方向改善,这主要是由于气流通过孔板上的通气孔后,产生了一系列对涡(涡街)。对于急转弯、大扩散管道(图3-18),在管道内加装多孔气动阻尼调整板后,阻尼板的堵塞面积可以克服管道面积的大扩散效应,遇到阻尼板的阻挡,在上游堵塞,造成流动的重新调整,实现"滞止再分配"。这时会有一部分气流从外侧的开孔中通过,大部分气流被迫向内侧偏移,从内侧开孔中通过,阻尼板的开孔中无切向流动,仅有法向流动穿过,阻尼板上均匀分布的孔隙可以使气流实现尽可能均匀地流过,克服大转折管道的气流聚集。

孔板影响气流脉动的因素很多,如孔板的孔径比、厚度、倒角形状、安装位置等。为研究板厚与孔径之比(h/d)对气动阻尼板的流场控制效果的影响,设计了两个阻尼板,板厚h均为1mm,孔径d为0.5mm和1mm,即h/d分别为2和1。图3-19给出了两者CFD计算结果,从图上看,管道内流场分布基本一致,都在转折角内侧小范围内存在分离涡,管道大部分区域流场都比较均匀,说明$h/d \geq 1$时都可以取得较好的流场控制效果。

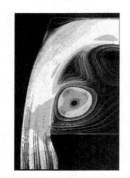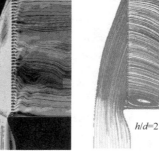

图3-18 有/无多孔阻尼调整板的流场对比   图3-19 不同h/d流场计算结果对比

74

对于多块阻尼板组合情况的研究表明(图3-20),在转折前和转折后各安装了一块阻尼板,两块阻尼板对改善流场均匀度的作用效果与转折后布置一块阻尼板基本相当,说明在转弯前或收缩段增加阻尼板作用不佳。

图3-20　单/多块阻尼板量流场计算结果对比

CFD计算和相关风洞试验表明,使用多孔阻尼板虽然会造成一定总压下降,但总压损失不大;它可显著提高转弯段出口面附近气流的均匀度,有效抑制了管道内大范围气流分离和分离涡,增加了管道的流通能力,减轻了可能引起的结构振动。利用阻尼板这个特性,在S弯隐身喷管风洞试验中对进入喷管进口前的气流进行整流。对于总压损失,在喷流试验中可以通过对调压阀门的适当调节,使阻尼板后喷流总压满足喷流试验压力的需要。

从调压阀到喷管入口,供气管道经过了多次转折及整流等,喷管进口气流的总压与调压阀后的总压差别较大。为了得到准确的进口前总压并检查气流品质,在喷管进口前布置专门的总压测量耙,试验前必须实际测量喷管进口截面气流总压和调压阀后压强的关系。喷管进口总压耙安装在稳压腔出口截面和喷管进口截面之间,测压管的轴线和喷管轴线平行,将控制阀放在最大的开启位置,打开气源闸门,给定一个调压阀位置,阀后的总压表就对应出一个总压值,而喷管进口处的总压测量可利用安装在入口截面上的总压耙测量出入口总压分布,计算出一个平均总压和压力畸变,这样连续几次即可得到喷管入口总压与调压阀后总压、进气畸变的关系。利用这样的关系式就很容易控制喷管进口处的总压(图3-21),该方法使用方便、易于控制。在真正试验时,需去掉安装在喷管进口总压测量耙,消除它对S弯隐身喷管性能测量的影响。

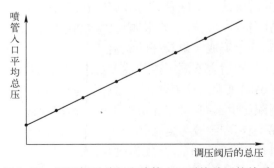

图3-21　调压阀后总压和喷管入口平均总压的关系

3.2.3 S 弯隐身喷管冷喷流壁面流态观察试验

在风洞试验中,直接获得 S 弯隐身喷管的推力损失难度很大,存在诸多如风洞尺寸较小、测力天平布置以及与机体模型连接引起的干扰等多种不利因素,精度较低。除了直接测量喷管出口的总压分布外,研究喷管内壁面流动和内外流相互影响,通过流态观察更为直观。例如,高压高温的喷流会翻出导流槽(图 3-22)。翻转后的高温高压的燃气会对后机体该区域附近表面结构设计及使用造成一定的影响,真实情况下对该影响区域大小的评估就尤为重要,因此必须开展冷喷流壁面的流态观察试验。

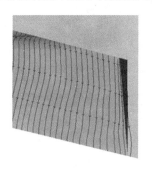

图 3-22 高压高温喷流偏转计算图

油流法是一种简单方便的常用流动显示方法,主要用于显示物面的流动图谱,可以显示复杂的流动特性,特别是应用在显示带有分离流动和漩涡流动的现象中是一种十分有效的手段。通过对壁面油流图谱的分析,可以了解气流在物面发生分离的位置、方式、特点以及漩涡形式等,是揭示气流分离及其漩涡结构的重要试验技术之一。当出现了气流的分离、漩涡以及漩流等,通常会出现部分流线并不是贴着内壁顺气流流动,而是脱离壁面或沿壁面带有轴向旋转地向后流动,这种情况在 S 弯管道中普遍存在。在内管道喷流、进气道、通气短舱以及 TPS(Turbine Power Simulator,涡轮动力模拟器)地面校准箱试验中,都会出现内外流的掺混情况,而这种掺混情况也正好是 CFD 计算中最不易准确分析的,油流流动显示在这个方面具有很大的优势。

在较大落压比下,喷管内部的气流同时处在亚声速、跨声速、超声速 3 个速度范围内,喷管进口速度较低,一般在 $Ma=0.4$ 附近,出口附近为跨声速,喉道为声速,气流出口后为超声速,不同部位对油剂的配比要求不同,这时采用多种颜色加以区分更为关键,即采用彩色油流技术。需要解决的关键问题是:选用合适的彩色颜料、如何将彩色颜料均匀掺到油剂中并快速喷涂在需要的部位上,要求颜料要与油剂混合得非常均匀,粒子跟随性也要很好。这样才能在物面上形成效果较好的流谱。

油流通常采用钛白粉和适合不同风速的油剂配制而成,试验原理和试验方法已经发展得十分成熟,但对于不同风洞试验来说,来流总温、总压以及模型表面光洁度等条件的不同,油流试验的油剂配比也不同,所以在不同类型的风洞中开展油流试验前需要做许多准备工作。彩色油流的油剂配制较为复杂,需要考虑颜料溶解性。有的颜料可溶解于水,但掺混不均匀,将颜料放到仪表油中就会成为块状;而有的颜料直接溶解在油剂中,单独用这些颜料起不到示踪粒子的作用。常用的油流有以下三类:一是石墨粉与仪表油配制的黑色油流,仪表油加入颜料与钛白粉,再加入适量油酸配制而成的彩色油流,石墨粉在仪表油中和油混合得很均匀,选用的石墨粒子很小,粒子的跟随性也很好;二是荧光粉和硅油制成的荧光油流;三是在航空煤油/机油中加入目数较大的各种颜料。

除了油流的配制外,彩色油流显示技术中最关键的是壁面流动的分区管理。壁面流动分区就是根据壁面的流动情况,将所要观察的壁面流动区域根据 CFD 结果或经验分割成多个区域并进行管理。每个区域根据气流流动的特点以及各区域之间可能出现的流动相互影响,分别采用不同颜色的颜料油剂混合液,将其快速喷涂到各自的区域上。当壁面的气流出现分离、偏转或掺混时,由于各区域初始的混合液颜色各不相同,就会出现不同颜色相互交错的现象,方便判断出现问题的区域及起始部位。在 S 弯隐身喷管或其他类似内管的气动试验中,经常将管道在横截面上,按上纵、下纵、左纵及右纵分成 4 个部分,从前向后分成 4 个不同的区域,每个区域喷涂不同颜色的油剂。内外流场干扰区域常分成相应的两个区域,图 3-23 给出了两种彩色油流内外流干扰例子。试验中为了便于在喷管中快速、均匀地向各区喷涂不同彩色的油流,进行高清晰度、

图 3-23　两种彩色油流的内外流干扰图

细节摄影拍照,模型必须设计成便于拆卸的形式,并具有良好的密封性。为此经常采用分块设计,沿管道最大宽度线将内管道分成上、下两大部分,并在这两种部分上各自布置装卸孔,孔上安装拆卸时使用的手柄。

与图 3-23 所示的导流槽中喷流的偏转外翻区域相比,发现试验中喷流的外翻区域比 CFD 计算的喷流外翻区域范围大许多,这说明在喷管内外流相互干扰方面,CFD 计算误差较大,有喷流影响区域的后机体结构设计中必须以喷流模型试验的区域为设计基准。

3.3　S 弯隐身喷管冷态模型试验

由于在风洞中直接测力存在许多限制,即使采用间接测量的试验方法,也存在异型喷管出口附近气流的方向角随喷流落压比的变化很大,总压测量管的方向角无法正对来流的问题。因此,只能通过适当加长一等直段对气流方向进行整理,测压管设计与其等直管道的轴线方向一致,测量在这个方向上的总压分量,利用该总压测量数据计算喷管的轴向推力。对于隐身性能要求较高的飞行器,发动机喷管与其后机体常采用融合设计,多采用异形喷口方案,对于飞行的性能和操稳性研究来讲,有时还需要考虑其他两个方向的直接力大小。这时试验研究就需要使用比较复杂的多分量天平。目前国内风洞中,对于地面静止状态,可以利用风洞实验室中的 TPS 地面校准箱上环式六分量天平以及所配备高压冷气源实现 3 个方向上的直接测力。这样不仅可以测量 S 弯隐身喷管的轴向推力,而且还可以获得其他方向的分量,这个特点对于非对称异型喷管特别重要。

3.3.1　S 弯隐身喷管冷喷流试验简介

S 弯隐身喷管地面静态测力试验为高压冷喷流试验,不仅模型材料选择、设计以及防止

漏气密封措施比较简单,而且费用与热喷流试验相比便宜许多。目前国内风洞所配备的TPS校准箱上多分量天平的测量精度也比较高。虽然它为冷喷流试验,但通过发动机推力计算原理可以知道,在同样膨胀比的情况下,不考虑空气与燃气之间比热比区别的情况下,推力的大小与气流的总温无关。冷热喷流之间主要差别为空气和燃气的工质差别,即 $\gamma_{空气}$ = 1.4,$\gamma_{燃气}$ = 1.33 左右,对于这种差别修正,试验中可利用轴对称喷管为基准,在喷管出口面积相等、管道长度与 S 弯喷管轴向长度相等的条件下,获取 S 弯隐身喷管与轴对称喷管的轴向推力相对量的方法,来降低真实燃气下两种喷管性能之间的差异。

TPS 由高压冷空气驱动涡轮,气体涡轮带动一台空气压缩机,它能在较大范围内同时模拟进气口和喷流。TPS 喷流试验前,需要对 TPS 性能进行性能校准。中国气动院 FL-8 风洞实验室为此从国外引进了 TPS 动力模拟器校准设备——校准箱(图3-24)。该校准箱体直径为 1.6m、长 4.2m,在箱体两侧设有观察窗,与试验喷管的对接面的直径为206mm。在箱体前部有可移动的前端板,前端板上安装有环形天平。连接喷管的管路安装在天平的测量端,即内圆环上,压缩空气通过校准箱内的供气管路输送过来,供气管路上装有 3 个供气软接头(柔性空气桥),每个供气软接头具有两个自由度,3 个供气软接头共 6 个自由度,使供气对天平的干扰力减少到最小。

图3-24　动力模型校准箱

TPS 校准箱的测控系统是由现场总线控制系统、VXI 总线采集系统、计算机局域网络系统等各子系统连接形成的一个完整的分布式测控系统,实现了自动控制及测量。天平、压力传感器和温度传感器输出的电信号由 VXI 总线采集系统采集,喷管入口处总压测量由 8400压力采集系统采集。试验采用的扫描阀量程为 75psi(1psi = 6.89kPa),VXI 静态数据采集系统采样速率为 100k/s,8400 压力采集系统测量精度为 ±0.1%,压力传感器测量精度为±0.1%。喷流供气系统由高压气源、供气管路、控制阀门、临界文丘里喷嘴流量计等组成。高压储气罐总容量为 84m³,最高储气压力为 6.4MPa,供气管路上装有闸阀、电动调节阀、组合式数字调节阀、安全阀、高压供气软接头、高压胶管等设备。进行喷流试验时,通过控制数字调节阀的开度来控制喷管喷流的出口压力比,调节阀电机行程利用计算机进行控制。环形六分量组合天平安装在校准箱前端板上,天平由底板(固定端)、受力拉、压杆件(传力杆及消扰杆)以及 6 个测力传感器等件组成。天平弹性角: $\Delta\alpha$ = 0.0001999M_z,$\Delta\gamma$ = 0.0006845M_x。可以测量 x、y、z 三个方向所承受的力以及相应 3 个力矩。每一个测量单元用一个 Hottinger Z6-Hz 力传感器,其一端固定在大圆盘上,另一端连接在受力端,即安装在动力模拟器的圆环上，传感器精度为 0.03% 。天平静校参数见表 3-1。

表 3-1　天平静校准度均方根误差

项　目	y	x	z	M_y	M_x	M_z
绝对误差/ N、N·m	1.2211	0.7529	1.4397	1.1833	0.4435	0.4227
相对误差/%	0.311	0.154	0.367	0.380	0.452	0.330
极限误差/%	0.934	0.461	1.101	1.14	1.357	0.989

　　试验喷管模型进气口与测量端后段的法兰连接，测量段通过等直整流管路与校准箱天平连接，试验时喷管的喷流向外喷出。高压气体通过供气软接头通过环形天平，使供气对天平测力的干扰降到最低。由校准箱天平测量出喷管的实际推力的大小和矢量方向，由移动流量计测量出实际流量，在喷管入口前布置总温探头，用于测量喷管入口总温，喷管入口处安装"十"字形总压测量耙，测量耙上共布置 17 个总压测量点，总压测量点按等环面分布，在壁面上还布置了多个静压测量点。测量喷管入口总压，用于计算喷管的理论流量和理论推力。

　　在中国气动院校准箱冷喷流测力试验中，完成了 S 弯隐身喷管地面静态测力试验，试验项目主要包括以下几个：

　　(1) 二元/三元 S 弯隐身喷管与轴对称喷管的推力差别。

　　(2) 加装次流系统后的推力变化。

　　(3) 带有异形喷口的推力特性变化。

　　(4) 测量喷管内壁壁面沿程静压分布。

　　(5) 测量喷管出口总压分布、速度场分布。

　　图 3-25 和图 3-26 给出了三元主喷管试验模型安装图和带引射的轴对称喷管的试验模型安装图。

图 3-25　主喷管试验模型安装　　　　　图 3-26　带引射喷管试验模型安装

　　在进行 S 弯隐身喷管地面冷喷流试验前，首先进行了轴对称喷管的 3 次重复性试验，轴对称喷管的推力系数和流量系数随出口压力比变化的重复性曲线如图 3-27 所示，从图中可以看出试验的重复性良好，特别是出口压力比大于 2 以后，推力系数 C_{Fx} 和流量系数 C_D 的重复性非常好。推力系数的标准方差为 0.001175，流量系数的标准方差为 0.00035，试验数据可靠。

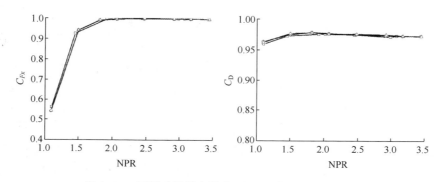

图 3-27　圆形喷管轴向推力/流量系数的重复性曲线

3.3.2　S 弯隐身喷管试验数据处理

为了更好地对比分析各喷管的性能,使用试验测得的参数,对试验数据进行了一定的处理。

1. 推力性能测量数据处理

下面给出了推力性能数据处理的主要计算公式。

（1）喷管入口总压,即

$$\overline{P}_{07} = \frac{1}{17} \sum_{i}^{17} P_{0-i} \qquad (3-23)$$

（2）喷管入口落压比,即

$$\text{NPR} = \frac{\overline{P}_{0-入口}}{P_{\infty}} \qquad (3-24)$$

（3）喷管理论流量,即

$$G_{B-理论} = \frac{0.0404 P_{07} A_{喉道}}{\sqrt{T_0}} \qquad (3-25)$$

（4）流量系数用来表征喷管的流通能力,定义为喷管的实际流量与喷管总压恢复系数为 1 时的质量流量之比,其中 $G_{B-实测}$ 由布置在喷管入口前的流量计测量,即

$$C_D = \frac{G_{B-实测}}{G_{B-理论}} \qquad (3-26)$$

（5）理论推力。

NPR ≤ 1.894 时,有

$$V_{理论} = \sqrt{2RT_0 \frac{\gamma}{\gamma-1} \left[1 - \left(\frac{P_{\infty}}{P_{07}} \right)^{\frac{\gamma-1}{\gamma}} \right]} \qquad (3-27)$$

$$F_{理论} = G_{B-理论} V_{理论} \qquad (3-28)$$

NPR > 1.894 时,有

$$F_{理论} = G_{B-理论} V_{理论} + (0.528 \overline{P}_{07} - P_{\infty}) \times A_{喉道} \qquad (3-29)$$

（6）总推力,即

$$F = \sqrt{F_x^2 + F_y^2 + F_z^2} \tag{3-30}$$

式中：F_x、F_y 和 F_z 分别为六分量天平所测的 x、y、z 3 个方向的实际推力,经过模型安装角、推力俯仰角、侧向、面积以及修正到标准环境的推力,修正公式见式(3-31)至式(3-35)。

（7）推力俯仰角,即

$$\delta_v = \arctan \frac{F_y}{F_x} \tag{3-31}$$

（8）推力侧向角,即

$$\delta_\gamma = \arctan \frac{F_z}{F_x} \tag{3-32}$$

（9）轴向(x向)推力系数,即

$$C_{Fx} = \frac{F_x}{F_{理论}} \tag{3-33}$$

（10）y向推力系数,即

$$C_{Fy} = \frac{F_y}{F_{理论}} \tag{3-34}$$

（11）z向推力系数,即

$$C_{Fz} = \frac{F_z}{F_{理论}} \tag{3-35}$$

（12）总推力系数,即

$$C_F = \frac{F}{F_{理论}} \tag{3-36}$$

（13）安装角修正。S 弯隐身喷管的长度与一般轴对称喷管相比,管道较长,其长度一般为 3~4 倍的喷管进口直径左右,悬臂较长,容易引起喷管出口的下倾,为了准确测量喷管的实际推力,需要进行必要的安装角修正。F_{x-1}、F_{y-1} 和 F_{z-1} 为试验多分量天平的推力实际测量值,α 为模型安装的俯仰角,β 为模型安装侧滑角,ω 为模型安装滚转角。

① 俯仰角修正,即

$$F_{x\alpha} = F_{x-1}\cos\alpha - F_{y-1}\sin\alpha \tag{3-37}$$

$$F_{y\alpha} = F_{x-1}\sin\alpha + F_{y-1}\cos\alpha \tag{3-38}$$

$$F_{z\alpha} = F_{z-1} \tag{3-39}$$

② 侧滑角修正,即

$$F_{x\alpha\beta} = F_{x\alpha}\cos\beta + F_{z\alpha}\sin\beta \tag{3-40}$$

$$F_{y\alpha\beta} = F_{y\alpha} \tag{3-41}$$

$$F_{z\alpha\beta} = -F_{x\alpha}\sin\beta + F_{z\alpha}\cos\beta \tag{3-42}$$

③ 滚转角修正,即

$$F_{x\alpha\beta\omega} = F_{x\alpha\beta} \tag{3-43}$$

$$F_{y\alpha\beta\omega} = F_{y\alpha\beta}\cos\omega + F_{z\alpha\beta}\sin\omega \tag{3-44}$$

$$F_{z\alpha\beta\omega} = -F_{y\alpha\beta}\sin\omega + F_{z\alpha\beta}\cos\omega \tag{3-45}$$

（14）环境压力修正,即

$$F_{x-P} = F_{x\alpha\beta\omega} \times \frac{101325}{P_\infty} \tag{3-46}$$

$$F_{y-P} = F_{y\alpha\beta\omega} \times \frac{101325}{P_\infty} \quad\quad (3-47)$$

$$F_{z-P} = F_{z\alpha\beta\omega} \times \frac{101325}{P_\infty} \quad\quad (3-48)$$

（15）面积修正。为了消除加工误差带来的试验误差,对推力进行了喷管喉道的面积修正。$A_{喉道}$为主喷管的实测喉道面积,$A'_{喉道}$为主喷管的设计喉道面积。修正公式为

$$F_x = \frac{F_{x-P}}{A'_{喉道}} A_{喉道} \quad\quad (3-49)$$

$$F_y = \frac{F_{y-P}}{A'_{喉道}} A_{喉道} \quad\quad (3-50)$$

$$F_z = \frac{F_{z-P}}{A'_{喉道}} A_{喉道} \quad\quad (3-51)$$

（16）单位质量推力,即

$$F_{m-x} = \frac{F_x}{G} \quad\quad (3-52)$$

$$F_{m-y} = \frac{F_y}{G} \quad\quad (3-53)$$

$$F_{m-z} = \frac{F_z}{G} \quad\quad (3-54)$$

（17）轴向推力系数 C_{Fx},即

$$C_{Fx} = \frac{F_x}{F_{理论}} \quad\quad (3-55)$$

$$C_{Fy} = \frac{F_y}{F_{理论}} \quad\quad (3-56)$$

$$C_{Fz} = \frac{F_z}{F_{理论}} \quad\quad (3-57)$$

2. 喷管出口截面总压数据处理

下面给出了喷管出口总压性能数据处理的主要计算公式。

（1）截面上平均静压 $\overline{P}_j$,即

$$\overline{P}_j = \sum_1^n \frac{P_n}{n} \quad\quad (3-58)$$

（2）喷管出口截面平均总压 $\overline{P}_{08}$,即

$$\overline{P}_{08} = \frac{\sum_{i=1}^{n} \sum_{j=1}^{K} P_{0-ij}}{nK} \quad\quad (3-59)$$

（3）喷管出口截面总压恢复系数 σ,即

$$\sigma = \frac{\overline{P}_{08}}{\overline{P}_{07}} \quad\quad (3-60)$$

（4）喷管出口截面总压恢复系数分布 σ_{ij},即

$$\sigma_{ij} = \frac{P_{0-ij}}{\overline{P}_{07}} \tag{3-61}$$

(5) 喷管出口截面总压分布不均匀度 $\overline{D}$, 即

$$\overline{D} = \frac{\text{MAX}\{P_{0-ij}\} - \text{MIN}\{P_{0-ij}\}}{\overline{P}_{07}} \tag{3-62}$$

(6) 矩形出口截面总压宽度方向静态总压畸变指数 $\Delta\overline{\sigma}_z$, 即

$$\Delta\overline{\sigma}_z = 1 - \frac{\sigma_z}{\sigma} \tag{3-63}$$

$$\sigma_z = \frac{1}{\Delta z}\int_{z_1}^{z_2}\sigma_z\mathrm{d}z \tag{3-64}$$

$$\Delta z = z'_2 - z'_1 \tag{3-65}$$

式中: Δz 为沿宽度方向扫描的低压区范围; z'_1 和 z'_2 分别为低压区的起始和结束坐标; 当有多个低压区时, 取不同低压区中的最小 σ_z 值。

(7) 矩形出口截面总压高度方向静态总压畸变指数 $\Delta\overline{\sigma}_y$, 即

$$\Delta\overline{\sigma}_y = 1 - \frac{\sigma_y}{\sigma} \tag{3-66}$$

$$\sigma_y = \frac{1}{\Delta y}\int_{y_1}^{y_2}\sigma_y\mathrm{d}y \tag{3-67}$$

$$\Delta y = y'_2 - y'_1 \tag{3-68}$$

式中: Δy 为沿高度方向扫描的低压区范围; y'_1 和 y'_2 分别为低压区的起始和结束坐标; 当有多个低压区时, 取不同低压区中的最小 σ_y 值。

(8) 静态总压畸变指数 $\Delta\overline{\sigma}$。试验中, 宽度方向上布置了 7 列总压测量耙臂, 每个测量耙臂布置了 5 个测量点。$\Delta\overline{\sigma}$ 为宽度和高度方向静态总压畸变指数 $\Delta\overline{\sigma}_z$ 和 $\Delta\overline{\sigma}_y$ 简单加权之和, 即

$$\Delta\overline{\sigma} = \frac{7\Delta\overline{\sigma}_z + 5\Delta\overline{\sigma}_y}{12} \tag{3-69}$$

3.3.3 S 弯隐身喷管气动性能

针对不同类型 S 弯管道设计的特点, 除了进行了不同构型二元/三元 S 弯隐身喷管、轴对称收敛喷管的试验研究, 还开展了加装次流系统与异形喷口的推力特性变化、喷管内沿程静压分布、喷管出口总压分布及速度场分布等试验测量。

1. S 弯隐身喷管流量系数 C_D 随落压比 NPR 的变化规律

从图 3-28 所示的流量系数 C_D 与落压比 NPR 的变化曲线来看, 不同喷管均在落压比约为 1.9 附近的流量系数 C_D 达到最大值, 随着落压比的进一步增大, 流量系数 C_D 基本不变, 这是固定几何收敛喷管的流量特性。主要是由于在落压比 1.89(理论上)左右, 收敛喷管在喷管出口(喉道)达到了临界状态, 喉道 Ma 数达到 1, 喷管阻塞, 继续增大落压比, 流量不变, 喷管在超临界状态下工作。二元与三元 S 弯隐身喷管的流量特性基本相同, S 弯隐身喷管流通能力比轴对称喷管推力有所下降, 这与喷管的内管道损失有关。由于各个 S 弯隐身喷管与轴对称喷管的喉道面积相同, 而总压恢复系数稍有降低, 从流量方

程中可以比较清楚地得到解释,并且流量系数的下降和总压恢复系数下降的量值基本相当。与轴对称喷管相比,ΔC_D差量随落压比 NPR 的变化,基本上保持在 3% 左右。

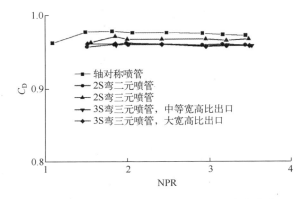

图 3-28　流量系数 C_D 随落压比 NPR 变化曲线

2. S 弯隐身喷管轴向推力系数 C_{Fx} 随落压比 NPR 的变化规律

从图 3-29 所示的轴向推力系数 C_{Fx} 可以看出,与轴对称喷管相比,二元/三元 3S 弯不同构型的喷管均比轴对称喷管推力有所下降,这与不同喷管构型的内管道损失有关,与相关 CFD 的计算结果以及喷管出口平均总压恢复的测量结果是一致的。在落压比 NPR <1.87 时,C_{Fx} 随落压比 NPR 增加较快,而 NPR >1.87 后曲线变缓,在小于临界落压比下,喷管出口的压力等于外界的环境压力,随着落压比 NPR 增大,推力项中的贡献为动量项 mV,压力项贡献为 0。与轴对称喷管相比,ΔC_{Fx} 差量随落压比 NPR 增加而有减少的趋势,在落压比 NPR =1.5 附近,差量约为 5%,落压比 NPR =3 附近,差量约为 4%。

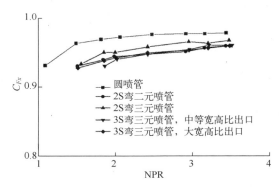

图 3-29　轴向推力系数 C_{Fx} 随落压比 NPR 变化曲线

3. S 弯隐身喷管总压恢复系数特性

为测量 S 弯隐身喷管出口处的总压恢复系数,在喷管出口截面布置了总压测量耙(图 3-30)。整个测量耙由 7 个单独耙臂组成,每个耙臂上布置了 5 个总压测量点,共计 35 个点。测压管采用外径为 1mm、内径为 0.8mm 的不锈钢管,测量管长度约 20mm,测量截面距喷管出口截面前 5mm,为提高测量精度在出口处加长了一段等值段。

图 3-31 给出了不同落压比下 S 弯隐身喷管出口截面的总压分布图谱,不同试验工况下 S 弯隐身喷管的总压恢复系数基本上在 0.968～0.980 之间,总压恢复系数与喷

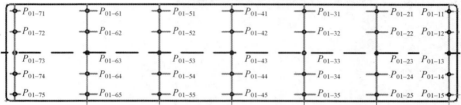

图 3-30　S 弯隐身喷管出口截面总压分布测量

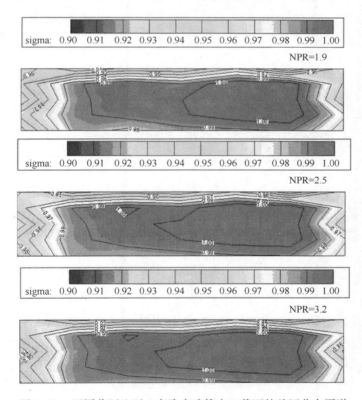

图 3-31　不同落压比下 S 弯隐身喷管出口截面的总压分布图谱

管测力数据吻合很好。在大落压比时,1% 的总压损失引起了 1.5% ~ 1.8% 的推力损失,出现这种比例关系可以初步从推力的动量项和压力项上加以分析。在相同出口面积的情况下,当喷管喉道处于临界或超临界工况时,喉道 Ma 数为 1,由总压恢复下降引起的流量下降比例基本与总压恢复下降百分比相等,动量下降,总推力中的压力贡献量由于出口总压的下降使得出口截面静压下降,造成了额外推力减少。为了验证这种情况,还开展了 CFD 计算验证(图 3-32 和图 3-33)。计算选取了某型发动机的轴对称喷管,该喷管的总压恢复系数基本接近于 1,保持喷管入口气流总温不变,通过改变喷管入口的气流总压,考虑 S 弯隐身喷管在某一工况下从进口到出口的总压损失系数,按总压恢复系数折合到相同工况下轴对称喷管入口的总压,计算了对应 S 弯隐身喷管不同落压比工况下,轴对称喷管推力随总压恢复系数的关系。其中落压比 NPR 为 1.87 时,1% 的总压损失引起了 1.75% 以内的推力损失;落压比 NPR 为 3 时,1% 的总压损失引起了 1.66% 以内的推力损失。

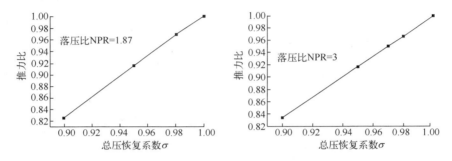

图 3-32　推力比随总压恢复系数变化曲线

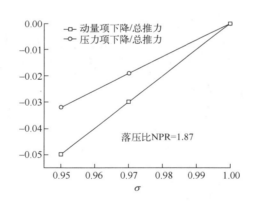

图 3-33　推力损失随总压恢复系数变化曲线

4. 带引射喷管的 S 弯隐身喷管气动性能

引射喷管是在发动机主喷管外增加的一个固定或可调套管。在引射套管中,利用高能主喷流的引射作用引射抽吸次流,使次流从主喷流与引射套管之间流过,次流约束主流的膨胀,主、次之间发生能量交换改变冲量的分布,从而可能增加推力。引射喷管一般包括简单固定式引射喷管、完全调节式引射喷管和带辅助进气门式引射喷管。引射喷管的作用主要包括:冷却扩张喷管的鱼鳞片、抽吸发动机舱的冷却空气、减少喷管过度膨胀损失以及增大推力等。关于引射喷管性能以及主、次喷流之间的关系,可以基于多股流理论进行分析和预测,它将主流和次流看作两股流,它们之间不发生混合,每股流各自独立,在其交接边界上保持静压相等,各自通过管道面积的变化改变剖面的静压以实现虚拟管道的平衡。引射喷管性能与主、次喷流的总压比、流量比以及外流的环境压力密切相关，图3-34给出了引射喷管的典型性能曲线。

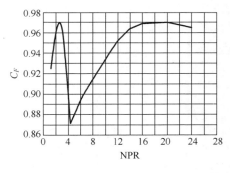 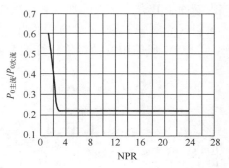

图3-34　引射喷管典型性能曲线

图3-35给出了引射喷管两个典型工况：一是当次流流量很小时，主流占据整个外套的通道，出现"堵死"工况；二是随着次流流量的增大，主流逐渐离开外套内壁面，形成一定形状的次流通道，次流达到一定流量时，次流在次流通道中最小截面达到了声速，这时引射流量达到最大值，处于"临界工况"。

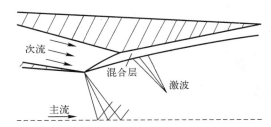 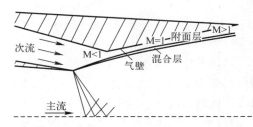

图3-35　引射喷管典型工况

长航时飞机用发动机主喷管落压比相对较低，喷管巡航落压比基本上均在4以内，采用引射喷管的主要作用是解决发动机舱的冷却问题。采用圆筒形引射喷管（图3-36）就可以获得较好的性能，它结构简单，次流为亚声速，引射喷管的稳定性较好。次流在主喷流外表面形成了一层环形的"气壁"套筒，可通过改变次流来改变"气壁"的尺寸和形状，控制主喷流的膨胀，延长了喷管结构件的使用寿命。对于S弯

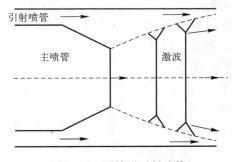

图3-36　圆筒形引射喷管

隐身喷管，为了降低其尾喷流红外辐射，也可以采用引射喷管设计技术。通过高温高压主喷流的引射作用，将发动机舱冷却空气抽入到发动机的尾喷管中，不仅可以起到冷却发动机喷管的效果，还可以降低喷管出口区域的热壁面温度。

为研究加装次流系统后S弯隐身喷管推力的变化以及不同落压比下对次流引射流量的影响，在主喷管外设计了一个次流集气腔，该次流集气腔前后壁面封闭，在外壁面上下各开设了一个较大的次流进气口。在进气口对接面的法兰盘上加装了喇叭形进气口，进

气口后加装了"十"字形耙,用来测量次流的流量。次流(环境大气)通过上、下两个喇叭形进气口进入次流集气腔。为提高次流的流场品质,采用了类似筛状芯管的设计方案,在集气腔内壁面上开设一个大的通气孔。次流进集气腔后可通过内壁面上的通气孔进入引射腔。该引射腔周围密封,只留向后的出口,以便主喷流对次流的引射(图3-37)。图3-38 给出了试验中所使用的轴对称直管道引射模型。

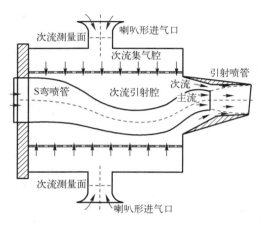

图 3-37　带次流系统 S 弯隐身
喷管推力模型原理

图 3-38　轴对称直管
道引射喷管模型

从试验结果看(图3-39 和图3-40),在地面静止状态,S 弯主喷管出口的高压引射作用可以带动次流系统内气体流动;有无引射喷管两种情况下,主喷管的流量基本不变;随着主喷管落压比的增加,引射流量相对值减小。这现象是因为在次流总压与构型不变的情况下,随着主流总压的增大,主流膨胀比加大,主流占据更多的流道,当落压比增大到一定程度时,喷管会处于"堵塞"工况,这对应于图3-40 曲线的左段。在落压比在 3.5 以内,轴对称喷管加装引射喷管后,喷管推力基本上没变化;S 弯隐身喷管加装引射喷管后,主流的流量基本未变,落压比 NPR < 2.5 以前,推力稍有增加,落压比 NPR > 2.5 后,推力下降,而且随着落压比 NPR 增大,推力损失加大,在落压比 NPR = 3.5 时,推力系数 C_{Fx} 下降大约 3%。

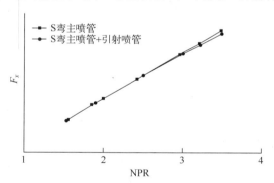

图 3-39　有/无次流时 S 弯隐身
喷管绝对推力大小比较

　5. 单边膨胀 S 弯隐身喷管性能
　　对于某些强调后机体融合或隐身的飞行器,在融合设计过程中时常会遇到喷管出口端面上下不对称或左右不对称的情况,即采用非对称的喷管出口形式,从后下方探测时,起到了对高温内壁面和尾焰的遮挡作用,效果较好。现代一些先进战机(如美国 X - 43、X - 51 超声速无人机)已经应用了单边膨胀喷管(Single Expansion Ramp Nozzle,

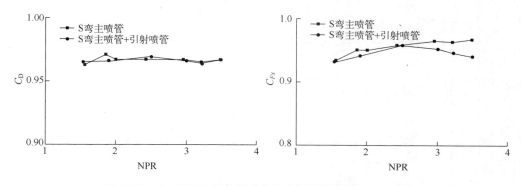

图 3-40　有/无次流 S 弯隐身喷管流量系数、推力系数的比较

SERN），并且验证了单边膨胀喷管（图 3-41）在与后机体综合设计中所具有的一些优势。例如，后机体结构融合设计简单，可降低后机体阻力以及可降低发动机红外辐射信号等。西北工业大学、南京航空航天大学等院校对单边膨胀喷管气动特性以及几何参数对流场和性能的影响进行了研究，主要的几何参数包括膨胀边的倾斜角、喉道高度、侧壁长度等。研究结果表明，这种单边膨胀喷管的轴向推力系数随着落压比增加呈现先增加后减小的趋势，当喷管外罩下壁面与水平面夹角增大到 10°左右时，轴向推力系数急剧降低。

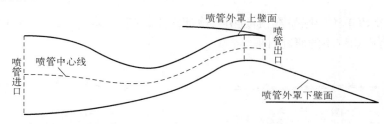

图 3-41　单边膨胀 S 弯隐身喷管结构

　　对于单边膨胀 S 弯隐身喷管也进行了试验研究，下面给出了 S 弯隐身喷管出口外罩上下壁面与水平面夹角为小角度情况下的测力试验结果（图 3-42）。在主喷流后加单边膨胀边时，喷管推力减小，低落压比时推力系数 C_{Fx} 下降较大，约为 2.2%，高落压比下推力系数 C_{Fx} 下降较小，为 1.2%；流量系数 C_D 在整个落压比范围内，有无单边膨胀边变化均很小，流量系数下降量在 0.5%～1% 内。但由于单边膨胀边的存在，产生了向下的力，虽然量值很小，但对于静稳定性较小的飞行器来说，飞行操纵时需要加以适当考虑。

　　虽然采用物理的单边膨胀喷管可以在一定程度上提高飞行器后下方红外特性，但由于高温高压气流流过喷管外罩下壁面时，会使下壁面会处于高温燃气下，这不仅对躲避来自高空的红外探测不利，也带来了结构设计上的困难。为了改善这种情况，进一步研究了引入冷却次流，构造气动壁面，使其既能冷却壁面，又对轴向推力影响较小的带次流单边膨胀喷管方案（图 3-43）。

　　从试验结果（图 3-44）可以看出，带次流单边膨胀喷管与无引射、无单边膨胀边的 S 弯隐身喷管相比，整个试验范围内，流量系数 C_D 基本不变，在小落压比时，轴向推力系数 C_{Fx} 稍高，落压比 2.5 时两者基本相同，较大落压比时，推力系数 C_{Fx} 稍有下降。试验结果

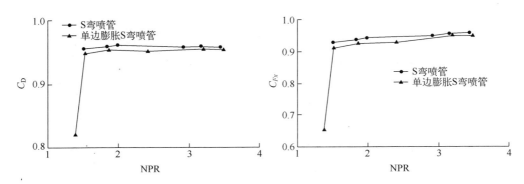

图 3-42　单边膨胀边对 S 弯隐身喷管流量、推力系数的影响

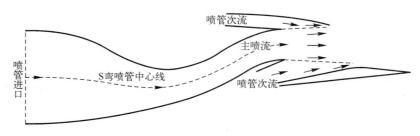

图 3-43　带次流单边膨胀喷管结构

表明,采用带次流单边膨胀喷管,通过引入冷却次流,构造气动壁面,可以实现既冷却壁面又对轴向推力影响较小的研究目标。

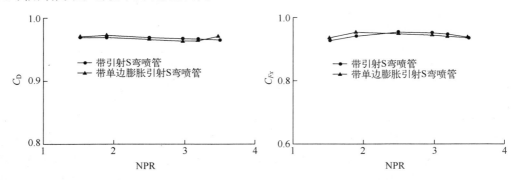

图 3-44　有/无单边膨胀边的带引射 S 弯喷管性能参数对比

6. S 弯隐身喷管内壁壁面静压分布

为了研究分析 S 弯隐身喷管内的气流流动情况,沿主喷管模型内壁面上下纵向线布置了十几个静压测量面,每个测量面上布置了 8 个点(图 3-45)。

从静压变化曲线(图 3-46)上看,各横剖面静压沿中心线也基本对称,迎风处局部静压升高,背风处局部静压下降,靠近出口,静压分布呈现逐步下降的趋势,虽然在下降过程中出现局部反复情况,但结合总压恢复系数的测量结果,管道内气流流动特性依然较好;从前后各剖面测压情况来看,由于管道呈现为 S 弯形状,剖面上的压力分布不太均匀,特别是在 S 弯背风面的剖面上,而且随着落压比的增加,这种不均度趋势增加,同时由于 S 弯管道背风面会出现较大的气流压力脉动,这种气流压力脉动在本次研究中由于条件限

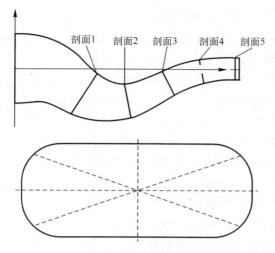

图 3-45 图 3-44 内管道典型剖面形状及剖面分布

制未加以考虑,但在以后类似试验中应给予适当重视,在结构设计中必须考虑压力不均匀性和动态压力脉动的影响。

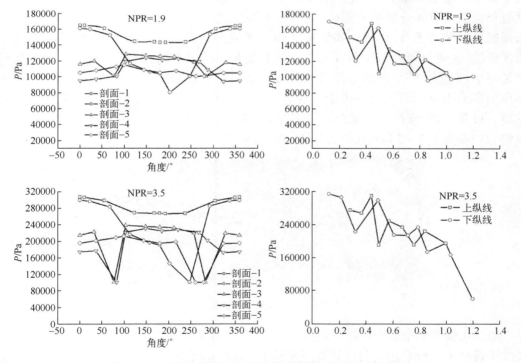

图 3-46 不同落压比下 S 弯隐身喷管剖面及纵向静压分布

7. S 弯隐身喷管出口速度场测量

流场中的速度场测量较为困难,经常需要借助比较复杂的测量设备,而且不易准确测量,特别是速度方向的测量。常用的测量气流方向仪器有多孔探针、热线风速仪和激光多普勒测速仪等几种。这几种仪器相比较而言,热线风速仪探头容易产生堵塞作用,影响气流的流通,应选用头部尺寸较小的探针;激光多普勒测速仪这方面选用时不具优势,它采用粒子成像测速法,可以同时测量速度的大小和方向,但比较昂贵,还需要其他辅助仪器,同时对示踪粒子的光折射率、球形度和跟随性以及对环境的要求很严格。目前使用较多的仪器是多孔探针,多孔探针作为一种有效的测量气流特性装置,有着非常广泛的应用范围,尤其在航空领域。与热线探头、激光多普勒测速等仪器相比,多孔探针具有费用低、使用方便、设备操作简单和对环境要求低等优点。它利用多孔所测的压力差来测量流动方向、速度、总压以及静压等物理参量。其中五孔探针应用最多,由于其直接与气流接触,会引起流场变化,实际测量结果需要依赖于校准的结果,五孔探针理论及应用目前已经较为成熟,常见五孔探针类型包括球型、半球型、金字塔型、圆锥型和圆柱型等,其中金字塔型和圆锥型头部探针对真实流场的干扰要比球型的弱。

圆锥型五孔探针(图3-47)的5个压力孔包括中心孔和圆锥侧面上的两对孔,它利用这5个孔所测得的压力量来计算测量点的气动参数平均值。常见五孔探针较多采用L形设计,指的是探针杆部和颈部成90°角,这主要是考虑到当改变探针方向时,探针在流场中测点保持不变,这种结构易于加装,并且不会使加装对气流产生大的扰动。在探针头部结构设计时,尺寸要小。这主要基于两个方面的考虑:一方面是小尺寸有利于减小对流场的堵塞,一般要求探针截面积与流体流通面积比小于1%;另一方面探针直径也会对空间分辨率有影响,由于探针感受的不是气流中某一点的压力,而是其头部区域的平均压力,意味着如果速度梯度区域面积大于探针尖部,探针将不能反映速度梯度,这些会导致涡流和流通量小于真实值。因此,设计时很多时候都要求其尺寸足够小,但是小尺寸增加了加工的难度,也使得构造缺陷不可避免。圆锥型探针头部角度多采用60°设计,这是考虑了探针对气流角度有高度的敏感性和避免产生气流分离。目前,国内五孔压力探针外径多为3～4mm、孔径1mm,国外广泛使用的探针外径尺寸一般为1.5～2mm、孔径为0.4～0.5mm。

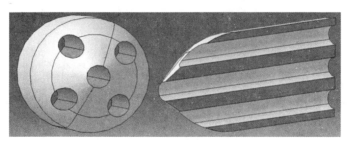

图3-47　圆锥型五孔探针

用五孔探针测量(图3-48)三维流场时,有3种使用方式,分别为转动法、非转动法及半转动法。转动法是将探针装于坐标器上,靠坐标器转动使中间孔完全对准气流方向。调整侧孔平衡,此时可以根据坐标器位置直接读出气流偏转角度。此方法直观,但是需要复杂的操作机构及较长时间来调整孔压平衡,而且不适用于测量空间较小的场合,如发动机叶轮机械内气流测量等。非转动法是利用定位件把测针固定在试验器上不能转动,测量时根据5个测压孔的压力值,利用校准特性关系式得出系数值,然后从已有的校准特性曲线求出测量点的气流参数,该方法测试时操作简单、节省时间,无需调整各孔平衡,但探针校准和数据处理工作量大,使用时要考虑探针的敏感角。它不但适合狭小空间的测量,还可进行远距离测试或者实验室以外的空中测量,如发动机在空中工作时的某些部件小空间内气流特性的测量。半转动法是前两种方法的折中,将探针转动至其中一对旁测孔压力值相等,这时气流速度矢就位于一个平面内,校准工作和处理试验数据较少,适合于人工测量或者均匀流场的测量。

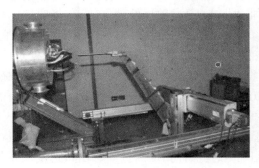

图 3-48　用五孔探针测量 S 弯隐身喷管出口流场

在喷管尾喷口附近,高压气体膨胀后产生了流态复杂的尾迹流,S 弯隐身喷管试验中采用的测量方法为非转动法,它对复杂流场测量适应性较好。这种探针使用的前提是必须对五孔探针进行校准,获得校准特性曲线。五孔探针的校准有试验校准和理论校准两种方法,工程实际中常常采用试验法校核,简单方便。S 弯隐身喷管试验所用的五孔探针试验校准是在风洞中进行的,转动探针测量不同风速、迎角和侧滑角下各孔的压力值,获得了五孔探针校准的特性曲线,然后通过使用无量纲的校准公式获了校准系数,如迎角、侧滑角、总压和静压系数。

校准公式采用 Bryer、Treaster 和 Yocum 提出的校准方法,该方法适用于随着气流角度变化,特别是探针校准特性为线性的情况。其中 p_0 为中心孔所测压力值,$p_1 \sim p_4$ 为探针侧面 4 个测量孔所测压力值,p_{total} 为气流的实际总压值,p_{ref} 为气流静压值,迎角校准系数 $c_{p\theta}$、侧滑角校准系数 $c_{p\varphi}$、总压校准系数 $c_{p\text{total}}$ 和静压校准系数 $c_{p\text{static}}$ 等系数定义为

$$c_{p\theta} = \frac{p_1 - p_3}{p_0 - p_{\text{ref}}} \tag{3-70}$$

$$c_{p\varphi} = \frac{p_2 - p_4}{p_0 - p_{\text{ref}}} \tag{3-71}$$

$$c_{p\text{total}} = \frac{p_0 - p_{\text{total}}}{p_0 - p_{\text{ref}}} \tag{3-72}$$

$$c_{p\text{static}} = \frac{p_0 - p_{\text{static}}}{p_0 - p_{\text{ref}}} \tag{3-73}$$

式(3-70)至式(3-73)是 Treaster 和 Yocum 提出的系数定义,该关系式应用最为普遍,它的优点是简单、易操作。当探针在使用中表现为非线性时,利用该关系式也能获得较好的结果,存在奇点是其显著的缺点,适用的角度范围不大。校准过程是将探针固定在试验台上,操作时可以手动或者通过计算机控制探针在两个平面内的转动(该转角应该控制在探针的敏感角范围内),探针的 5 个压力孔所感受的压力信号经过转换器和放大器转换为电信号存储于计算机内,试验中放大器要经过事先校准,转动压力探针时,角度

调节宽度可以根据对数据密度要求而定,一般采用5°间隔。如果希望获得更密集的试验数据点,可以每调节2°采集一次。由于五孔探针直径相对较大,采用多个五孔探针时,会对所测量流场产生影响,为减少五孔探针对测量精度的影响,常采用单个探针的滑动支架完成整个截面的流场测量。整个滑动支架通过轴向方向、左右及上下方向的移动,可实现多个剖面以及每个剖面多控制点的测量。

有了探针原始校准数据点,通过数据处理方法,获得完整的校准曲线,这样可以有效减小数据测量点。样条插值、最小二乘法是国内常用的数据处理方法,特性好的探针选用样条插值法处理即可,特性较差的探针可采用多项式拟合处理。国内哈尔滨大学的岳国强等人基于对以上两种方法的分析,研发了实用性更强的线性插值法,国外 Wendt 建立了一种新的减少数据方法,这种方法用单位向量代替俯仰角和偏航角,同时研究以泰勒级数为基础的方法代替线性插值法。

图 3-49 给出 S 弯隐身喷管出口速度分布,图 3-50 给出带次流的 S 弯隐身喷管出口速度分布,图 3-51 给出了五孔探针扫描测量 S 管出口速度矢量的分布情况,测量结果与CFD 计算结果较为一致。

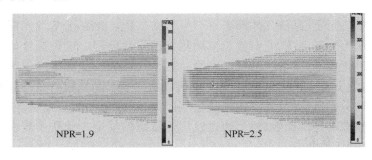

图 3-49　不同落压比下 S 弯隐身喷管出口速度分布

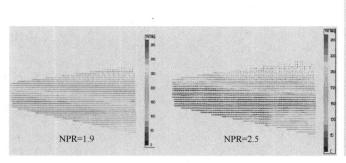

图 3-50　不同落压比下带次流 S 弯隐身喷管出口速度分布

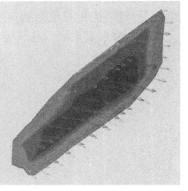

图 3-51　五孔探针扫描测量
S 管出口速度矢量分布情况

3.4　S 弯隐身喷管热态模型试验

虽然冷喷流试验可以获得 S 弯隐身喷管总压恢复系数和推力特性,但不能完全代

表真实环境下 S 弯隐身喷管与发动机共同工作的气动性能,引起这种差异主要来源 5 个方面因素:

(1) 工作介质的差别,前为冷空气,实际工作介质为高温燃气。

(2) 喷管进口条件不同,冷空气为轴向均匀进入排气管,而真实情况下,进入喷管进口的是动力涡轮后的高温燃气,既不是完全轴向的,也不是均匀的。

(3) 冷喷流试验模型的几何尺寸一般为缩比尺寸,Re 数影响未考虑。

(4) 热喷流引起的热膨胀变化也未考虑。

(5) 与发动机联合工作时,匹配点工作状态会发生变化。

由于上述 5 个因素,必须将 S 弯隐身喷管安装在所匹配的发动机上,在地面台架上进行试验,才能获得安装 S 弯隐身喷管后发动机整机的总体性能变化。

3.4.1　S 弯隐身喷管热态试验简介

冷喷流地面校准箱试验的测力、测压试验结果表明,在进口总压相同条件下,与传统的轴对称喷管相比,S 弯喷管的推力系数和总压恢复系数均有所降低。发动机的各个部件是协调共同工作的,其中任何一个部件工作状态的变化都将影响其他部件的工作,它们相互影响又相互制约。由于 S 弯隐身喷管比常规轴对称喷管总压恢复系数稍有下降,当发动机高转速下,涡轮导向器和收敛型尾喷管出口会处于临界或超界状态下工作,若这两种喷管的出口面积相同,安装 S 弯隐身喷管发动机的涡轮膨胀比下降(与轴对称喷管相比),为了保证发动机转速不下降,所需的压气机功不变,涡轮前的温度必然提高,发动机的耗油率上升,导致涡轮导向器和喷管的燃气流量也相应减少,压气机在特性图上的工作线沿等转速线向喘振边界移动,喘振裕度降低,稳定性下降,发动机最大转速下降,最大推力降低,同时排气温度上升,这些都会影响到 S 弯隐身喷管与发动机的匹配工作,进而可能会造成发动机额外的使用限制,缩短其使用寿命。发动机或飞行器设计人员最关心的是 S 弯隐身喷管与常规喷管本身部件的气动性能差异,以及这种气动性能差异对发动机和飞行器性能所造成的综合影响。

发动机与 S 弯隐身喷管的地面台架/高空台架(图 3-52 和图 3-53)的匹配研究往往需要较长的周期、昂贵的费用,一般都安排在飞行器首飞前,但这可能会潜伏很大的技术风险。例如,如果 S 弯隐身喷管总压恢复系数较低,造成推力的损失过大以及耗油率激增,会使飞行器的起飞性能、巡航以及最大平飞速度等飞行性能达不到设计指标,或出现排气温度超温的现象,影响结构安全以及发动机工作不稳定等隐患,严重时可能会导致整个飞行器的设计失败,因此在初步方案设计时必须对安装 S 弯隐身喷管后发动机的整体性能进行比较全面、准确地评估。评估工作除了 CFD 计算评估、风洞中冷喷流和地面校准箱气动性能试验外,S 弯隐身喷管缩比模型与小型发动机地面台架试验也是非常重要的。

缩比模型的喷管与小型涡喷发动机地面台架试验虽然不能完全反映真实流动状态和几何形状,但由于试验经费少、试验周期短,在机理研究、探索性试验以及方案选型等先期性研究工作中具有一定的优势,对于研究一些新型或新概念喷管(如 S 弯隐身喷管)内部气流的流动现象和内流特性还是非常有效的。带发动机的 S 弯隐身喷管缩比模型的试验台安装如图 3-54 所示。

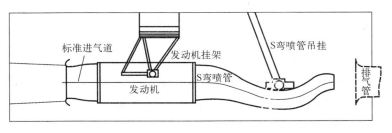

图 3-52　发动机地面台架试验原理

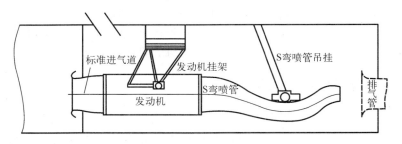

图 3-53　发动机高空台架试验图

图 3-54　S 弯隐身喷管缩比模型地面台架试验模型安装

　　试验所用的发动机为小型涡喷发动机,使用航空煤油,该发动机采用单级离心式压气机和单级涡轮组件,发动机最大直径为 130mm,质量为 2.3kg,最大推力为 220N,最大转速为 112000r/min,最大推力工作状态下的耗油率为 750mL/min,喷管排气温度范围为 580～690℃。在试验前对该发动机进行了相关理论分析及模拟计算,计算采用西北工业大学自主研发的发动机总体性能计算程序。计算结果与试验结果在高转速区吻合良好,试验中喷管最大的落压比约在 1.6 附近。

　　喷管试验模型(图 3-55)零部件均使用耐热不锈钢 1Cr18Ni9Ti 制造,以确保模型能承受发动机 600～700℃的排气温度,模型连接、对接缝隙均用耐高温密封胶密封,试验中由于条件限制,对于喷管出口面积的热膨胀变化未加修正,按模型冷状态下实测面积处理。模型通过一个小偏心距的 S 弯转接段与发动机连接,然后再通过模型安装架与试验测力台架连接。

　　本次试验共使用了 3 台发动机,分别为 1 号、2 号和 3 号,试验喷管模型主要包括

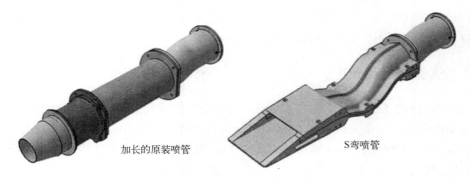

加长的原装喷管   S弯喷管

图 3-55　喷管缩比试验模型部分试验件

原装轴对称喷管、加长原装喷管和 S 弯隐身喷管 3 种。其中原装喷管为发动机自带的，主要用于发动机调试和试验发动机的基本性能，并为测力台架的校准提供参考依据。加长的原喷管构型在试验喷管前增加了一个单 S 弯转接段，该转接段进口与出口的中心线偏距为发动机出口直径的 0.2 倍，长度为发动机出口直径的 2.3 倍，长度与试验方案的 S 弯隐身喷管轴向长度基本相同，作为基准对比方案之一。二元单边膨胀 S 弯隐身喷管的出口截面与水平面夹角为 13°，此外试验中还进行了轴对称收扩喷管方案的试验。

3.4.2　数据处理方法

试验过程中所采集的数据参数包括大气静温 T_∞、大气静压 P_∞、大气湿度、发动机物理转速 n 和试验实际推力 f。其中大气温度、大气压力和大气湿度在每次试验开始前进行记录，发动机物理转速由试验发动机的地勤设备控制面板（GSU）显示并记录，发动机的推力数据由测控系统记录。为保证试验数据的可靠性，测控系统连续采集整个试验过程中发动机的推力值，并在每一个试验转速下维持发动机稳定工作 3s 以上，取稳定工作过程中测控系统所记录推力的平均值作为该状态下推力试验的测量值。考虑试验发动机寿命及可靠性等方面问题，在试验过程中发动机转速的控制均是从急速逐步增大至最大转速。由于每次试验环境的变化，为了发动机的性能便于比较，试验测得的发动机物理转速 n 和试验实际推力 F 需换算到标准大气条件下。主要数据处理方程如下。

（1）发动机换算转速，即

$$N = n \sqrt{\frac{288.15}{T_\infty}} \qquad (3-74)$$

（2）发动机换算推力，即

$$F = f \frac{101325}{P_\infty} \qquad (3-75)$$

（3）相对推力损失为

$$\Delta F = \frac{F_b - F_a}{F_a} \qquad (3-76)$$

式中：原装喷管确定为基准喷管，F_a 为安装设定为比较基准的喷管时测得发动机的换算推力；F_b 为对象喷管推力试验后发动机的换算推力。

3.4.3 试验结果及分析

图 3-56 给出了原装发动机的基本推力与转速特性理论计算值和试验值的比较。试验中发动机所达到的最大转速为 106100r/min（相对转速 94.7%），小于设计最大转速，在发动机转速达到 90000r/min（相对转速 80%）后，理论计算结果与试验结果吻合良好；在低转速区，理论计算结果与试验结果存在差异，但趋势相近。据此可以认为理论计算的结果在大转速范围是可信的，理论计算显示，在设计最大转速 112000r/min 时，喷管的落压比为 1.60。

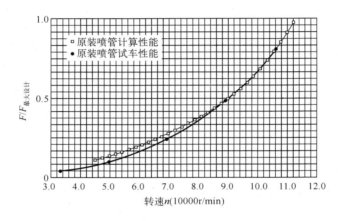

图 3-56　原装喷管构型理论计算和试验结果对比

在原装喷管试验的基础上，加长原装喷管进行了试验。图 3-57 给出了加长原装喷管与原装喷管后推力相对差量。数据对比显示，增加了单 S 弯转接段和圆直管对于推力的影响在 1% 左右，考虑到 S 弯转接段进、出口偏距小，管道型面缓和，内型面内不应有分离现象产生，推力损失主要是由管道内壁面的摩擦损失导致的。

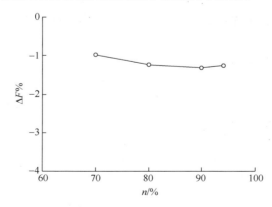

图 3-57　原装喷管与加长原装喷管后推力相对差量

单发 S 弯隐身喷管的地面台架试验共进行了 6 次计 29 个状态点的试验,其中 3 次试验使用的是 2 号发动机,另 3 次为 1 号发动机,两台发动机测得的推力数据的趋势及量值一致。图 3-58 给出了单发 S 弯隐身喷管与加长原装喷管的试验结果对比。从试验来看,S 弯隐身喷管在低转速区性能稍优于加长原装喷管,但当发动机转速大于 60000r/min 后,S 弯隐身喷管的性能比加长原装喷管的稍差,且两者间的绝对推力之间差距随发动机转速的增大而增大,在中等转速后,推力损失系数变化基本在 4% ~6% 之间,在相对转速 80% 附近,推力损失系数最小约为 4%,在发动机高转速下,相同转速下单发 S 弯隐身喷管与加长原装喷管相比,其推力损失在 5% 以上,而且最大换算转速下降约 5%,两者所达到最大推力差为 10%。

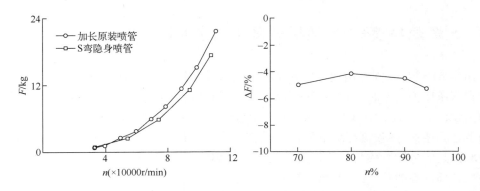

图 3-58   S 弯隐身喷管与加长原装喷管实验结果对比

同时试验中还发现,在发动机相对转速大于 70% 时,相同转速下轴对称收扩喷管与加长原装喷管相比,其推力损失达到了 12% 以上(图 3-59),上述现象产生的主要原因是喷管在地面状态下如果要使喉道 Ma 数达到 1,则喷管的落压比要至少达到临界压比,试验中受发动机性能的限制,喷管所能达到的落压比只有 1.6 左右,因此喷管处于亚临界状态。在此状态下,收扩喷管不但不能提高喷管的推力,反而由于喷管出口面积大于喉道面积,降低了排气流速,从而导致喷管推力的下降。轴对称收扩喷管的出口直径为 61.24mm,加长原装喷管的出口为喉道,直径是 57.8mm,两者对比,轴对称收扩喷管的出口面积增大了 12.26%。即使不考虑喷管面积扩大对发动机循环和排气流量的影响,单纯计算面积扩大对排气速度及排气动量的影响,增大 12% 的出口面积对于推力的影响也在 10% 以上。

图 3-60 给出了几种典型喷管构型的试验结果比较。从图中可以看出,在小落压比下,加长原装喷管推力损失最小,S 弯隐身喷管次之,轴对称收扩喷管损失最大。从最大换算转速来看,加长原喷管达到最大换算转速最大,轴对称收扩喷管次之,S 弯隐身喷管最小,S 弯隐身喷管最大换算转速基本上在 95% 附近。耗油率、排气温度或喷管入口温度由于条件限制,未进行测量。

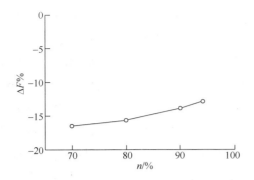

图 3-59　轴对称收扩喷管相对推力
损失系数随发动机转速变化

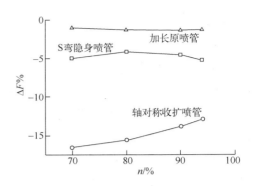

图 3-60　典型喷管构型喷管
推力特性比较曲线

3.5　S弯隐身喷管冷/热模型试验结果对比

图 3-61 给出了同一构型试验模型在冷喷流及带发动机热喷流两种情况下的试验曲线。在落压比为 1.6 时,与轴对称喷管相比,在冷喷流试验中,S弯隐身喷管推力系数下降约 4.8%,流量系数下降 5%,总压恢复系数约为 0.97,在热喷流试验中,推力下降 6%。这两者之间相比,热喷流情况下的推力损失较大,增加了约 1.2%,造成这种额外推力损失的原因是 S弯隐身喷管总压恢复系数比轴对称喷管低,喷管/发动机共同工作点漂移,发动机各部件性能重新匹配,压气机相同转速下的喷管进口实际落压比下降,这可以从最大换算转速出现明显下降更好地理解。与常规喷管相比,S弯隐身喷管总压恢复系数下降,涡轮膨胀比下降,造成发动机转速下降,而所需的压气机功不变,导致空气流量减少,总压恢复系数下降的比例与流量下降的比例基本相同。为了保证发动机转速不下降,涡轮前的温度、排气温度、耗油率必然增加,但由于发动机的温度、转速的使用限制,造成 S弯隐身喷管所能达到的最大换算转速下降了约 5%,两者最大状态的推力系数相差 10% 以上。

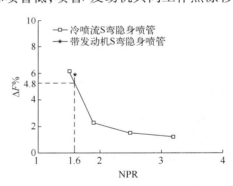

图 3-61　S弯隐身喷管冷/热
态模型试验结果比较

综上所述,与轴对称喷管相比,S弯隐身喷管气动性能的下降,会产生以下 4 个方面的影响:

(1)作为发动机部件的 S弯隐身喷管自身气动性能下降,主要包括流量系数下降、推力系数以及总压恢复系数下降等,这是由于喷管特性所限,无法弥补只能尽量提高其性能。

(2)在发动机相同的供油特性下,由于 S弯隐身喷管部件自身性能下降,引起了发动机涡轮后压力上升,造成涡轮膨胀比下降,输出功减少,压气机转速降低,空气流量将减少,推力降低;在低发动机转速和中等转速下,发动机转速具有可以继续提高能力的情况下,通过增加供油量,提高发动机转速的方法,可以弥补这部分因转速下降带来的损失推力,但不可避免地导致发动机耗油率增加。

(3)一般发动机控制规律采用最大转速控制和限制燃烧室最高温度,对于发动机转速处于高转速或最大转速时,S弯隐身喷管性能下降,使涡轮输出功减少,通过增加燃油量或提高涡轮前温度来弥补。但由于最高温度限制,反过来会限制发动机的最高转速,造成发动机转速达不到最大转速,最大推力也小于轴对称喷管。

(4)S弯隐身喷管与常规轴对称喷管相比所出现的气动性能变化引起了发动机各个部件工况变化,而且它们相互耦合,重新匹配。如果S弯隐身喷管总压恢复系数过低,那么发动机的整体工作特性就会漂移较大。在飞行器初步设计阶段,发动机、飞行器设计人员就需要全面细致地评估发动机、飞行器的综合特性,以避免颠覆性问题的出现。

3.6 S弯隐身喷管试验技术改进

在S弯隐身喷管气动性能试验研究中,由于试验设备条件的限制,还需进一步改进或补充试验研究的不足。

3.6.1 TPS校准箱冷喷流引射试验

TPS校准箱试验中进行的冷喷流试验,测量了S弯隐身喷管的直接推力、总压恢复系数、壁面压力以及速度场等,也开展了一些带引射喷管的S弯隐身喷管性能研究,但受设备条件的限制,无法控制引射喷管内的气流总压、总温,只能被动利用主喷管的引射能力,抽吸试验设备周围的空气,而且进入引射喷管的空气通过喇叭形进口,经过次流腔体,穿过筛状芯管最终流入引射腔体,这个过程中,总压存在一定的损失,出现了次流进口总压小于引射喷管出口附近气流的静压(大气总压)。以次流穿过喇叭形进口,最终到达引射喷管入口的总压损失3%为例,地面标准大气下,环境的静压(即总压)为101325Pa,引射喷管入口次流的总压为98285Pa,次流在引射喷管中无总压损失,主流不进行总压补偿,这时次流喷管出口总压只有98285Pa,而出口环境的静压为101325Pa,次流总压为环境静压的0.97倍。即引射喷管进口的总压小于出口的总压,次流无法流出,还会出现回流。从多股流理论来解释,次流能够流过出口截面,一定是在主流中获得了额外能量。一般情况下,在高空飞行状态时,进入引射喷管的气流是通过辅助进气口进入的,即使考虑次流在进入引射喷口过程中存在一定的总压损失,也会比引射喷管出口截面的静压大,也就是说,即使无主喷管的引射作用,进入引射喷管的气流也会流出。即在主喷管落压比一定时,流经整个引射喷管的流量比地面直接从大气中抽吸的流量大。以飞行高度11000m、Ma数为0.75的飞行状态为例,空中环境静压为22632Pa,气流总压为32868.1Pa,假设进入引射腔的气流总压损失为10%,次流在引射喷管中无总压损失,引射喷管入口总压为29581.2Pa,为环境静压的1.31倍,次流出口的Ma数大约为0.633,次流与主流之间的总压比增加,次流通道的面积相对增加,由于不需要从主流中获得更大的能量,主流消耗的能量相对较少。在TPS校准箱中,开展了带引射喷管S弯隐身喷管引射特性研究,由于引射气流无法控制,造成试验结果很不全面,仅仅解决了喷管地面状态引射特性模拟。进一步扩展TPS校准箱带引射喷管S弯隐身喷管气动引射特性研究,只需配备中等落压比的气源,通过管道与次流进口相连,就可提高引射次流的总压,从而实现在地面台架上模拟空中引射状态(图3-62)。

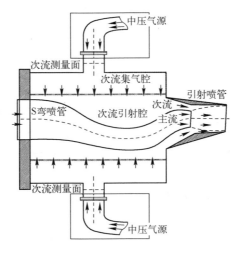

图3-62　改进带次流系统S弯隐身喷管推力模型原理

3.6.2　小/微型发动机热喷流试验

带S弯隐身喷管的小/微型发动机热喷流试验,利用轴对称喷管为参考,虽然可以获得其推力系数的相对量或损失量,且具有时间短、经费少的优势,但往往由于其发动机较小,能达到的最大落压比小,无法模拟飞行器在高空高速飞行状态的高落压比工况,对于大部分飞行器来说,试验落压比的范围明显受限,这是利用小/微型发动机的主要不足之一。同时,每种发动机的涡轮特性、压气机特性以及燃烧室耐高温特性等也各不相同,即使S弯隐身喷管的总压恢复系数相同,对发动机各工作部件共同工作点的影响也不尽相同,反应最明显的参数包括发动机最大转速的下降量、最大推力下降量、耗油率以及排气温度的上升等。对于带S弯隐身喷管发动机的地面台架试验,目前一般的发动机试车台,基本上都没有配备中高压的引射气源,进行带引射喷管的S弯隐身喷管发动机特性研究的能力存在不足,需扩展这方面的设备能力。

3.7　试验结果应用

TPS校准箱或常规的地面台架S弯隐身喷管试验,由于外流均为静止状态下所测得直接推力或推力系数,一般均为总推力系数,即来流的动量项为0,而在中、高落压比所对应飞行状态一般均为高空高速状态,这时地面测量获得的总推力损失系数与高空高速状态相同落压比下的总推力损失系数会有不同,虽然两者量值有所变化,但量值变化范围不大,初步阶段可参考使用。飞行器基本性能计算不能直接使用总推力系数的损失量,需要转化为发动机的净推力损失系数,一般情况下,发动机的净推力损失系数会大于总推力系数。

以某型发动机轴对称收敛喷管为例,利用发动机喷管性能计算程序,喷管总压恢复系数0.975,在地面静止、低空高速和高空高速(高度11000m、Ma数0.75)3种状态下,对总推力损失系数和净推力损失系数进行了初步计算,图 3-63 给出了上述 3 种情况下净推力损失和总推力损失系数比较曲线。从理论计算结果来看,地面静止状态和高空高速状态总推力损失系数基本相当,高空高速状态总推力损失系数稍大,但差量基本在 0.5% 左右;高空高速状态总推力损失系数比净推力损失系数小,随着落压比增加,两者之间的差量逐渐减小。落压比为 1.9 时,差量为 2%,落压比为 3 时,差量为 0.5%;与地面静止状态的总推力损失系数(也是净推力损失系数)相比,小落压下相差较大,落压比等于 1.9 时,差量达到了 2.4%,落压比达到 3 时,差量为 1.1%。因而,地面试验获得的总推力损失可以直接在空中使用,但不能直接使用地面状态试验的总推力损失系数替代高空高速状态的净推力损失系数。

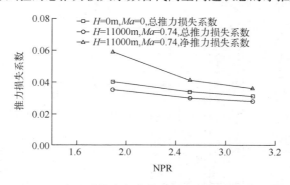

图 3-63　地面/高空总推力与净推力损失系数随落压比变化曲线

本章介绍了为获得 S 弯隐身喷管的气动特性以及其与发动机联合工作特性,进行了风洞、地面冷喷流以及小/微型发动机地面台架试验等多项的试验研究工作,得到了许多有价值的试验结果。这些试验数据包括 S 弯隐身喷管总压恢复系数、推力损失系数、次流的影响以及对发动机最大换算转速和最大推力影响等,各个试验各具特点,其试验结果从不同方面描述了 S 弯隐身喷管气动性能特点。下面对这些冷/热喷流的试验结果以及使用情况进行简要总结,图 3-64 给出了试验数据使用基本流程图。

(1) 在风洞中冷喷流试验时,所测得的喷管出口截面的总压恢复系数可以直接使用;喷流与后机体干扰区域、内壁壁面的静/动态气动载荷系数在结构设计中可以使用。

(2) 利用 TPS 校准箱进行冷喷流试验,所测得的喷管出口截面的总压恢复系数、内壁壁面的静/动态压力载荷系数、流量系数等可以直接使用,总推力损失系数通过与小型发动机联合试验所获得的差量进行修正后使用;对于带次流引射 S 弯隐身喷管的试验结果,通过获取其与无引射时主喷管推力系数、流量系数的差量,只能作为地面静止状态带引射的 S 弯隐身喷管发动机修正量来使用。

(3) 在小/微型发动机与 S 弯隐身喷管联合试验中,获得的轴对称喷管与 S 弯隐身喷管在高转速下的推力系数差量,可以作为总推力系数的修正量来使用;S 弯隐身喷管最大换算转速的下降量与轴对称喷管最大换算转速的比值,以及这两种构型下发动机处于各自最大换算转速下时最大推力系数、排气温度的差量可以作为初步参考使用。

(4) 在小/微型发动机与 S 弯隐身喷管联合试验中,最大换算转速下轴对称喷管与 S 弯隐身喷管在高转速下的推力系数差量与对应落压比下 TPS 校准箱试验的推力系数损失之差,叠加在 TPS 校准箱试验的推力系数损失中,可建立从小落压比到大落压比范围内,总推力系数损失随落压比的变化关系。

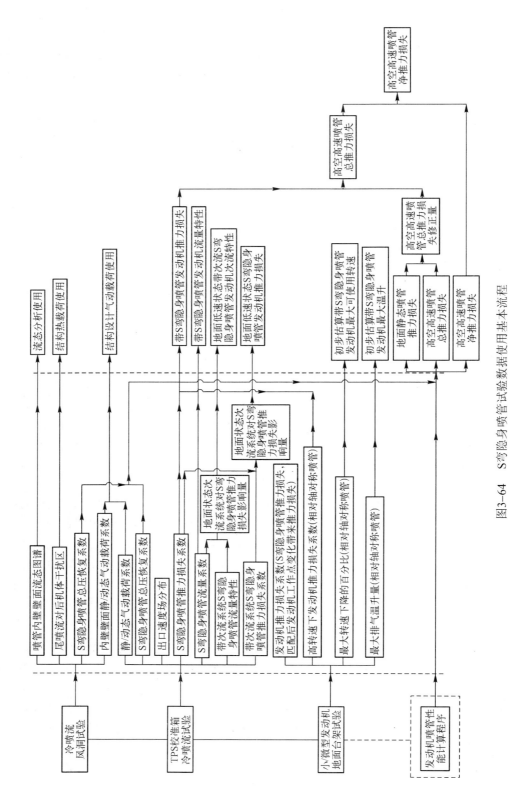

图3-64　S弯隐身喷管试验数据使用基本流程

104

（5）对于空中飞行状态，可以利用地面试验获得的总推力系数损失随落压比变化曲线，采用冷喷管风洞试验或 TPS 校准箱试验中获得的不同落压比情况下的总压恢复系数，再结合发动机喷管基本性能计算程序，计算出不同落压比下的总推力损失系数与净推力损失系数之间的差量，初步获得实际飞行中净推力损失系数随发动机出口落压比的变化曲线，作为飞行器初步方案评估的数据使用。

本章介绍的几种 S 弯隐身喷管试验周期短、经费少，它们的试验结果各有特点，所获得的 S 弯隐身喷管气动试验数据中存在一定的关联关系，结合发动机喷管理论计算结果进行各种修正，可以初步获得推力系数损失量，但由于试验中匹配的发动机性能可能与最终实际所装备的发动机特性差别较大，S 弯隐身喷管引起的小型发动机的最大换算转速下降比例、最大推力系数下降量、排气温度升高差量只能作为初步参考使用。关于 S 弯隐身喷管与轴对称收敛喷管的气动性能差别，引起的发动机主要部件的工作状态变化，在飞行器设计的中后期，可以通过带 S 弯隐身喷管真实发动机高空台架试验，获得更为准确的 S 弯隐身喷管与发动机联合工作匹配性能，当然整机的最终性能需要最后阶段的飞行试验验证。

第4章 S弯隐身喷管红外辐射特性

4.1 引言

在S弯隐身喷管的设计过程中,除了S弯隐身喷管的气动特性外,S弯隐身喷管的红外辐射特性是另一个重要的关注点。本章从红外辐射的基本理论出发,介绍排气系统红外辐射强度的计算模型与计算方法,并针对典型的S弯隐身喷管进行红外辐射特性研究,分析S弯隐身喷管的各关键几何参数(如S弯隐身喷管的第一弯出口面积、第一弯纵向偏距等)对其红外辐射特性的影响。

4.2 红外辐射的基本理论

4.2.1 电磁波基本理论概述

红外辐射的电磁波长范围是 $0.75 \sim 1000\mu m$。工程上把红外线所占的波段分为 4 个部分,即近红外($0.75 \sim 3\mu m$)、中红外($3 \sim 6\mu m$)、远红外($6 \sim 15\mu m$)和极远红外($15 \sim 1000\mu m$)。红外辐射的物理本质是热辐射,一个炽热物体向外辐射的能量大部分是通过红外线辐射出来的。物体温度越高,红外辐射也就越强。红外辐射的本质与电磁波性质一样,以波的形式在空间沿直线传播,其传播速度为光速,并且具有反射、折射、散射、干涉、吸收等特性。当辐射的能量投射到物体表面上时会发生吸收、反射和透射现象,见图4-1。外界投射到物体表面上的总能量 Q 中的一部分能量 Q_α 被物体吸收,一部分能量 Q_ρ 被物体反射,其余能量 Q_τ 穿透过物体。

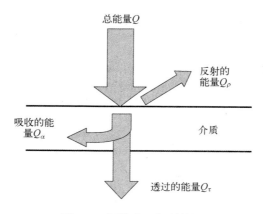

图 4-1 固体表面辐射特性

按照能量守恒定律,有

$$\frac{Q_\alpha}{Q} + \frac{Q_\rho}{Q} + \frac{Q_\tau}{Q} = 1 \tag{4-1}$$

式中,各能量百分比 Q_α/Q、Q_ρ/Q 和 Q_τ/Q 分别称为该物体对投射辐射的吸收率 α、反射率 ρ 和透射率 τ,于是有

$$\alpha + \rho + \tau = 1 \tag{4-2}$$

4.2.2 固体壁面辐射

1. 黑体辐射

在排气系统的红外辐射预测中,发动机的固体壁面辐射在整个辐射强度中重要地位。为了便于分析固体壁面辐射,引入黑体概念。黑体作为一个理想的辐射体,在热辐射分析中有着特殊的作用。

黑体是指在任何温度下都能够全部吸收任何波长入射辐射的物体。黑体的反射率和透射率均为零,吸收率和发射率均为 1。黑体除了总辐射发射能最大外,在每一波长和每一方向的辐射发射能也最大。

1) 黑体辐射亮度

设有一半球,半径为 R,在基圆中心有一微元面 dA,微元面发射一束能量,微元束的中心轴表示该能束的发射方向,用天顶角 θ 和圆周角 ψ 表示,如图 4-2 所示。微元立体角 $d\Omega$ 用球面上被立体角切割的球形面积 dA_s 除以球半径的平方来表示,单位为球面度(sr),即

$$d\Omega = \frac{dA_s}{R^2} = \frac{R\sin\theta d\psi \cdot R d\theta}{R^2} = \sin\theta d\theta d\psi \tag{4-3}$$

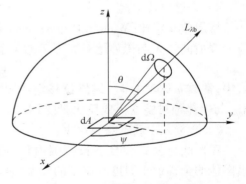

图 4-2 黑体表面辐射亮度

黑体辐射亮度有两种表示形式,分别是光谱辐射亮度 $L_{\lambda b}$ 和总辐射亮度 L_b。光谱辐射亮度是指在单位立体角 $d\Omega$ 内波长为 λ 时发射的辐射能量。总辐射亮度是指在单位立体角 $d\Omega$ 内 $\lambda_1 \sim \lambda_2$ 总波长范围内发射的辐射能量,即为光谱辐射亮度在 $\lambda_1 \sim \lambda_2$ 总波长范围内积分,即

$$L_b = \int_{\lambda_1}^{\lambda_2} L_{\lambda b} d\lambda \tag{4-4}$$

2) 黑体辐射力

半球总辐射力 $E(T)$ 称为辐射出射度,简称辐出度,表示单位时间内单位面积向半球空间发射的所有波长的总能量,单位为 W/m^2。

半球光谱辐射力 $E(\lambda, T)$ 称为光谱辐出度,表示单位时间内单位面积向半球空间发射的以 λ 为中心的单位波长内的能量,单位为 $W/(m^2 \cdot \mu m)$。显然,辐射力和光谱辐射力的关系为

$$E(T) = \int_0^\infty E(\lambda, T) d\lambda \tag{4-5}$$

3）普朗克定律

普朗克定律(Planck's Law)给出了黑体发射光谱变化规律,其表达式为

$$E_{b\lambda} = \frac{2\pi hc^2}{\lambda^5} \cdot \frac{1}{e^{hc/\lambda K_B T}-1} = \frac{c_1}{\lambda^5} \cdot \frac{1}{e^{c_2/\lambda T}-1} \tag{4-6}$$

式中:$E_{b\lambda}$ 为黑体光谱辐射力($W/(m^2 \cdot \mu m)$)。

辐射常数以及物理常数的值见表4-1。

表4-1　辐射常数

名　　称	符　号	数值和单位
真空中的光速	c_0	2.9979248×10^8 m/s
普朗克常数	h	6.626176×10^{-34} J·s
玻耳兹曼常数	K_B	1.380662×10^{-23} J/m
普朗克定律第一辐射常数	c_1	$(3.4715 \pm 0.0003) \times 10^8$ W·$\mu m^4/m^2$
普朗克定律第二辐射常数	c_2	$(1.43879 \pm 0.00019) \times 10^8$ $\mu m \cdot K$
维恩位移定律中的常数	b	$2897.79 \mu m \cdot K$
黑体辐射常数	σ	5.6703×10^{-8} W/($m^2 \cdot K^4$)

4）维恩位移定律

维恩位移定律(Wien's Displacement Law)给出了黑体光谱辐射出射度的峰值 E 所对应的峰值波长 λ 与黑体绝对温度 T 的关系,真空中其表达式为

$$\lambda_{\max} T = b \tag{4-7}$$

式中,常数 b 见表4-1。维恩位移定律表明,黑体光谱辐射出射度峰值对应的峰值波长 $\lambda_{\max}$ 与黑体绝对温度 T 成反比,见图4-3。

5）斯蒂芬-玻尔兹曼定律

对普朗克公式在全波长范围内积分给出黑体的全辐射出射度与温度的关系,表达式为

$$E_b = \int_0^{\infty} E_{b\lambda} d\lambda = \int_0^{\infty} \frac{c_1}{\lambda^5} \frac{1}{e^{c_2/(\lambda T)}-1} d\lambda = \sigma T^4 \tag{4-8}$$

式中,常数 σ 见表4-1。

该定律表明黑体的出射度与其温度的4次方成正比。因此,当温度有很小变化时,就会引起辐射出射度的很大变化。

6）朗伯定律

朗伯(Lambert)定律描写了辐射能量按方向分布的规律。符合朗伯定律的发射源称为朗伯辐射源。朗伯辐射源的辐射亮度是一个与方向无关的常量。设面积 ΔA 很小的朗伯辐射源的辐射亮度为 L,该辐射源向空间某一方向与法线成 θ 角,$\Delta\Omega$ 立体角内辐射的功率为

$$\Delta P = L\Delta A\cos\theta\Delta\Omega \tag{4-9}$$

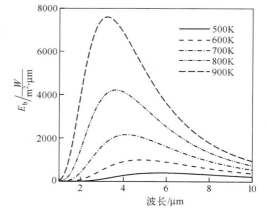

图4-3　几种不同温度下黑体辐射出射度随波长的变化曲线

由于该辐射源面积很小,可以看成是小面源,可用辐射强度度量其辐射空间特性。因为该辐射源的辐射亮度在各个方向上相等,则与法线成 θ 角方向上的辐射强度 I 为

$$I_\theta = \frac{\Delta P}{\Delta \Omega} = L\Delta A\cos\theta = I_0\cos\theta \qquad (4-10)$$

式中: I_0 为法线方向上的辐射强度。

2. 灰体辐射

黑体是一种理想化的物体,而实际物体的辐射与黑体有所不同。为了简化计算,引入灰体的概念。

同黑体一样,灰体也是一种理想物体,在热辐射分析中,把单色吸收率与波长无关的物体称为灰体。根据灰体的特性,可以得出:

(1)灰体的定向单色发射率与定向全发射率相等,即 ε 为常数。

(2)灰体的定向单色吸收率与定向全吸收率相等,即 α 为常数。

上述推论表明,当物体的单色发射率和吸收率与波长无关时,物体的发射率和吸收率只取决于物体本身情况,与外界无关。

1)基尔霍夫定律

基尔霍夫(Kirchhoff)定律可表述为:在热力学平衡态下,任何物体的辐射力和它对来自黑体辐射的吸收率之比,恒等于同温度下黑体的辐射力。

$$\alpha(T) = \frac{E(T)}{E_b(T)} = \varepsilon(T) \qquad (4-11)$$

由上述定律的表述可以看出,基尔霍夫定律有以下限制:

(1)整个系统处于热力平衡状态。

(2)吸收率与发射率必须是同温度下的值。

(3)物体吸收率的投射辐射源必须是与该物体同温的黑体。

2)自身辐射和有效辐射

自身辐射是指由物体自身温度决定的辐射。单位面积上的自身辐射称为自身辐射力,用 E 表示。投射辐射(入射辐射)是指入射到物体上的总辐射能量。单位面积上的投射辐射称为投射辐射力,用 H 表示。

有效辐射是指物体自身辐射和反射辐射之和,单位面积的有效辐射称为有效辐射力,用 J 表示。对于不透明灰体表面, $\alpha(T) + \rho(T) = 1$,图 4-4 所示为不透明灰体表面的有效辐射力示意图。

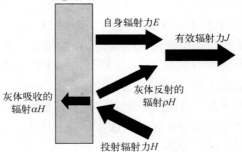

图 4-4 有效辐射示意图

由图 4-4 可知有效辐射表达式为

$$J = E + \rho H = \varepsilon E_b + (1-\alpha)H \qquad (4-12)$$

式(4-12)右端第一项为自身辐射力,第二项为表面反射的辐射力。

4.2.3 气体辐射

随着军事工业发展,人们开始探索红外线在大气传递中的衰减机理,这些都促进了气

体辐射的研究。传热界开始引入以原子、分子辐射理论为基础的光谱方法,由于可借鉴大气辐射的研究方法,很快就出现多种有一定准确度并适合于工程应用的谱带模型法,目前已大量用于近代介质辐射换热与气体辐射的数值计算中。

目前,计算气体辐射特性的模型主要有以下几种,即灰体气体模型、逐线谱带计算模型、灰体气体加权模型、K 分布模型、窄谱带模型和宽谱带模型。

(1)灰体气体模型(Gray Gas Model)是由 Edwards 提出的计算气体辐射特性的最简单模型。但在许多实际应用中,由于热分子气体如 CO_2、H_2O 等的辐射特性谱带是振动旋转谱带,其辐射特性具有很强的光谱波长依赖性,这使得用灰体气体模型很难准确计算辐射传热问题。

(2)逐线谱带计算模型(Line – By – Line Model)是指在计算辐射传热时,每一条气体谱线在波长范围内被分成若干个微小波段。在每个微小波段范围内,假定气体的吸收系数为常数,在每个微小波段内进行辐射传热计算,求出光谱辐射强度,然后对求出的每一波段的光谱辐射强度在相关方向与容积上积分,累加求出总的辐射传热强度。

(3)1991 年 Modest 提出一种简化的计算灰气体辐射特性模型,即灰体气体加权累积模型(Weighted – Sum – of – Gray – Gas,WSGG)。该模型的计算思路是选择一系列具有一定吸收系数的理想气体代替真实气体,通过选择这些理想气体的加权系数使理想气体能够表现出与真实气体一样的辐射特性。由于理想气体的吸收系数为常数,因此,描述每一成分的辐射传递方程可分别求解以计算某一状态下的总辐射换热量。

(4)K 分布模型(K – Distribution Mode)是在一相对较宽的光谱间隔内,将所有谱线的吸收系数用一条具有累积吸收系数的分布的谱线代替。这样,求解气体的辐射特性时,对所有气体谱线的积分被简化为对单一谱线积分。该模型与逐线谱带计算模型相比计算速度明显提高,但由于气体累积吸收系数的分布函数很难确定,因此该模型的应用受到限制。

(5)目前,工程上使用最多的模型是窄谱带模型与宽谱带模型。窄谱带模型使用单一谱带的形状、宽度和间距推导待定波段范围内的气体谱带特性。由于谱线的排列方式不同,窄谱带模型一般分为两种,即 Elsasser 窄谱带模型与 Goody 窄谱带模型。Elsasser 窄谱带模型又称规则模型,其将谱线模化成全部具有相同的洛伦兹形状和相等高度、相等间距的谱线。Goody 模型又称统计模型,其假设谱线具有指数随机分布的谱线强度与谱线间距,也可以是更一般的形式。宽谱带模型是将气体的吸收/发射谱线根据指数衰减从谱带中心向两边重新排列。在该模型中,谱带吸收特性计算需要 3 个参数,即带宽、线宽和谱线积分强度。这些参数一旦确定,气体的辐射特性就可计算出来。

通常来讲,气体和大多数介质一样,其辐射的选择性要比固体表面显著。绝大多数气体如二氧化碳和水蒸气(图 4-5)的辐射光谱是不连续的,而绝大多数不透明固体表面的辐射光谱都是连续的。由于气体辐射的选择性强,所以物性、能量大都用光谱参数表示。

气体辐射的另一个特点是容积特性,即热辐射在气体中的吸收、发射、散射是在整个容积中进行的,也可以说是沿整个射线行程进行的,这就叫气体辐射的容积性或沿程性。当一束热射线投射到一气体层上时,其能量沿着射线行程逐渐被吸收,沿途每一点都参与了吸收,所以气体中每一点的温度、压力都对辐射的发射与吸收有影响。

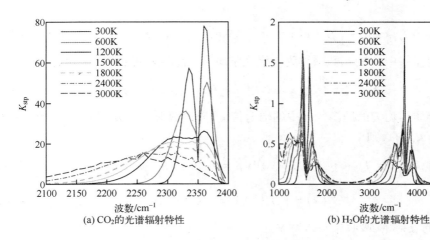

(a) CO₂的光谱辐射特性   (b) H₂O的光谱辐射特性

图 4-5　CO₂ 和 H₂O 的光谱辐射特性

4.2.4　介质中辐射的传输

辐射能量在介质的传输中不断衰减,局部区域的辐射能不仅取决于当地的物性和温度,还与远处的物性、温度有关,分析计算时需要考虑一定容积。由于介质辐射的容积性,需要考虑辐射能量的空间分布,因此通常用辐射强度 I 来描述辐射能量的空间分布。

1. 布格尔定律

辐射射线在介质中传输,由于介质的吸收及散射,能量逐渐衰减。设一束光谱辐射强度为 I_λ 的射线垂直穿过厚度为 dx 的介质,见图 4-6。布格尔定律认为,在原射线方向上的辐射能的衰减量 dI_λ 正比于投射量及厚度 dx,即

$$dI_\lambda = -\beta_\lambda(x)I_\lambda dx \qquad (4-13)$$

式中:β_λ 为比例系数,也称为光谱衰减系数（m^{-1}）;负号表示减少。它与射线波长,介质状态、压力、密度和成分有关。对于非均质、非均温介质,它是空间位置的函数。

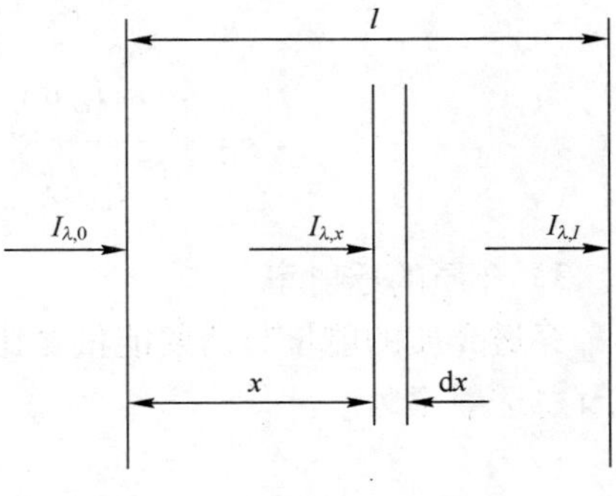

令 $x=0$ 处,$I_\lambda = I_{\lambda,0}$;令 $x=l$ 处,$I_\lambda = I_{\lambda,l}$,则

$$\int_{I_{\lambda,0}}^{I_{\lambda,l}} \frac{dI_\lambda}{I_\lambda} = -\int_0^l \beta_\lambda(x)dx \qquad (4-14)$$

积分可得

图 4-6　布格尔定律的推导

$$I_{\lambda,l} = I_{\lambda,0}\exp\left[-\int_0^l \beta_\lambda(x)dx\right] \qquad (4-15)$$

式(4-15)为布格尔定律的表达式。此式表明,光谱辐射强度沿传递行程按指数规律衰减。若介质为均质均温介质,则上式可写为

$$I_{\lambda,l} = I_{\lambda,0}\exp(-\beta_\lambda l) \qquad (4-16)$$

光谱衰减系数 $\beta_\lambda(x)$ 由两部分组成,即

$$\beta_\lambda(x) = \kappa_\lambda(x) + \sigma_{s\lambda}(x) \qquad (4-17)$$

式中:$\kappa_\lambda(x)$ 为光谱吸收系数;$\sigma_{s\lambda}(x)$ 为光谱散射数。

将式(4-17)代入布格尔定律式(4-15),可得

$$I_{\lambda,l} = I_{\lambda,0}\exp\left(-\int_0^l \beta_\lambda(x)\mathrm{d}x\right) = I_{\lambda,0}\exp\left[-\int_0^l (\kappa_\lambda(x) + \sigma_{s\lambda}(x))\mathrm{d}x\right] \qquad (4-18)$$

布格尔定律式中,e 的指数项称为光谱光学厚度,无量纲,用 $\delta_\lambda(x)$ 表示为

$$\delta_\lambda(x) = \int_0^l \beta_\lambda(x)\mathrm{d}x = \int_0^l (\kappa_\lambda(x) + \sigma_{s\lambda}(x))\mathrm{d}x \qquad (4-19)$$

对于在介质为均匀的纯净气体中的辐射传输,光谱散射系数 $\sigma_{s\lambda}(x) = 0$,光谱衰减系数 $\beta_\lambda(x)$ 等于 $\kappa_\lambda(x)$,则

$$I_{\lambda,l} = I_{\lambda,0}\exp\left[-\int_0^l \beta_\lambda(x)\mathrm{d}x\right] = I_{\lambda,0}\exp\left[-\int_0^l \kappa_\lambda(x)\mathrm{d}x\right] \qquad (4-20)$$

$$\delta_\lambda(x) = \int_0^l \beta_\lambda(x)\mathrm{d}x = \int_0^l \kappa_\lambda(x)\mathrm{d}x \qquad (4-21)$$

2. 介质的发射率、吸收率与透射率

1）介质的吸收率

介质的吸收率为介质吸收的能量与投射能量之比。对等温均质介质,若光谱透射能量为 I_λ,介质中射线的行程为 L,介质光谱吸收系数为 κ_λ,则吸收的能量为 $I_\lambda[1 - \exp(-\kappa_\lambda L)]$,光谱吸收率及总吸收率分别为

$$\alpha_\lambda = 1 - \exp(-\kappa_\lambda L) \qquad (4-22)$$

$$\alpha = \frac{\int_0^\infty \alpha_\lambda I_\lambda \mathrm{d}\lambda}{\int_0^\infty I_\lambda \mathrm{d}\lambda} \qquad (4-23)$$

2）介质的发射率

根据基尔霍夫定律,介质的光谱发射率及总发射率分别为

$$\varepsilon_\lambda = \alpha_\lambda = 1 - \exp(-\kappa_\lambda L) \qquad (4-24)$$

$$\varepsilon = \frac{\int_0^\infty \varepsilon_\lambda I_{b\lambda}\mathrm{d}\lambda}{\int_0^\infty I_{b\lambda}\mathrm{d}\lambda} = \frac{\int_0^\infty I_{b\lambda}[1 - \exp(-\kappa_\lambda L)]\mathrm{d}\lambda}{\dfrac{\sigma T^4}{\pi}} \qquad (4-25)$$

3）介质的透射率

穿透介质的能量与透射能量之比称为此介质层的透射率。等温均质介质的光谱透射率及总透射率为

$$\tau_\lambda = \frac{I_\lambda(L)}{I_\lambda(0)} = \exp(-\beta_\lambda L) \qquad (4-26)$$

$$\tau = \frac{\int_0^\infty \tau_\lambda I_\lambda(0)\mathrm{d}\lambda}{\int_0^\infty I_\lambda(0)\mathrm{d}\lambda} \qquad (4-27)$$

4）混合气体的光谱透射率

为了分析简单,以两种气体组成的等温均质混合气体为例。

第一种极限情况,两种气体的光谱重叠在一起。设混合气体中射线的行程长度为 L,取微元长度 $\mathrm{d}x$,射线通过 $\mathrm{d}x$ 气体时被吸收了 $\mathrm{d}I_\lambda$ 的能量,其中 $\mathrm{d}I_{\lambda1}$ 表示射线被气体 1 吸收,$\mathrm{d}I_{\lambda2}$ 表示射线被气体 2 吸收。根据布格尔定律可得

$$dI_\lambda = dI_{\lambda 1} + dI_{\lambda 2} = -(\kappa_{\lambda 1} + \kappa_{\lambda 2})I_\lambda dx \tag{4-28}$$

由式(4-21)可得

$$\kappa_{\lambda 1}L = -\ln(1 - \alpha_{\lambda 1}) \tag{4-29}$$

$$\kappa_{\lambda 2}L = -\ln(1 - \alpha_{\lambda 2}) \tag{4-30}$$

混合气体的光谱吸收率为

$$\alpha_\lambda = 1 - \exp\left[-(\kappa_{\lambda 1} + \kappa_{\lambda 2})L\right] = 1 - \exp\left[\ln(1 - \alpha_{\lambda 1}) + \ln(1 - \alpha_{\lambda 2})\right]$$
$$= 1 - (1 - \alpha_{\lambda 1})(1 - \alpha_{\lambda 2}) = \alpha_{\lambda 1} + \alpha_{\lambda 2} - \alpha_{\lambda 1}\alpha_{\lambda 2} \tag{4-31}$$

第二种极限情况,两种气体的谱带没有重叠之处,即两种气体互不吸收,显然有

$$\alpha_\lambda = \alpha_{\lambda 1} + \alpha_{\lambda 2} \tag{4-32}$$

实际上,绝大多数的混合气体的谱带只有部分重叠,所以总吸收率在极限情况之间,即

$$\alpha_\lambda = \alpha_{\lambda 1} + \alpha_{\lambda 2} - \Delta\alpha \tag{4-33}$$

其中,$\Delta\alpha$ 在 $0 \sim \alpha_{\lambda 1}\alpha_{\lambda 2}$ 之间。

在数值计算中,为了使计算简便,假设气体之间谱带是没有重叠的。

3. 红外辐射传输方程

考虑一发射、吸收散射性介质,在位置 s 辐射传输方向 $\boldsymbol{s}$ 上取一微元体,其截面为 dA,长度为 ds,见图4-7。设该微元体在 $\boldsymbol{s}$ 方向上的单位时间、单位体积、单位波长、单位立体角内光谱辐射能量的增益为 $W_{\lambda,\Omega}$,根据能量守恒可得

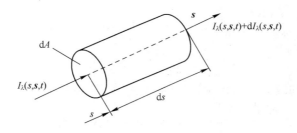

图4-7 辐射传输方程的推导

$$W_{\lambda,\Omega} = W_{\lambda,\Omega,e} - W_{\lambda,\Omega,a} - W_{\lambda,\Omega,\text{out-sca}} + W_{\lambda,\Omega,\text{in-sca}} \tag{4-34}$$

式中:$W_{\lambda,\Omega,e}$ 为 $\boldsymbol{s}$ 方向上,单位时间、单位体积、单位立体角内发射的光谱能量;$W_{\lambda,\Omega,a}$ 为 $\boldsymbol{s}$ 方向上,单位时间、单位体积、单位立体角内吸收的光谱能量;$W_{\lambda,\Omega,\text{out-sca}}$ 为 $\boldsymbol{s}$ 方向上,单位时间、单位体积、单位立体角内散射射出的光谱能量;$W_{\lambda,\Omega,\text{in-sca}}$ 为 $\boldsymbol{s}$ 方向上,单位时间、单位体积、单位立体角内散射射入的光谱能量。

由图4-7可知,在位置 s 处辐射传输方向 $\boldsymbol{s}$ 上投射的光谱辐射强度为 $I_\lambda(s,\boldsymbol{s},t)$,在 $s + ds$ 处方向 $\boldsymbol{s}$ 出射的光谱辐射强度为 $I_\lambda(s,\boldsymbol{s},t) + dI_\lambda(s,\boldsymbol{s},t)$。因此,光谱辐射强度的变化为 $dI_\lambda(s,\boldsymbol{s},t)dAd\Omega d\lambda dt$。

在相同的时间和波长间隔内,同一微元体、同一微元角 $dAds$ 辐射能量的增益等于辐射强度的变化,即

$$W_{\lambda,\Omega}dAds d\Omega d\lambda dt = dI_\lambda(s,\boldsymbol{s},t)dAd\Omega d\lambda dt \tag{4-35}$$

热辐射在介质中的传递速度为光速,则 $ds = cdt$,由此可得

$$\frac{\mathrm{d}I_\lambda(s,\boldsymbol{s},t)}{\mathrm{d}s} = \frac{\partial I_\lambda(s,\boldsymbol{s},t)}{\partial t}\frac{\mathrm{d}t}{\mathrm{d}s} + \frac{\partial I_\lambda(s,\boldsymbol{s},t)}{\partial s} = \frac{1}{c}\frac{\partial I_\lambda(s,\boldsymbol{s},t)}{\partial t} + \frac{\partial I_\lambda(s,\boldsymbol{s},t)}{\partial s} \quad (4-36)$$

联立式(4-34)至式(4-36)三式可得

$$\frac{1}{c}\frac{\partial I_\lambda(s,\boldsymbol{s},t)}{\partial t} + \frac{\partial I_\lambda(s,\boldsymbol{s},t)}{\partial s} = W_{\lambda,\Omega} = W_{\lambda,\Omega,\mathrm{e}} - W_{\lambda,\Omega,\mathrm{a}} - W_{\lambda,\Omega,\mathrm{out-sca}} + W_{\lambda,\Omega,\mathrm{in-sca}}$$

$$(4-37)$$

通常情况下,介质的局部辐射强度随时间变化的速度远小于光速,即

$$\frac{1}{c}\frac{\partial I_\lambda(s,\boldsymbol{s},t)}{\partial t} \approx 0 \quad (4-38)$$

单位时间、单位体积、单位立体角内发射的光谱能量为

$$W_{\lambda,\Omega,\mathrm{e}} = \kappa_\lambda I_{\mathrm{b}\lambda}(s) \quad (4-39)$$

单位时间、单位体积、单位立体角内吸收的光谱能量为

$$W_{\lambda,\Omega,\mathrm{a}} = \kappa_\lambda(s) I_\lambda(s,\boldsymbol{s},t) \quad (4-40)$$

单位时间、单位体积、单位立体角内散射射出的光谱能量为

$$W_{\lambda,\Omega,\mathrm{out-sca}} = \sigma_{\mathrm{s}\lambda}(s) I_\lambda(s,\boldsymbol{s},t) \quad (4-41)$$

单位时间、单位体积、单位立体角内散射射入的光谱能量为

$$W_{\lambda,\Omega,\mathrm{in-sca}} = \int_{\Omega=4\pi} \frac{\sigma_{\mathrm{s}\lambda}(s)}{4\pi} I_\lambda(s,\boldsymbol{s}_i,t) \Phi_\lambda(s,\boldsymbol{s}_i)\,\mathrm{d}\Omega_i \quad (4-42)$$

联立式(4-37)至式(4-42)可得

$$\frac{\partial I_\lambda(s,\boldsymbol{s})}{\partial s} = \kappa_\lambda I_{\mathrm{b}\lambda}(s) - \kappa_\lambda(s) I_\lambda(s,\boldsymbol{s}) - \sigma_{\mathrm{s}\lambda}(s) I_\lambda(s,\boldsymbol{s}_i)$$

$$+ \int_{\Omega=4\pi} \frac{\sigma_{\mathrm{s}\lambda}(s)}{4\pi} I_\lambda(s,\boldsymbol{s}_i) \Phi_\lambda(s,\boldsymbol{s}_i)\,\mathrm{d}\Omega_i \quad (4-43)$$

如果将吸收项和散射项合并,则衰减系数 $\beta_\lambda = \kappa_\lambda + \sigma_{\mathrm{s}\lambda}$,可得

$$\frac{\partial I_\lambda(s,\boldsymbol{s})}{\partial s} = \boldsymbol{s}\cdot\nabla I_\lambda = -\beta_\lambda I_\lambda(s,\boldsymbol{s}) + S_\lambda(s,\boldsymbol{s}_i) \quad (4-44)$$

式中:$S_\lambda(s,\boldsymbol{s}_i)$ 为辐射源函数,它包含了发射源及空间各方向入射引起的散射源。

$$S_\lambda(s,\boldsymbol{s}_i) = \kappa_\lambda I_{\mathrm{b}\lambda}(s) + \int_{\Omega=4\pi} \frac{\sigma_{\mathrm{s}\lambda}(s)}{4\pi} I_\lambda(s,\boldsymbol{s}_i) \Phi_\lambda(s,\boldsymbol{s}_i)\,\mathrm{d}\Omega_i \quad (4-45)$$

引入消光系数 ω,即

$$\omega = \frac{\sigma_{\mathrm{s}}(s)}{\kappa(s)+\sigma_{\mathrm{s}}(s)} = \frac{\sigma_{\mathrm{s}}(s)}{\beta(s)} \quad (4-46)$$

当 $\omega=0$ 时,无散射;当 $\omega=1$ 时,无吸收。

4.3 红外辐射强度计算方法

离散传递法最早是由伦敦帝国理工的 Shah 和 Lockwood 提出的,其实质是将探测点的入射区域的立体角离散为许多小立体角,辐射在小立体角的传输,可以将三维空间积分的介质辐射传输问题转化为一维多层介质内辐射传输问题。本节主要介绍介质中辐射传输计算方程的离散、壁面和探测点辐射入射计算方程的离散及计算区域的离散。

4.3.1　介质中辐射传输方程离散

介质中含有微分、积分项的热辐射传输方程如式(4-43)所示。为了计算方便,介质内辐射传输使用辐射亮度作为变量。式(4-43)的单位与辐射亮度不同,但传输机理是相同的,将单位转换并消除矢量后可得介质内辐射亮度的传输方程为

$$\frac{\mathrm{d}L_\lambda}{\mathrm{d}s} = \kappa_\lambda L_{\mathrm{b}\lambda}(s) - \kappa_\lambda L_\lambda(s) - \sigma_{\mathrm{s}\lambda}L_\lambda(s) + \int_{\Omega=4\pi}\frac{\sigma_{\mathrm{s}\lambda}}{4\pi}L_\lambda(s,s_i)\Phi_\lambda(s,s_i)\mathrm{d}\Omega_i \quad (4-47)$$

假设加力燃烧室不工作,同时燃烧室内燃料完全燃烧,则燃气内不存在炭黑粒子以及液体颗粒。因此,传输过程中散射项可以忽略,$\sigma_{\mathrm{s}\lambda}=0$,式(4-47)可以简化为

$$\frac{\mathrm{d}L_\lambda}{\mathrm{d}s} = \kappa_\lambda L_{\mathrm{b}\lambda}(s) - \kappa_\lambda L_\lambda(s) \quad (4-48)$$

式(4-48)为一维线性微分方程。

1. 辐射传输方程积分形式推导

利用积分因子将式(4-43)转换为积分形式的辐射传输方程。假设 $\delta_\lambda(s)$ 是厚度为 s 的一维燃气的光学厚度,其定义如式(4-49)所示,即

$$\delta_\lambda(s) = \int_0^s \kappa_\lambda(s')\mathrm{d}s' \quad (4-49)$$

式(4-48)两边乘 $\exp\delta_\lambda$,可得

$$\frac{\mathrm{d}L_\lambda}{\mathrm{d}s}\exp\delta_\lambda = \kappa_\lambda L_{\mathrm{b}\lambda}(s)\exp\delta_\lambda - \kappa_\lambda L_\lambda(s)\exp\delta_\lambda \quad (4-50)$$

上式两边同时除以 κ_λ,结合光学厚度的定义,移项整理可得

$$\frac{\mathrm{d}L_\lambda(\delta_\lambda)}{\mathrm{d}\delta_\lambda}\exp\delta_\lambda + L_\lambda(\delta_\lambda)\exp\delta_\lambda = L_{\mathrm{b}\lambda}(s)\exp\delta_\lambda \quad (4-51)$$

将式(4-51)左边变形可得

$$\frac{\mathrm{d}}{\mathrm{d}\delta_\lambda}\left[L_\lambda(\delta_\lambda)\exp\delta_\lambda\right] = L_{\mathrm{b}\lambda}(s)\exp\delta_\lambda \quad (4-52)$$

对式(4-52)积分,可得

$$L_\lambda(\delta_\lambda) = L_\lambda(0)\exp(-\delta_\lambda) + \int_0^{\delta_\lambda}L_{\mathrm{b}\lambda}(\delta'_\lambda)\exp\left[-(\delta_\lambda-\delta'_\lambda)\right]\mathrm{d}\delta'_\lambda \quad (4-53)$$

式中:δ'_λ 为积分虚变量。

式(4-53)的物理意义是抵达 δ_λ 的辐射亮度由两部分组成。右端第一项:$\delta_\lambda=0$ 处的光谱辐射亮度 $L_\lambda(0)$ 经过光学厚度 δ_λ 衰减后,到达 δ_λ 剩下的辐射亮度。右端第二项:被积函数中,$L_{\mathrm{b}\lambda}(\delta'_\lambda)$ 表示 $\delta_\lambda=\delta'_\lambda$ 处自身发射的辐射亮度,经过光学厚度 $\delta_\lambda-\delta'_\lambda$ 的衰减后到达 δ_λ 剩下的辐射亮度。再将 δ'_λ 从 0 积分到 δ_λ,表明此项是整个光学厚度中,介质中每个点在射线方向上的辐射亮度,在通过此点后面介质对它的衰减到达 δ_λ 时剩下的辐射亮度。

将式(4-53)再次变形,可得

$$L_\lambda(\delta_\lambda) = L_\lambda(0)\exp(-\delta_\lambda) + \int_0^{\delta_\lambda} L_{b\lambda}(\delta'_\lambda)\mathrm{d}\{\exp[-(\delta_\lambda - \delta'_\lambda)]\} \tag{4-54}$$

根据布格尔定律以及光学厚度的定义,燃气透过率的计算式为

$$\tau_\lambda(\delta_\lambda) = \exp(-\delta_\lambda) \tag{4-55}$$

将式(4-55)代入式(4-54)中,可得

$$L_\lambda(\delta_\lambda) = L_\lambda(0)\tau_\lambda(\delta_\lambda) + \int_0^{\delta_\lambda} L_{b\lambda}(\delta'_\lambda)\mathrm{d}\tau_\lambda(\delta_\lambda - \delta'_\lambda) \tag{4-56}$$

2. 辐射传输方程离散

离散公式(4-56),可得

$$L_\lambda(\delta_\lambda) = L_\lambda(0)\tau_\lambda(\delta_\lambda) + \sum_{i=1}^{n} L_{b\lambda}(\delta'_\lambda)\left[\tau_\lambda(\delta_\lambda - \delta'_\lambda - \xi\delta'_\lambda) - \tau_\lambda(\delta_\lambda - \delta'_\lambda)\right] \tag{4-57}$$

将式(4-57)写为空间坐标的形式,即

$$L_\lambda(s) = L_\lambda(0)\tau_\lambda(s) + \sum_{i=1}^{n} L_{b\lambda}(s')\left[\tau_\lambda(s' + \xi s, s) - \tau_\lambda(s', s)\right] \tag{4-58}$$

按照图4-8进行辐射传输路线的离散,根据式(4-58)可以得到

$$L_\lambda(s) = L_\lambda(0)\prod_{i=1}^{n}\tau_\lambda(i) + \sum_{i=1}^{n} L_{b\lambda}(i)\left[1 - \tau(i)\right]\prod_{j=i+1}^{n}\tau(j) \tag{4-59}$$

式中,当辐射线的起点为壁面,$L_\lambda(0)$为对应的壁面的有效辐射亮度;当辐射线的起点为燃气时,$L_\lambda(0) = 0$。

图4-8 辐射亮度传输的离散

4.3.2 固体壁面入射辐射方程离散

1. 角系数定义

设有两个朗伯微元面1和2,面积分别为$\mathrm{d}A_1$和$\mathrm{d}A_2$,中心点距离为l,辐射亮度分别为L_1和L_2,两个面法线与中心点连线之间的夹角分别为θ_1和θ_2,如图4-9所示。

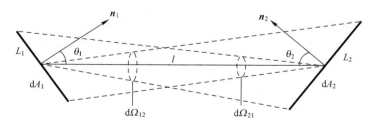

图4-9 两个微元面之间的几何关系

由面元 1 向面元 2 发射的辐射功率为

$$\mathrm{d}P_{1-2} = L_1\cos\theta_1\mathrm{d}A_1\mathrm{d}\Omega_{12} \tag{4-60}$$

面元 2 对面元 1 所张的立体角为

$$\mathrm{d}\Omega_{12} = \frac{\mathrm{d}A_2\cos\theta_2}{l^2} \tag{4-61}$$

将式(4-61)代入式(4-60)可得

$$\mathrm{d}P_{1-2} = L_1\cos\theta_1\mathrm{d}A_1\frac{\mathrm{d}A_2\cos\theta_2}{l^2} = \frac{E_1}{\pi}\frac{\mathrm{d}A_1\cos\theta_1\mathrm{d}A_2\cos\theta_2}{l^2} \tag{4-62}$$

式中:E_1 为面元 1 的辐出度。

同理,可以得到面元 2 向面元 1 发射的辐射功率为

$$\mathrm{d}P_{2-1} = L_2\cos\theta_2\mathrm{d}A_2\frac{\mathrm{d}A_1\cos\theta_1}{l^2} = \frac{E_2}{\pi}\frac{\mathrm{d}A_2\cos\theta_2\mathrm{d}A_1\cos\theta_1}{l^2} \tag{4-63}$$

为了简化计算,引入角系数的概念。根据式(4-62)和式(4-63),可得

$$F_{1-2} = \frac{\mathrm{d}P_{1-2}}{E_1\mathrm{d}A_1} = \frac{\cos\theta_1\cos\theta_2}{\pi l^2}\mathrm{d}A_2 \tag{4-64}$$

$$F_{2-1} = \frac{\mathrm{d}P_{2-1}}{E_2\mathrm{d}A_2} = \frac{\cos\theta_1\cos\theta_2}{\pi l^2}\mathrm{d}A_1 \tag{4-65}$$

式中:F_{1-2} 为微元面 1 对微元面 2 的角系数;F_{2-1} 为微元面 2 对微元面 1 的角系数。

角系数的物理意义为从一个微元面发出,被另一个微元面吸收的辐射功率与微元面发射的总辐射功率的比值。

2. 辐射照度计算公式推导

设两个朗伯微元面,小面源辐射亮度为 L_1,小面源的面积为 ΔA_1,被照面的面积为 ΔA_2,两个面元的距离为 l,θ_1 和 θ_2 分别为两个面元与连线的夹角,如图 4-10 所示。

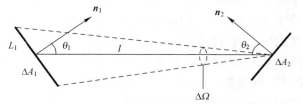

图 4-10 辐射照度推导示意图

由几何关系可以得到小面源投射到被照面的功率为

$$\mathrm{d}P = I\Delta\Omega = I\Delta A_2\frac{\cos\theta_2}{l^2} \tag{4-66}$$

所以,小面源在被照面产生的辐射照度为

$$H = \frac{\mathrm{d}P}{\mathrm{d}A_2} = I\frac{\cos\theta_2}{l^2} \tag{4-67}$$

小面源在 θ_1 方向上的辐射强度 I 为

$$I = L\Delta A_1\cos\theta_1 \tag{4-68}$$

将式(4-68)代入式(4-67)中,可得

$$H = L \frac{\cos\theta_1 \cos\theta_2 \Delta A_1}{l^2} \qquad (4-69)$$

由于小面源对被照面所张的立体角 $\Delta\Omega = \cos\theta_1 \Delta A_1 / l^2$，则

$$H = L\Delta\Omega\cos\theta_2 \qquad (4-70)$$

即小面源在被照面上产生的辐射照度等于小面源的辐射亮度与小面源对被照面所张的立体角以及被照面与连线夹角的余弦三者的乘积。

3. 喷管壁面入射照度方程离散

喷管壁面微元面不仅受到其他微元面辐射的影响，而且还受燃气流的影响，要获得壁面有效辐射亮度，必须计算排气系统（包括喷管壁面和喷管内的燃气流）对喷管壁面的微元面的入射辐射照度。如图 4-11 所示，假设把喷管壁面划分为 M 个微元面，燃气喷流划分为 N 个微元面，则对于微元面 i，假设其他微元面对于 i 都是可见的，则微元面 i 对排气系统所张的 2π 的立体角被划分为 $M-1+N$ 份。

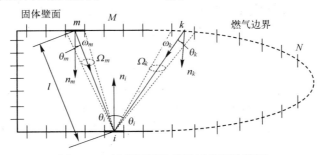

图 4-11　计算区域边界的网格划分简图

根据图 4-11 以及式(4-70)可以得到微元面 i 的入射照度 $H_{\lambda,i}$ 为

$$H_{\lambda,i} = \sum_{m=1}^{M+N-1} L(i,\omega_m)\cos\theta_i \Delta\Omega_m \qquad (4-71)$$

微元面 m 代表除了微元面 i 之外的喷管壁面微元面和燃气喷流微元面。式中，ω_m 为第 m 个微元面立体角的中心线方向；$L(i,\omega_m)$ 为从微元面 m 在 ω_m 方向上入射到微元面 i 的中心点的光谱辐射亮度；θ_m 为微元面 m 的法向量与微元面 m 和微元面 i 中心点连线之间的夹角；$\Delta\Omega_m$ 为微元面 m 对微元面 i 所张的立体角。

根据式(4-71)可得面元 i 对面元 m 的角系数为

$$F_{i-m} = \frac{\cos\theta_i \cos\theta_m}{\pi l^2} A_m \qquad (4-72)$$

立体角 $\Delta\Omega_m$ 为

$$\Delta\Omega_m = \frac{\cos\theta_m A_m}{l^2} \qquad (4-73)$$

联立式(4-72)和式(4-73)可得

$$\pi F_{i-m} = \cos\theta_i \Delta\Omega_m \qquad (4-74)$$

将式(4-74)代入式(4-71)可以得到

$$H_{\lambda,i} = \sum_{m=1}^{M+N-1} L(i,\omega_m)\pi F_{i-m} \qquad (4-75)$$

将式(4-75)按照辐射线进一步离散可得

118

$$H_{\lambda,i} = \sum_{m=1}^{M+N-1} \pi F_{i-m} \Big[L_{\lambda,m}(0) \prod_{j=1}^{n} \tau_{\lambda}(j) + \sum_{j=1}^{n} L_{b\lambda}(j) \big[1 - \tau(j) \big] \prod_{k=j+1}^{n} \tau(k) \Big] \qquad (4\text{-}76)$$

式中,当微元面 m 为喷管壁面微元时,$L_{\lambda,m}(0)$ 为微元面的有效辐射亮度;当微元面为燃气喷流微元时,$L_{\lambda,m}(0)=0$。

在本书中,所有的固体壁面都视为不透明灰体,其有效辐射亮度由两部分组成:壁面微元自身的辐射亮度;壁面微元对其他壁面微元和燃气微元入射辐射的反射形成的辐射亮度。由此可得,壁面辐射的边界条件为

$$L_{\lambda,i} = \varepsilon_i L_{\lambda b}(T_i) + \frac{1-\varepsilon}{\pi} H_{\lambda,i} \qquad (4\text{-}77)$$

式中,第一项为自身的辐射亮度,第二项为壁面对入射辐射的反射形成的辐射亮度。

将式(4-77)代入式(4-76),可得喷管固体壁面微元面 i 辐射方程的离散形式,即

$$\begin{aligned}
L_{\lambda,i} = {} & \varepsilon_i L_{\lambda b}(T_i) + \frac{1-\varepsilon}{\pi} \sum_{m=1}^{M+N-1} \pi F_{i-m} \Big[L_{\lambda,m}(0) \prod_{j=1}^{n} \tau_{\lambda}(j) \\
& + \sum_{j=1}^{n} L_{b\lambda}(j) \big[1 - \tau(j) \big] \prod_{k=j+1}^{n} \tau(k) \Big]
\end{aligned} \qquad (4\text{-}78)$$

由式(4-78)可以看出,固体壁面辐射方程的离散形式是隐式格式,不仅喷管壁面各个微元面的光谱辐射亮度相互影响,喷管壁面微元面的光谱辐射亮度还受到燃气流辐射的影响,故要获得喷管壁面微元面的有效光谱辐射亮度,需要联立所有壁面辐射亮度计算式,并求解大型线性方程组。

4.3.3 探测点入射辐射方程离散

1. 探测点位置确定

图 4-12 给出了探测点相对于排气系统的位置,图中 α 和 β 分别为天顶角和方位角。探测点距离喷管出口中心点距离为 L,在已知喷管出口中心点坐标(x_0,y_0,z_0)的情况下,可以得到探测点的坐标。但是,由于红外计算网格是由网格生成软件 ICEM 给出,喷管的出口中心点的位置不一定在原点,喷管的朝向也不一定是 X 轴,所以在生成探测点位置时,需要进行位置修正。

2. 探测点入射照度计算

探测点对于排气系统所张的立体角取决于相对于探测点可见的固体壁面微元面个数和燃气流微元面个数,如图 4-13 所示。

假设相对于探测点可见的微元面个数为 M 个,则探测点的入射辐射照度表达式为

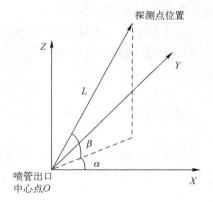

图 4-12 探测点位置

$$H_{\lambda} = \sum_{m=1}^{M} L(i,\omega_m) \cos\theta_m \Delta\Omega_m \qquad (4\text{-}79)$$

式中:ω_m 为第 m 个微元面立体角的中心线方向;$L(i,\omega_m)$ 为从微元面 m 在 ω_m 方向上入射到探测点的中心点的光谱辐射亮度;θ_m 为微元面 m 的法向量与微元面 m 和探测点 i 连

线之间的夹角;$\Delta\Omega_m$ 为微元面 m 对探测点 i 所张的立体角。

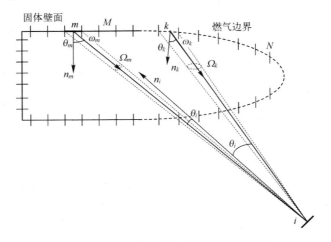

图 4-13　探测点入射辐射强度计算简图

假设对探测点可见的喷管微元面个数为 l 个,燃气喷流微元面个数为 k 个,按照图 4-13 进行离散,并结合式(4-79)可得 H_λ 的进一步离散形式为

$$
\begin{aligned}
H_\lambda =& \sum_{m=1}^{l} \cos\theta_m \Delta\Omega_m \tau_{\text{atm}} \Big[L_{\lambda,m}(0) \prod_{i=1}^{n} \tau_\lambda(i) + \sum_{i=1}^{n} L_{\text{b}\lambda}(i)[1-\tau(i)] \prod_{j=i+1}^{n} \tau(j) \Big] \\
&+ \sum_{m=1}^{k} \cos\theta_m \Delta\Omega_m \tau_{\text{atm}} \Big[\sum_{i=1}^{n} L_{\text{b}\lambda}(i)[1-\tau(i)] \prod_{j=i+1}^{n} \tau(j) \Big]
\end{aligned}
\tag{4-80}
$$

式中,右端第一项表示喷管壁面微元面对探测点的辐射照度,$L_{\lambda,m}(0)$ 为微元面 m 发射辐射亮度,包括自身辐射亮度和对入射的反射辐射亮度两部分;右端第二项表示燃气喷流微元面对探测点的辐射照度。

由于探测点距离排气系统的距离远远大于排气系统的尺寸,所以排气系统可以视为一个小面源,探测点处的辐射强度为

$$
I_\lambda = \frac{H_\lambda R^2}{\cos\theta}
\tag{4-81}
$$

排气系统法线与探测点连线的夹角可以视为 0°,所以上式变形为

$$
I_\lambda = H_\lambda R^2
\tag{4-82}
$$

如果考虑到传输过程中大气的衰减作用,τ_{atm} 为衰减系数,则

$$
I_\lambda = \frac{H_\lambda R^2}{\tau_{\text{atm}}}
\tag{4-83}
$$

将式(4-83)代入式(4-80)可得

$$
\begin{aligned}
I_\lambda =& R^2 \sum_{m=1}^{l} \cos\theta_m \Delta\Omega_m \tau_{\text{atm}} \Big[L_{\lambda,m}(0) \prod_{i=1}^{n} \tau_\lambda(i) + \sum_{i=1}^{n} L_{\text{b}\lambda}(i)[1-\tau(i)] \prod_{j=i+1}^{n} \tau(j) \Big] \\
&+ R^2 \sum_{m=1}^{k} \cos\theta_m \Delta\Omega_m \tau_{\text{atm}} \Big[\sum_{i=1}^{n} L_{\text{b}\lambda}(i)[1-\tau(i)] \prod_{j=i+1}^{n} \tau(j) \Big]
\end{aligned}
\tag{4-84}
$$

120

4.3.4 介质辐射特性计算

辐射线上第 i 个微元段的光谱吸收系数是由温度、压力和组分浓度等参数确定的。参与性介质二氧化碳、水蒸气和一氧化碳在标准状态下的光谱吸收系数取自 Ludwig 提供的数据库。标准状态的定义为

$$T_0 P_0 = 273 \times 101325 \, (\text{K} \cdot \text{Pa}) \tag{4-85}$$

假设第 i 段气体的压力为 P，温度为 T，CO_2 的摩尔浓度为 C_{CO_2}，H_2O 的摩尔浓度为 C_{H_2O}，CO 的摩尔浓度为 C_{CO}，气体的光谱吸收带互不干涉，则该段气体的光谱吸收系数 α_λ 为

$$
\begin{aligned}
\alpha_\lambda &= C_{CO_2} \alpha_{\lambda, CO_2} + C_{H_2O} \alpha_{\lambda, H_2O} + C_{CO} \alpha_{\lambda, CO} \\
&= C_{CO_2} \frac{P \cdot 273}{101325 \cdot T} \alpha_{\lambda, CO_2}^{STP}(T) + C_{H_2O} \frac{P \cdot 273}{101325 \cdot T} \alpha_{\lambda, H_2O}^{STP}(T) \\
&\quad + C_{CO} \frac{P \cdot 273}{101325 \cdot T} \alpha_{\lambda, CO}^{STP}(T)
\end{aligned}
\tag{4-86}
$$

式中：α_{λ, CO_2}、α_{λ, H_2O} 和 $\alpha_{\lambda, CO}$ 分别为压力为 P、温度为 T、摩尔浓度为 100% 的 CO_2、H_2O 和 CO 的光谱吸收系数；$\alpha_{\lambda, CO_2}^{STP}(T)$、$\alpha_{\lambda, H_2O}^{STP}(T)$ 和 $\alpha_{\lambda, CO}^{STP}(T)$ 为温度为 T 的 CO_2、H_2O 和 CO 气体在标准状态下的光谱吸收系数。

4.4 S 弯隐身喷管红外辐射特性数值模拟

影响 S 弯隐身喷管构型的几何参数众多，包括中心线变化规律、截面面积变化规律、进出口面积比、宽高比、纵向偏距等，本节主要在遮挡涡轮原则下，研究双 S 弯隐身喷管设计时所涉及的主要几何参数对红外辐射特性的影响规律，包括第一段 S 弯通道出口面积 A_1、出口宽度 W_1（或宽高比 W_1/H_1）、轴向长度 L_1、纵向偏距 ΔY_1、第二段 S 弯通道轴向长度 L_2、出口宽高比 W_e/H_e 等，如图 4-14 所示。其中，所有的喷管进、出口面积均为固定值，面积收缩比为 0.403，出口截面均为"矩形+倒圆角形式"，喷管总长度 L 一定（即长径比一定，$L/D = 2.82$，$L_3/L = 0.156$）。

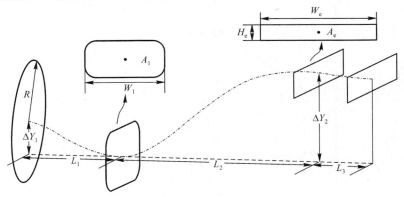

图 4-14　S 弯隐身喷管曲线参数

4.4.1 第一弯出口面积对 S 弯隐身喷管红外辐射强度影响

喷管横截面积决定了喷管的收缩程度，进而影响到喷管内部气流的加速效果。本小

节分别对第一段 S 弯通道出口面积为进口面积的 0.5、0.6、0.7、0.8、0.9 倍这 5 种构型喷管的红外辐射强度进行了数值计算。各喷管的几何参数及几何模型见 2.6.4 节。

图 4-15 至图 4-20 分别是 5 种不同 A_1/A_{in} 的 S 弯隐身喷管在水平和竖直探测面上的总红外辐射强度、壁面红外辐射强度和燃气红外辐射强度的对比以及红外辐射强度相对于轴对称喷管的差值。从图 4-15 可以看出,在水平探测面上,当探测角大于 15°时,$A_1/A_{in}=0.8$ 和 $A_1/A_{in}=0.9$ 的总红外辐射强度要稍高于其他模型,这主要是由于壁面辐射强度不同造成的,如图 4-18 所示,探测角大于 15°时,$A_1/A_{in}=0.8$ 和 $A_1/A_{in}=0.9$ 的壁面红外辐射强度要高于其他模型,最大差值在 15% 左右。从图 4-16 可以看出,在竖直探测面上,各总红外辐射强度线相互交错,无明显变化规律。竖直探测面上总红外辐射的差异也是因为壁面辐射不同造成的,如图 4-18 所示。图 4-19 和图 4-20 显示,对于 5 种不同 A_1/A_{in} 的 S 弯隐身喷管,水平和竖直探测面上燃气辐射强度基本相同。

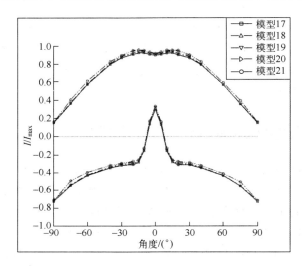

图 4-15　不同 A_1/A_{in} 的 S 弯隐身喷管水平探测面总红外辐射强度对比

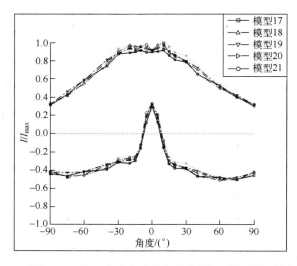

图 4-16　不同 A_1/A_{in} 的 S 弯隐身喷管竖直探测面总红外辐射强度对比

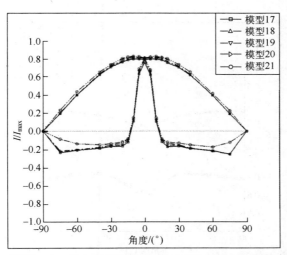

图 4-17　不同 A_1/A_{in} 的 S 弯隐身喷管水平探测面壁面红外辐射强度对比

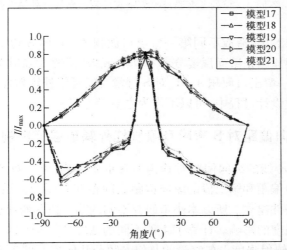

图 4-18　不同 A_1/A_{in} 的 S 弯隐身喷管竖直探测面壁面红外辐射强度对比

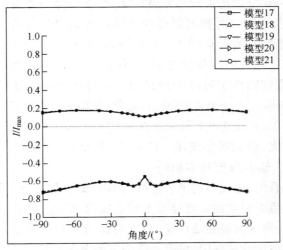

图 4-19　不同 A_1/A_{in} 的 S 弯隐身喷管水平探测面燃气红外辐射强度对比

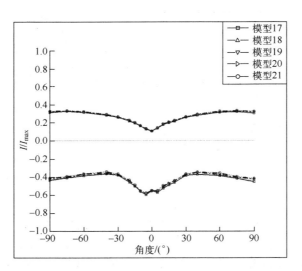

图4-20　不同 A_1/A_{in} 的 S 弯隐身喷管竖直探测面燃气红外辐射强度对比

从以上结果可以看出,造成不同第一弯出口面积 A_1/A_{in} 的 S 弯隐身喷管红外辐射强度的微小差别的主要原因是壁面温度分布不同造成的,而燃气辐射基本相同。考虑到计算误差,可以认为第一弯出口面积 A_1/A_{in} 对 S 弯隐身喷管红外辐射强度影响很小,在 S 弯隐身喷管低红外辐射设计过程中,可以不作为主要考虑目标。

4.4.2　第一弯纵向偏距对 S 弯隐身喷管红外辐射强度影响

S 弯隐身喷管中心线的纵向偏距对其构型有重要影响,由于双 S 弯隐身喷管的第一段 S 弯中心线的纵向偏距和第二段的纵向偏距之间存在着耦合关系,其耦合关系根据完全遮挡涡轮的约束条件建立。所以本小节研究不同的第一段 S 弯通道纵向偏距对双 S 弯隐身喷管红外辐射强度的影响。计算了 4 种不同的 $\Delta Y_1/L_1$ (=0.14、0.28、0.42、0.56) 双 S 弯隐身喷管的红外辐射强度。各喷管的几何参数及几何模型见 2.6.6 节。

图4-21 至图4-26 分别是 4 种不同 $\Delta Y_1/L_1$ 的 S 弯隐身喷管在水平和竖直探测面上的总红外辐射强度、壁面红外辐射强度和燃气红外辐射强度的对比以及红外辐射强度相对于轴对称喷管的差值。从图4-21 可以看出,在水平探测面 ±35° 探测角范围内, $\Delta Y_1/L_1$ =0.56 的总红外辐射强度稍高于其他模型,而在 ±35° 探测角外, $\Delta Y_1/L_1$ =0.14 的总红外辐射强度则高于另外 3 种模型。这与水平探测面壁面红外辐射强度分布一致,如图4-23 所示。对于竖直探测面,总红外辐射强度也基本与壁面红外辐射强度变化一致,如图4-22 和图4-24 所示。在 -10°~-75°和 10°~75°探测角范围内,4 种模型差异相对较大,但无明显规律。图4-25 和图4-26 显示,不管是在水平探测面还是竖直探测面,燃气辐射强度基本相同。

从以上结果可以看出,造成不同第一弯纵向偏距 $\Delta Y_1/L_1$ 的 S 弯隐身喷管红外辐射强度的微小差别的主要原因是壁面温度分布不同造成的,而燃气辐射基本相同。考虑到计算误差,可以认为第一弯纵向偏距 $\Delta Y_1/L_1$ 对 S 弯隐身喷管红外辐射强度影响较小,在 S 弯隐身喷管低红外辐射设计过程中,可以不作为主要考虑目标。

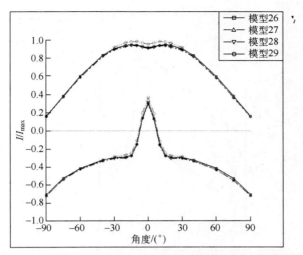

图 4-21　不同 $\Delta Y_1/L_1$ 的 S 弯隐身喷管水平探测面总红外辐射强度对比

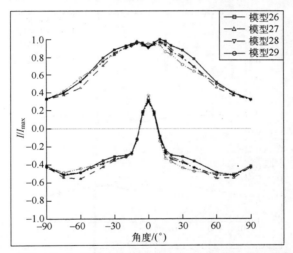

图 4-22　不同 $\Delta Y_1/L_1$ 的 S 弯隐身喷管竖直探测面总红外辐射强度对比

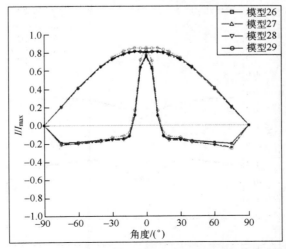

图 4-23　不同 $\Delta Y_1/L_1$ 的 S 弯隐身喷管水平探测面壁面红外辐射强度对比

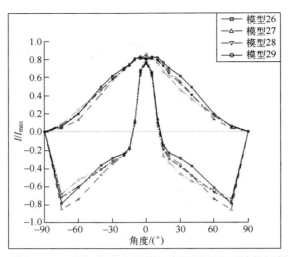

图4-24　不同$\Delta Y_1/L_1$的S弯隐身喷管竖直探测面壁面红外辐射强度对比

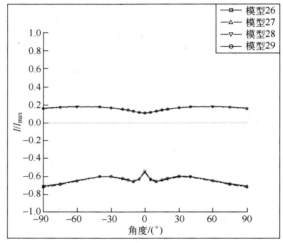

图4-25　不同$\Delta Y_1/L_1$的S弯隐身喷管水平探测面燃气红外辐射强度对比

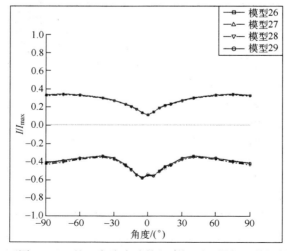

图4-26　不同$\Delta Y_1/L_1$的S弯隐身喷管竖直探测面燃气红外辐射强度对比

4.4.3 S弯曲线轴向长度对S弯隐身喷管红外辐射强度影响

对于双S弯隐身喷管,在喷管总长度确定的情况下,两段S弯曲线轴向长度的取值不同会造成S弯隐身喷管构型的差异,进而导致相应的喷管流场特性差别较大。本小节计算对比了第一段S弯曲线轴向长度与第二段S弯曲线轴向长度之比 L_1/L_2 分别为3:2、1:1、2:3和1:2的4种构型喷管的红外辐射强度。各喷管几何参数及几何模型见2.6.3节。

图4-27至图4-32分别是4种不同 L_1/L_2 的S弯隐身喷管在水平和竖直探测面上的总红外辐射强度、壁面红外辐射强度和燃气红外辐射强度的对比以及红外辐射强度相对于轴对称喷管的差值。从图4-27可以看出水平探测面上,各模型总红外辐射强度基本相同。此外,在水平探测面上,壁面红外辐射强度和燃气红外辐射强度也基本相同,如图4-29和图4-31所示。对于竖直探测面,总红外辐射强度在部分探测角度有差异,但无明显变化规律,如图4-28所示。竖直探测面上总红外辐射强度的差异也是由竖直探测面上壁面红外辐射强度不同造成的,如图4-30所示。对于竖直探测面上的燃气红外辐射强度,各模型的结果也基本相同,如图4-32所示。

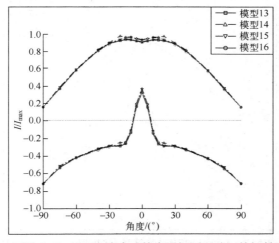

图4-27 不同 L_1/L_2 的S弯隐身喷管水平探测面总红外辐射强度对比

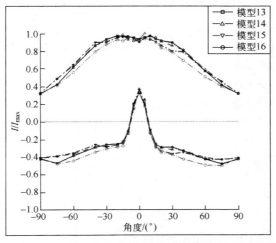

图4-28 不同 L_1/L_2 的S弯隐身喷管竖直探测面总红外辐射强度对比

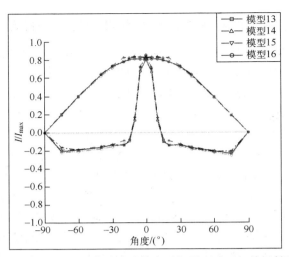

图 4-29　不同 L_1/L_2 的 S 弯隐身喷管水平探测面壁面红外辐射强度对比

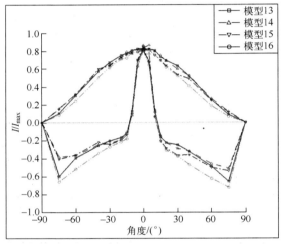

图 4-30　不同 L_1/L_2 的 S 弯隐身喷管竖直探测面壁面红外辐射强度对比

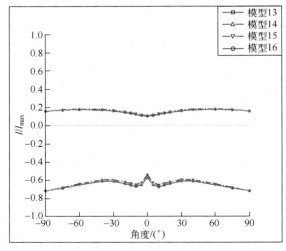

图 4-31　不同 L_1/L_2 的 S 弯隐身喷管水平探测面燃气红外辐射强度对比

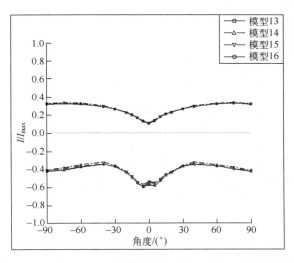

图 4-32 不同 L_1/L_2 的 S 弯隐身喷管竖直探测面燃气红外辐射强度对比

从以上结果可以看出,对于不同 S 弯曲线轴向长度 L_1/L_2 的 S 弯隐身喷管,各模型的燃气红外辐射强度基本相同,壁面温度分布的差异是造成总红外辐射强度不同的主要原因。考虑到计算误差,可以认为 S 弯曲线轴向长度 L_1/L_2 对 S 弯隐身喷管红外辐射强度影响较小,在 S 弯隐身喷管低红外辐射设计过程中,可以不作为主要考虑目标。

4.4.4 第一弯 S 弯通道出口宽度对 S 弯隐身喷管红外辐射强度影响

双 S 弯隐身喷管第一段 S 弯通道出口宽度的不同会导致第二段 S 弯通道纵向偏距的不同,从而造成喷管构型的差异。为了研究第一段 S 弯通道出口宽度对 S 弯隐身喷管红外辐射强度的影响,本小节计算了 4 种不同 W_1/D($=0.7$、1.0、1.3、1.6)的双 S 弯隐身喷管的红外辐射强度。各喷管的几何参数及几何模型见 2.6.5 节。

图 4-33 至图 4-38 分别是 4 种不同 W_1/D 的 S 弯隐身喷管在水平和竖直探测面上的总红外辐射强度、壁面红外辐射强度和燃气红外辐射强度的对比以及红外辐射强度相对于轴对称喷管的差值。从图 4-33 可以看出,在部分探测角度上 $W_1/D=0.7$ 的总红外辐射强度要稍微高于其他模型,这是由于壁面辐射强度不同造成的,如图 4-35 所示。水平探测面上,各模型燃气红外辐射强度基本相同,如图 4-29 所示。在竖直探测面上,各模型的总红外辐射强度在部分探测角度有差异,但无明显规律,如图 4-34 所示。竖直探测面上燃气红外辐射强度基本相同,如图 4-38 所示,而壁面红外辐射强度有差异,但变化不大,如图 4-36 所示,这也是造成竖直面上总红外辐射强度不同的主要原因。

从以上结果可以看出,对于不同第一弯 S 弯通道出口宽度 W_1/D 的 S 弯隐身喷管,水平探测面和竖直探测面上壁面红外辐射强度的差异是造成总红外辐射强度不同的主要原因。不同 W_1/D 的 S 弯隐身喷管的燃气红外辐射强度基本相同。考虑到计算误差,可以认为第一弯 S 弯通道出口宽度 W_1/D 对 S 弯隐身喷管红外辐射强度影响很小,在 S 弯隐身喷管低红外辐射设计过程中,可以不作为主要考虑目标。

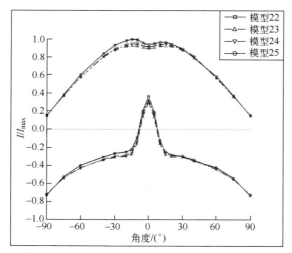

图4-33 不同 W_1/D 的 S 弯隐身喷管水平探测面总红外辐射强度对比

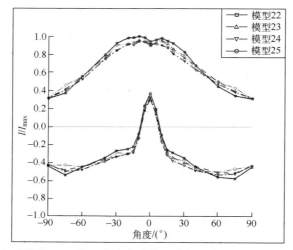

图4-34 不同 W_1/D 的 S 弯隐身喷管竖直探测面总红外辐射强度对比

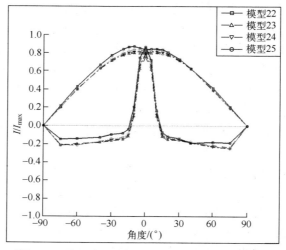

图4-35 不同 W_1/D 的 S 弯隐身喷管水平探测面壁面红外辐射强度对比

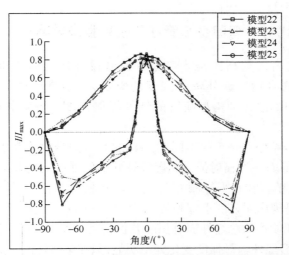

图4-36　不同 W_1/D 的 S 弯隐身喷管竖直探测面壁面红外辐射强度对比

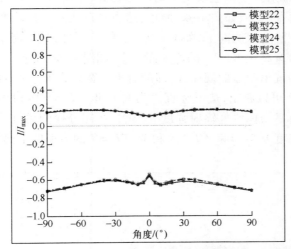

图4-37　不同 W_1/D 的 S 弯隐身喷管水平探测面燃气红外辐射强度对比

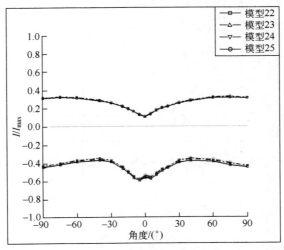

图4-38　不同 W_1/D 的 S 弯隐身喷管竖直探测面燃气红外辐射强度对比

4.4.5 出口宽高比对 S 弯隐身喷管红外辐射强度影响

S 弯隐身喷管的出口宽高比是 S 弯隐身喷管设计过程中的重要参数,为了研究出口宽高比对 S 弯隐身喷管红外辐射强度的影响,本小节计算了出口宽高比 W_e/H_e 分别为 3、5、7、9 和 11 这 5 种构型喷管的红外辐射强度。各喷管的几何参数及几何模型见 2.6.7 节。

图 4-39 至图 4-44 分别是 5 种不同 W_e/H_e 的 S 弯隐身喷管在水平和竖直探测面上的总红外辐射强度、壁面红外辐射强度和燃气红外辐射强度的对比以及红外辐射强度相对于轴对称喷管的差值。在水平探测面上,S 弯隐身喷管的总红外辐射强度随着出口宽高比 W_e/H_e 的增加呈现出明显的下降趋势,如图 4-39 所示,在 ±90° 探测角处,$W_e/H_e = 3$ 和 $W_e/H_e = 11$ 的两种喷管的总红外辐射强度差值达到 20% 左右。图 4-41 显示,水平探测面上,各模型的壁面红外辐射强度变化并不明显,只在某些探测角处稍有差异。在水平探测面上,燃气红外辐射强度则呈现明显的变化趋势,即随着出口宽高比 W_e/H_e 的增加,燃气红外辐射强度逐渐减小,如图 4-43 所示,这也是造成水平探测面上总红外辐射强度变化的主要原因。在竖直探测面上,除 $W_e/H_e = 9$ 的模型外,其他模型的总红外辐射强度大体上也是随着出口宽高比 W_e/H_e 的增加而减小,如图 4-40 所示。在竖直探测面上,燃气红外辐射强度也表现出明显的规律性,即随着出口宽高比 W_e/H_e 的增加而减小,如图 4-44 所示。从图 4-42 可以看出,造成竖直探测面上 $W_e/H_e = 9$ 的模型总红外辐射强度偏离总趋势的原因主要是壁面红外辐射强度的影响,在部分探测角度范围内,$W_e/H_e = 9$ 的模型壁面红外辐射强度要高于 $W_e/H_e = 5$ 和 $W_e/H_e = 7$ 的模型的壁面红外辐射强度。

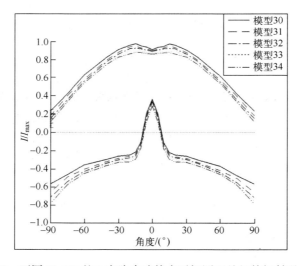

图 4-39 不同 W_e/H_e 的 S 弯隐身喷管水平探测面总红外辐射强度对比

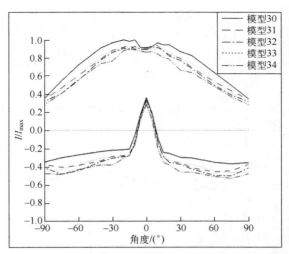

图 4-40 不同 W_e/H_e 的 S 弯隐身喷管竖直探测面总红外辐射强度对比

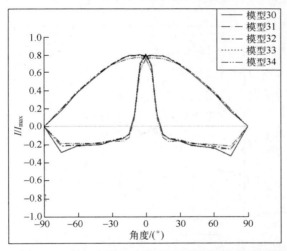

图 4-41 不同 W_e/H_e 的 S 弯隐身喷管水平探测面壁面红外辐射强度对比

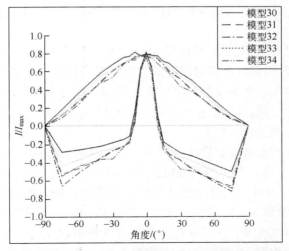

图 4-42 不同 W_e/H_e 的 S 弯隐身喷管竖直探测面壁面红外辐射强度对比

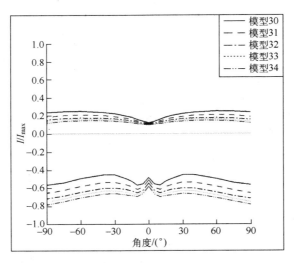

图 4-43 不同 W_e/H_e 的 S 弯隐身喷管水平探测面燃气红外辐射强度对比

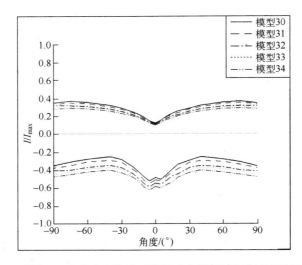

图 4-44 不同 W_e/H_e 的 S 弯隐身喷管竖直探测面燃气红外辐射强度对比

从以上结果可以看出,对于不同出口宽高比 W_e/H_e 的 S 弯隐身喷管,红外辐射强度呈现出明显的变化规律,即红外辐射强度随着出口宽高比 W_e/H_e 的增加而减小。壁面红外辐射强度不完全遵循这个规律的原因可能是壁面温度分布不均和计算误差引起的,但这并不影响总的变化规律。因此,在 S 弯隐身喷管低红外辐射设计过程中,需要考虑到不同出口宽高比 W_e/H_e 的影响。

本节研究了双 S 弯隐身喷管设计过程中的主要几何参数第一弯出口面积 A_1/A_{in}、第一弯纵向偏距 $\Delta Y_1/L_1$、S 弯隐身曲线轴向长度 L_1/L_2、第一弯 S 弯通道出口宽度 W_1/D 以及出口宽高比 W_e/H_e 对 S 弯隐身喷管红外辐射强度的影响。通过对数值计算结果的分析可知,第一弯出口面积 A_1/A_{in}、第一弯纵向偏距 $\Delta Y_1/L_1$、S 弯曲线轴向长度 L_1/L_2 以及第一弯 S 弯通道出口宽度 W_1/D 对 S 弯隐身喷管红外辐射强度无明显规律性的影响,燃气红外辐射强度大致相等,无明显差异,只有壁面红外辐射强度在部分探测角范围内存在差异。这些几何参数在 S 弯隐身喷管低红外辐射设计过程中可不作为主要考虑因素。出口宽高比 W_e/H_e 对 S 弯隐身喷管的红外辐射强度有明显规律性的影响,随着出口宽高比 W_e/H_e 的增加,S 弯隐身喷管的红外辐射强度表现出逐渐降低的趋势。因此,出口宽高比 W_e/H_e 在 S 弯隐身喷管低红外辐射设计过程中应作为主要考虑的因素。

4.5　S 弯隐身喷管红外辐射特性测试

随着红外探测器技术的发展,红外搜索跟踪系统(IRST)可以根据红外测量结果被动估算目标的运动参数。目前已经具备了(3~5μm)和(8~14μm)波段上的热成像能力,且受环境因素影响小,作用距离也有了很大提高。美国装备在 F14D 与 F16D 上的 AN/ASS – 42 型 IRST 在晴朗天气下,迎头探测距离为 185km,装备在 F14A 上的 AN/AVG – 9 型 IRST 的高空迎头与尾后探测距离分别达到 190km 与 330km。

尾喷管的红外辐射波长主要集中在 3~5μm 的中波波段,处于红外探测系统的主要工作范围内。辐射主要来源于发动机高温部件、喷管壁面、尾喷流等。由于高温部件以及异形喷管的内部结构复杂,且其红外辐射受喷流气体温度、成分、密度、形状等参数影响,导致数值仿真结果误差较大,采用红外试验测试进行红外辐射特性评估相对较好。

4.5.1　红外辐射特性测试方法

目标红外辐射特性的测试从方法上划分主要包括空空动态、地空动态和地面静态测试等,可以获得目标的被探测距离、红外辐射强度、热图像和温度场等信息,测试设备主要包括红外搜索跟踪系统、光谱辐射计、热像仪、标定黑体和目标跟踪系统等多种设备。

1. 空空动态测试

空空动态红外辐射特征测试是指装载红外测试设备(图 4–45)的飞行器对空中飞行目标进行红外辐射光谱、红外辐射强度、热成像和红外探测距离等数据测试。空空动态红外隐身测试能够准确反映飞行器发动机状态、飞行速度、飞行高度变化对飞行器红外辐射特性的影响,可实现对飞行器全包线、全方位测试。

图 4–45　空空动态红外测试设备

空空动态红外测试系统主要有 3 种:固定式空空动态红外测试系统,利用现有作战飞机的机载 IRST 测试目标的红外辐射特征;吊舱式空空动态红外测试系统,现有作战飞机挂载专用红外测试设备吊舱,吊舱加载热像仪、光谱辐射计、IRST 等;装载式空空动态红外测试系统,利用大型运输机或客机装载热像仪、光谱辐射计、IRST 等设备。

空空动态红外测试中,目标被探测距离通过 IRST 测试,红外辐射特征测试采用光谱辐射计和热像仪单独或组合使用,红外热图像测试主要采用热像仪。测试标定可以选择地面标定或空中准实时标定方式。

空空动态红外测试步骤主要分为以下 4 步。

（1）根据被测飞行器的测试内容,确定满足要求的测试飞行器和测试系统。

（2）确定测试飞行器与被测飞行器随时间变化的飞行速度、轨迹、姿态和相对位置关系,制定测试方案。

（3）选择晴朗无云的白天开展测试,重复标定—测试—标定的过程。

（4）处理测试数据,对天气、温度、高度等因素对测试结果的影响进行修正。

2. 地空动态测试

地空动态红外测试是指采用地面红外测试设备对空中飞行的目标飞行器进行探测距离、红外辐射强度、热图像、温度场等红外特征测试。地空动态红外测试能准确反映发动机状态、飞行速度、飞行高度变化对目标飞行器红外辐射特征的影响。由于飞行高度、速度以及测试距离的限制,不能实现目标飞行器全状态、全包线、全方位测试。

地空动态红外测试主要采用地面自动跟踪测量系统,其主要参数包括稳定跟踪角速度、测试方位仰角和目标探测距离等。

地空动态红外测试步骤主要分为以下 4 步。

（1）根据目标飞行器的测试内容,确定满足要求的测试系统。

（2）确定目标随时间变化的飞行速度、轨迹、姿态和方位,制定测试方案。

（3）选择晴朗无云的白天开展测试,重复标定—测试—标定的过程。

（4）处理测试数据,对天气、温度、高度等因素对测试结果的影响进行修正。

目标飞行器朝向站飞行时测试前半球红外辐射特征,背向站飞行时测试后半球红外辐射特征。由于地空动态红外测试中的环境大气对测试结果影响较大,因此测试误差略大于空空动态红外测试。

3. 地面静态测试

地面静态红外测试是指采用地面红外测试设备对地面静置目标飞行器进行探测距离、红外辐射强度、热图像、温度场等红外特征测试。地面静态红外测试可以基本模拟发动机状态变化,但不能模拟飞行速度和飞行高度对目标飞行器红外辐射特征的影响,同时它还可以实现目标飞行器的全方位测试。

地面静态红外测试一般在室外开阔地带进行,采用光谱辐射计和热像仪和手动对准方式进行测试。测试前需要确定以下五个方面的内容:

（1）测试目标。现有飞行器、真实发动机、发动机模拟试验系统等都可以作为对比测试目标。

（2）测试设备。根据试验目的进行选择,可选测试设备包括光谱辐射计、热像仪或标定黑体等。

（3）测试方位。测试方位一般选择后方水平方位 90°扇面,通过移动测试设备,完成不同方位目标特征测试。

（4）测试半径。测试半径一般根据测试安全要求确定,发动机推力是确定测试安全距离的主要因素。

（5）测试通信。旗语是测试人员互相沟通的有效方法,根据测试内容,应确定完整旗语的内容和含义,保证试验正常进行。

4.5.2　S弯隐身喷管红外辐射特性测试设备

在红外隐身试验中所使用的测试设备主要包括光谱辐射计、热像仪、标定黑体和目标跟踪测试系统等多种设备。

1）光谱辐射计

光谱辐射计是将视线范围内所有目标的入射能量通过光电转换成电信号,在各个光谱节点输出辐射能量分布;光谱辐射强度是描述点目标辐射源特性的物理量。一般地,探测距离比目标的最大尺寸大30倍就可把它视为一个点目标。采用光谱辐射计测试红外辐射强度过程中的3项主要误差来源是工作状态、大气透射率和背景辐射的变化。

2）热像仪

热像仪是通过内部探测器扫描,将入射能量按照像素的形式显示在屏幕上,现有热像仪主要是为测量温度而设计的,它们显示在像素上的信息是由辐射能量转换成的温度。热像仪探测的辐射亮度包括被大气衰减的目标辐射亮度、目标反射并经大气衰减的周围环境辐射亮度以及沿途大气的辐射亮度。物体表面发射率、物体表面温度、环境温度、大气温度等因素都会影响测试结果精度;如果采用热像仪测量红外辐射强度,还需要把温度转化为辐射亮度,并结合目标的实际投影面积等因素进行转换,须增加数据转换步骤,并在测试结果的数据处理模型上增加误差源。

3）标定黑体

红外测量响应曲线漂移对测量结果的影响,必须利用标准热辐射黑体进行标定来排除。理想的光谱仪是线性响应仪器,即测量得到的光谱辐射亮度正比于落到探测器上辐射线的光谱辐射亮度,落到探测器上光谱辐射功率由景物的辐射和仪器内部的辐射两部分组成。为了消除大气吸收的影响,在标定时应将黑体与探测器尽可能靠近,黑体应充满探测器前方的视场。

目标红外特征测试中标定黑体主要有三类:

（1）测试设备内置标定黑体,其特点是使用简便,基本实现了实时标定。

（2）实验室标定黑体,其特点是使用范围广,标定精度高。

（3）特殊标定黑体,在目标飞行器空空动态红外特征测试中,该类近似标定黑体参考源,基本实现准实时标定。

4）目标跟踪测试系统

目标红外辐射特性测试有两种跟踪方法:

（1）手动跟踪,测试人员根据目视和辅助设备确定目标方位,操纵测试仪器测试目标红外辐射特征。在目标与测试系统相对方位、距离变化不大的情况下,均可采用该方法进行测试。

（2）自动跟踪,测试人员利用自动跟踪系统,进行目标自动跟踪和红外辐射特征测试。在目标与测试系统相对方位、距离变化较大的情况下,均可采用该方法进行测试。

4.5.3 S弯隐身喷管红外测试方案

1）试验目的

对排气系统采取地面红外试验,得到S弯隐身喷管、矩形喷管红外辐射特征,与常规轴对称喷管比较,得到S弯隐身喷管红外辐射的基本特性。

2）模拟试验台

试验中采用的是涡扇发动机排气系统模拟试验台。该试验台由发动机排气模拟子系统、主流子系统、外涵子系统等组成,可对涡扇发动机排气系统的结构和喷流流场进行模拟,如图4-46所示。其中内涵子系统由控制台、孔板流量计、内涵风机、内涵道和燃烧室等部件组成,外涵子系统由孔板流量计、外涵风机、软管和稳压腔等部件组成。

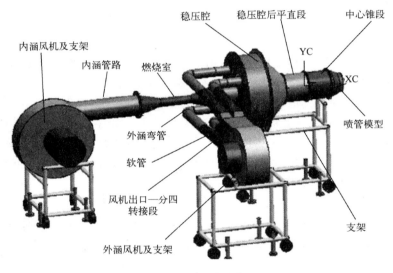

图4-46 试验台

3）试验测试设备

红外辐射特性试验测量参数为喷管腔体与尾喷流的红外辐射强度,采用FTIR光谱仪。FTIR光谱仪核心部件主要包括Michelson干涉仪和探测器。它在工作过程中除了必须选择适当的光阑孔以外,还必须与计算机连接,通过对计算机的操作实现对光谱仪的标定以及控制。

MR104型FTIR光谱仪采用锑化铟（InSb）探测器和碲镉汞（MCT）探测器将Michelson干涉仪输出的光信号转换为电信号。对$3\sim5\mu m$波段的中红外辐射信号的光电转换是通过用锑化铟探测器来完成的,这类探测器具有微秒级的响应时间,探测率可达1010～1011$cm\cdot Hz^{1/2}\cdot W^{-1}$,具有非常高的信噪比。但是锑化铟探测器必须在温度小于100K的情况下才能正常工作,试验过程中必须用液氮对其进行制冷。

通过数据线和数据采集卡连接 FTIR 光谱仪的计算机,安装有一套 BOMEM 公司开发的 AQUIRE 软件,操作该软件可以控制光谱仪采集信号的时刻、采集的光谱范围、采集的次数以及单次采集的扫描次数等,同时该软件可以通过傅里叶变换计算将干涉函数图转换为光线的光谱辐射亮度图,实现对光谱仪的标定以及对景物入射光谱辐射亮度的测量。

4）测量区域及波段选取

根据测量的喷流范围要求(即喷管尾喷流温度降低不小于 80%)确定测量仪器的测量距离为 35m；测量俯仰角选取 0°,方位角选取 0°、5°、10°、20°、30°、45°、60°、75°、90°,如图 4-47 所示。红外测量波段选取 3~5μm 和 8~14μm。

5）测量步骤

使用 FTIR 光谱辐射计测量发动机的红外辐射特征时,主要包括以下几个步骤:光谱仪的开机及稳定、标定光谱仪、检查光谱仪的工作状态、测量目标和背景组合的入射光谱辐射亮度、测量背景的入射光谱辐射亮度、数据处理,如图 4-48 所示。

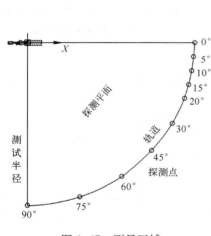

图 4-47　测量区域

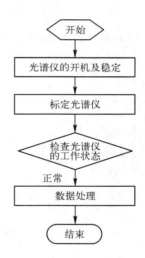

图 4-48　测试步骤

测量时,仪器的光阑孔直径选择 6.4mm。仪器的光谱分辨率选择 16cm⁻¹,数据间隔约为 8cm⁻¹,采样频率约 1 条/s。采样时间设置为 5s。

4.5.4　试验结果及分析

本节测试结果分析分别针对以上轴对称、矩形和 S 弯隐身喷管 3 种喷管,选取了 3~5μm 波段上的红外辐射特征进行分析。

1. 轴对称喷管测试结果及分析

1）光谱辐射亮度分布

在红外特性测量中,红外光谱辐射计测量得到的原始数据即为亮度分布,其定义为面辐射源上某点在一定方向上的辐射量,一般用 L_λ 表示。

单喷管模型在 0°~20° 范围内不同角度下探测得到的红外光谱辐射亮度 L_λ 分布如图 4-49 至图 4-52 所示。从 0° 探测结果可见,喷管的红外光谱辐射由 3.0~4.15μm、4.6~

5.0μm 波段的固体辐射,以及 4.15~4.6μm 波段的燃气辐射两部分组成。第一部分,由于 H_2O 和 CO 的吸收—发射性作用,3.0~3.4μm 和 4.7~5.0μm 波段的光谱分布产生了一些波动。第二部分的燃气辐射主要由 CO_2 的吸收—发射性作用产生的。

不同探测角度下,光谱辐射亮度曲线分布基本相同,但是量值逐渐减小。矩形喷管和 S 弯隐身喷管的红外辐射亮度分布曲线与轴对称喷管在小角度范围基本相似。

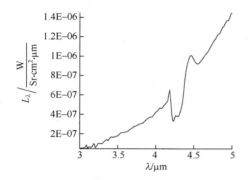

图 4-49　轴对称单喷管在 0°时探测
得到的红外辐射亮度分布

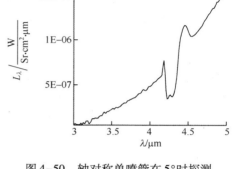

图 4-50　轴对称单喷管在 5°时探测
得到的红外辐射亮度分布

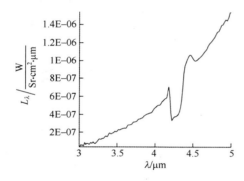

图 4-51　轴对称单喷管在 10°时探测
得到的红外辐射亮度分布

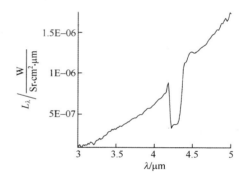

图 4-52　轴对称单喷管在 20°时探测
得到的红外辐射亮度分布

2）辐射强度分布

图 4-53 中给出了不同角度下的轴对称喷管红外辐射强度随探测角度变化的分布。以轴对称单喷管的结果为例,其值在较小角度范围内,随探测角度增大而增大,在较大角度范围内,则随角度增大而逐渐减小。

2. S 弯隐身喷管测试结果及分析

图 4-54 中给出了 S 弯隐身喷管 3~5μm 波段上得到的红外辐射强度随探测角度的变化,其分布规律与矩形喷管中单喷管类似,但是在相同角度下的量值减小,具有一定的红外抑制作用。

比较 S 弯单喷管方案与 S 弯双喷管方案的结果可以看出,在相同探测角度下,后者的红外辐射强度均大于前者。

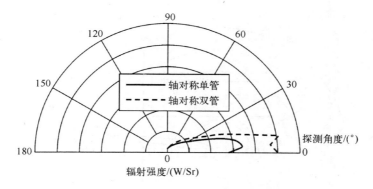

图 4-53　轴对称单、双喷管红外辐射强度随探测角度变化

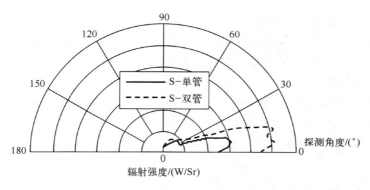

图 4-54　S 弯隐身喷管 3 ~ 5μm 波段红外辐射强度分布

图 4-55 中给出了 3 ~ 5μm 波段上不同测量角度下 S 弯双喷管方案与 S 弯单喷管方案的红外辐射强度比值。可以看出,随着探测角度增大,S 弯双喷管方案与 S 弯单喷管方案的红外辐射强度比值呈现逐渐减小的趋势。

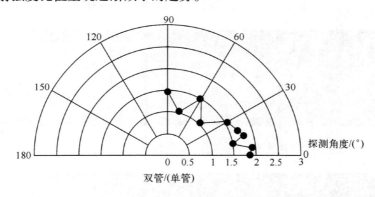

图 4-55　S 弯双、单喷管红外辐射强度比值随探测角度变化

3. 不同类型喷管测试结果比较

1）辐射强度分布比较

本节对不同模型的辐射强度分布进行比较分析,图 4-56 中给出了轴对称喷管、矩形喷管和 S 弯隐身喷管的红外辐射强度在不同角度下的测量值的比较。

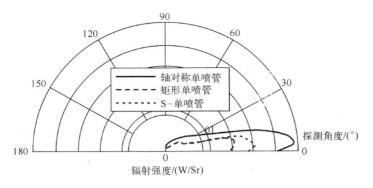

图 4-56　单喷管 3～5μm 波段红外辐射强度随角度分布

可以看出,不同喷管红外辐射强度随角度增大均呈现减小的趋势,轴对称喷管红外辐射值最大,矩形喷管次之,S 弯隐身喷管最小。在正后方小角度范围内,三者的差别较明显,而在较大角度范围内,三者红外辐射特征相近。

2）红外热成像图

为了研究喷管尾喷流的红外辐射特征,测量了不同形式喷管尾喷流的红外热像图,分别如图 4-57 至图 4-59 所示。矩形单喷管、S 弯单喷管热喷流分布规律与双喷管相同,但是热喷流长度较小,宽度减小。

图 4-57　轴对称喷管(单)热喷流红外热像

图 4-58　矩形喷管热喷流红外热像

图 4-59　S 弯隐身喷管热喷流红外热像

本节试验研究了轴对称喷管、矩形喷管以及 S 弯隐身喷管的红外辐射特性,具体结论如下,轴对称喷管、矩形喷管以及 S 弯隐身喷管的红外辐射强度随探测角度增大而逐渐减小。在相同测量角度下,轴对称喷管、矩形喷管以及 S 弯隐身喷管的红外辐射强度逐渐减小。红外热像图结果表明,轴对称喷管射流的高温区长度较长,矩形喷管高温区较短,扩散较强,S 弯隐身喷管的扩散最强,高温区明显减小。

第 5 章　S 弯隐身喷管电磁散射特性

5.1　引言

除了红外隐身、声隐身、可见光隐身之外,先进隐身战机还须具备雷达隐身能力。雷达隐身性能以雷达散射截面(Radar Cross - Section, RCS)值来衡量。RCS 是代表雷达反射能量(信号)大小的一个面积参数,通常以 m^2 为单位,RCS 越大则表示相同距离目标的雷达反射信号越强。隐身设计的目的是尽可能减小 RCS。为此目的而发展的 RCS 预估方法,即理论预测及缩比试验方法,可为隐身飞行器的低 RCS 设计提供支撑技术。

为实现 RCS 预估,首先要确定的是飞行器上有哪些较强的散射源以及如何抑制这些散射源的问题。雷达工程师按照电磁波反射的强弱顺序,将各种电磁反射目标排序为三面角反射器、二面角反射器、垂直入射方向的平板/圆柱/球体、直边缘被垂直入射、弯曲边缘被垂直入射、锥体和曲率不连续的边缘。任何大型复杂电磁反射目标都可以被拆分为这些基本形状的组合。如果考虑反射后电磁波的极化变化与相位变化,目标总体的 RCS 并不是各部分 RCS 的简单叠加。但是目标的最强散射源部分对其总体散射的贡献是最大的,因而设计隐身飞行器时首先要消除目标的最强散射源。

飞行器上的强散射源可归为以下几类:

(1)角反射器。这类散射源的机理类似三面角反射器,其特点是入射电磁波经过多次反射后,在较宽的角域内有很强的散射,如飞机外挂物(导弹、炸弹、副油箱等)的翼面、机翼与机身、机翼与外挂架、机翼与翼刀、水平尾翼与和垂直尾翼构成的复杂反射结构。

(2)腔体。这类散射源与角体散射源类似,不过电磁波在其中反射次数可能更多,同样在很宽的角域内有很强的散射,如飞机的进气道、尾喷管、雷达舱、座舱等。由于突防的需要,飞机的头向 RCS 值尤为重要,而座舱、雷达舱、进气道构成了飞机头向的主要散射源等。

(3)棱边。这类散射源主要是由棱边的绕射场引起的,在入射波与棱边垂直时绕射场的贡献较大。飞机进气道的唇口边缘、喷管的出口边缘、机翼上的缝隙、弹舱及座舱的缝隙都会引起棱边绕射场的产生。

由上述可知,飞机尾翼、进排气系统的腔体类部件以及进气道、喷管进出口的边缘,均是雷达的强散射中心。以进气道为例,为了降低进气道腔体结构的雷达回波,国内外的隐身战机一般选择采用以下几种抑制措施:

(1)采用背负式进排气系统布局。此种布局分为两类设计,一是利用机头部位对进气道进行遮挡,美国的"全球鹰"及"捕食者 - C"隐身无人侦察机就是采用这种隐身技术;二是采用 Bump 进气道(即蚌式进气道或者凸包进气道),这种设计既可以隔离附面层气流进入进气道内部,又可以对进气道的腔体结构及压气机旋转叶片进行遮挡。美国的

X-47A 概念机就采用 Bump 进气道设计,如图 5-1 至图 5-4 所示。

图 5-1　"捕食者-C"隐形无人机

图 5-2　"全球鹰"隐形无人机

图 5-3　X-47A 隐形概念机

图 5-4　F-117 隐形战机

（2）进气道进口截面处设置由复合材料制备的网状格栅。该格栅具备"类波导管"的功能,对入射和反射雷达波进行过滤的效果明显。美国的 F-117 及被伊朗击落的美国 RQ-170 无人机均采用此种技术,如图 5-5 所示。

图 5-5　RQ-170 隐形无人机

（3）将进气道设计成 S 形,以增加电磁波在进气道内部的反射次数,减弱反射波的能量。如美国的 F-117、B-2、F-22、F-35、X-47B 以及中国的 J-20 等都是采用 S 形进气道。

（4）在飞行器机身涂覆隐身涂层。美国于 20 世纪 50 年代中期和 60 年代早期,分别在 U-2 和 SR-71"黑鸟"战术侦察飞机的研制中加入了大量的反雷达吸波涂料,很大程度上增加了飞机整体的安全性。在 F-117A 机身上也使用了吸波复合材料涂层。B-2 的机体表面 50% 采用碳纤维复合材料,其余蒙皮涂覆 Ni-Co 铁氧体涂层,在六角形蜂窝网格内填炭粉等磁损耗和电损耗吸波物质。F-22 与 F-35 等也采用了隐身涂层技术。

现役隐身飞机一般都将(1)、(2)、(3)及(4)隐身技术组合起来使用;比如"全球鹰"采用的是(1)和(3)组合,而F-117、RQ-170采用(2)、(3)及(4)组合。由此可知,除隐身涂层技术以外,将进气道设计成S形是减小其雷达散射截面最常见的有效办法之一。

随着卫星雷达的出现,飞机在全方位探测角内都受到雷达探测的威胁。因此飞机的雷达隐身不应只考虑前向,其后向的喷管作为腔体结构,也成为飞机部件中重要的雷达散射源之一,成为评估隐身飞机隐身性能的重要部件。例如,美国现役B-2远程轰炸机、试飞成功的X-47B无人攻击机及尚在研制中的"捕食者-C"均采用S弯隐身喷管,其原因也是在考虑喷管红外隐身的基础上同时考虑了雷达隐身。

进气道唇口边缘及喷管出口边缘的绕射场在某些探测角也是雷达的强散射源。从现役与已试飞成功的隐身战机的进气道入口设计方案来看,为了降低其绕射场的RCS,将进气道唇口修成锯齿形、W形及V形是最常见、有效的办法之一。其中B-2轰炸机进气道唇口采用锯齿形,而喷管出口边缘采用V形;X-47B无人攻击机进气道唇口采用W形设计,而喷管出口边缘采用V形。

由上述分析可知,飞机上的雷达强散射源主要是由飞机外机身结构及外挂物构成的角反射器、进排气系统带有的腔体结构的散射场及进气道、喷管进出口边缘的绕射场引起。目标散射的机理不同,采用的数值方法也不同,在介绍数值方法之前,本书先简要讲述与电磁散射相关的一些基本理论。

5.2 电磁散射的基本理论

5.2.1 Maxwell 方程

电磁理论中的基本定律是由奥斯特(Qersted)、安培(Ampere)及法拉第(Faraday)等著名学者逐步建立起来的,后来由麦克斯韦(James Clerk Maxwell)把这些定律归纳到一个数学上非常完美的基本方程组内,该方程组从宏观上阐述了电磁场与源之间的关系。这组描述一切电磁现象的方程称为麦克斯韦方程组。

在自由空间中,电磁场满足的基本方程为

$$\nabla \times \boldsymbol{E} + \mu \frac{\partial \boldsymbol{H}}{\partial t} = 0 \tag{5-1}$$

$$\nabla \times \boldsymbol{H} - \varepsilon \frac{\partial \boldsymbol{E}}{\partial t} - \boldsymbol{J} = 0 \tag{5-2}$$

$$\nabla \cdot \mu \boldsymbol{H} = \nabla \cdot \boldsymbol{B} = 0 \tag{5-3}$$

$$\nabla \cdot \varepsilon \boldsymbol{E} = \nabla \cdot \boldsymbol{D} = \rho \tag{5-4}$$

式中:$\boldsymbol{E}$ 为空间点的电场强度;$\boldsymbol{H}$ 为空间点的磁场强度;$\boldsymbol{D}$ 为电通量密度;$\boldsymbol{B}$ 为磁通量密度;$\boldsymbol{J}$ 为体积电流密度;ρ 为体积电荷密度;ε 为自由空间的介电常数;μ 为自由空间的磁导率。

当场矢量按简谐规律变化时,其中时变因子定义为 $\mathrm{e}^{\mathrm{j}\omega t}$ 时,则 Maxwell 方程组可写成

$$\nabla \times \boldsymbol{E} = -\mathrm{j}\omega\mu \boldsymbol{H} \tag{5-5}$$

$$\nabla \times \boldsymbol{H} = (\sigma + \mathrm{j}\omega\varepsilon) \boldsymbol{E} \tag{5-6}$$

$$\nabla \cdot \boldsymbol{B} = 0 \tag{5-7}$$

$$\nabla \cdot \boldsymbol{E} = \frac{\rho}{\varepsilon} \tag{5-8}$$

上述方程描述了电场与自由电荷、电流的关系，电荷与电流是场源。

目标的散射本质上是电磁场和物质相互作用产生的一种物理现象。从电磁学观点来看，任何物质不过是无数带电粒子的集合。入射电磁场与物质中的带电粒子相互作用产生新的等效电荷、电流、磁荷、磁流或者说产生了新的场源。在这种情况下，电磁场所遵循的基本定律还是原来自由空间中的场定律，只是应该将物质在入射电磁场作用下形成的等效宏观电荷、电流等，也看作是处于原来自由空间中的电磁场源来处理。因此，物质中的场方程可以写成

$$\nabla \times \boldsymbol{E} = -\frac{\partial \boldsymbol{B}}{\partial t} \tag{5-9}$$

$$\nabla \times \boldsymbol{H} = \boldsymbol{J}_{\mathrm{f}} + \frac{\partial \boldsymbol{D}}{\partial t} \tag{5-10}$$

$$\nabla \cdot \boldsymbol{D} = 0 \tag{5-11}$$

$$\nabla \cdot \boldsymbol{B} = 0 \tag{5-12}$$

式中：

$$\boldsymbol{D} = \varepsilon \boldsymbol{E} + \boldsymbol{P} = \varepsilon (1 + \overline{\overline{\boldsymbol{\chi}}}_{\mathrm{e}}) \cdot \boldsymbol{E} = \varepsilon \overline{\overline{\boldsymbol{\varepsilon}}}_{\mathrm{r}} \cdot \boldsymbol{E} = \overline{\overline{\boldsymbol{\varepsilon}}} \cdot \boldsymbol{E} \tag{5-13}$$

式中：$\boldsymbol{P}$ 为电极化强度，代表在外电场 $\boldsymbol{E}$ 作用下的极化电荷产生的场强。$\boldsymbol{P}$ 和 $\boldsymbol{E}$ 的关系为 $\boldsymbol{P} = \varepsilon \overline{\overline{\boldsymbol{\chi}}}_{\mathrm{e}} \cdot \boldsymbol{E}$，$\overline{\overline{\boldsymbol{\chi}}}_{\mathrm{e}}$ 为电极化率张量。

磁通量密度为

$$\boldsymbol{B} = \mu (\boldsymbol{H} + \boldsymbol{M}) = \mu (1 + \overline{\overline{\boldsymbol{\chi}}}_{\mathrm{m}}) \cdot \boldsymbol{H} = \mu \overline{\overline{\boldsymbol{\mu}}}_{\mathrm{r}} \cdot \boldsymbol{H} = \overline{\overline{\boldsymbol{\mu}}} \cdot \boldsymbol{H} \tag{5-14}$$

式中：$\boldsymbol{M}$ 为磁极化强度，代表在外电场 $\boldsymbol{H}$ 作用下磁化电荷产生的场强。$\boldsymbol{M}$ 和 $\boldsymbol{H}$ 的关系为 $\boldsymbol{M} = \mu \overline{\overline{\boldsymbol{\chi}}}_{\mathrm{m}} \cdot \boldsymbol{H}$，$\overline{\overline{\boldsymbol{\chi}}}_{\mathrm{m}}$ 为电极化率张量。式(5-13)与式(5-14)为物质的本构方程或结构方程。

对各向同性介质，$\overline{\overline{\boldsymbol{\chi}}}_{\mathrm{e}}$ 和 $\overline{\overline{\boldsymbol{\chi}}}_{\mathrm{m}}$ 为实数；对各向异性介质，$\overline{\overline{\boldsymbol{\chi}}}_{\mathrm{e}}$ 和 $\overline{\overline{\boldsymbol{\chi}}}_{\mathrm{m}}$ 为张量。此时，

$$\overline{\overline{\boldsymbol{\varepsilon}}} = \begin{bmatrix} \varepsilon_{11} & \varepsilon_{12} & \varepsilon_{13} \\ \varepsilon_{21} & \varepsilon_{22} & \varepsilon_{23} \\ \varepsilon_{31} & \varepsilon_{32} & \varepsilon_{33} \end{bmatrix}, \overline{\overline{\boldsymbol{\mu}}} = \begin{bmatrix} \mu_{11} & \mu_{12} & \mu_{13} \\ \mu_{21} & \mu_{22} & \mu_{23} \\ \mu_{31} & \mu_{32} & \mu_{33} \end{bmatrix} \tag{5-15}$$

对各向异性电导率材料，有 $\boldsymbol{J} = \overline{\overline{\boldsymbol{\sigma}}} \cdot \boldsymbol{E}$，且

$$\overline{\overline{\boldsymbol{\sigma}}} = \begin{bmatrix} \sigma_{11} & \sigma_{12} & \sigma_{13} \\ \sigma_{21} & \sigma_{22} & \sigma_{23} \\ \sigma_{31} & \sigma_{32} & \sigma_{33} \end{bmatrix} \tag{5-16}$$

另一种常用的场定律形式为

$$\nabla \times \boldsymbol{E} = -\mu \frac{\partial \boldsymbol{H}}{\partial t} - \boldsymbol{J}_{\mathrm{m}} \tag{5-17}$$

$$\nabla \times \boldsymbol{H} = \varepsilon \frac{\partial \boldsymbol{E}}{\partial t} + \boldsymbol{J} \tag{5-18}$$

$$\nabla \cdot \varepsilon \boldsymbol{E} = \rho \tag{5-19}$$

$$\nabla \cdot \mu \boldsymbol{B} = \rho_{\mathrm{m}} \tag{5-20}$$

式中:$\boldsymbol{J}_{\mathrm{m}}$为磁流密度;$\rho_m$为虚拟的磁荷;$\boldsymbol{J}$与$\rho$为

$$\boldsymbol{J} = \boldsymbol{J}_{\mathrm{f}} + \boldsymbol{J}_{\mathrm{P}}, \quad \rho = \rho_{\mathrm{f}} + \rho_{\mathrm{p}} \tag{5-21}$$

式中:$\boldsymbol{J}_{\mathrm{f}}$为体积自由电流密度;$\rho_{\mathrm{f}}$为体积自由电荷密度;$\boldsymbol{J}_{\mathrm{P}}$为体积极化电流密度;$\rho_{\mathrm{p}}$为体积极化电荷密度。

5.2.2 边界条件

1. 一般边界条件

当电磁波通过两个不同介质边界时,边界附近的电磁场需要满足一定的规则,即边界条件,它把场量、介质的材料特性及边界面上的电荷、电流密度联系在一起。边界条件可以从基本的电磁定律得到。参照图5-6,这里不加证明给出$\boldsymbol{E}$和$\boldsymbol{H}$切向分量及$\boldsymbol{D}$和$\boldsymbol{B}$的法向分量的边界条件。假定在边界条件上,面电荷密度为ρ,面电流密度为$\boldsymbol{J}$;则边界条件为

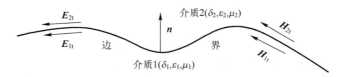

图5-6 具有介质1和介质2的无限小面元

$$\begin{cases} \hat{\boldsymbol{n}} \times (\boldsymbol{E}_2 - \boldsymbol{E}_1) = 0, E_{2t} = E_{1t} \\ \hat{\boldsymbol{n}} \cdot (\boldsymbol{D}_2 - \boldsymbol{D}_1) = \rho, D_{2n} - D_{1n} = \rho \\ \hat{\boldsymbol{n}} \times (\boldsymbol{H}_2 - \boldsymbol{H}_1) = \boldsymbol{J}, H_{2t} - H_{1t} = J \\ \hat{\boldsymbol{n}} \cdot (\boldsymbol{B}_2 - \boldsymbol{B}_1) = 0, B_{2n} = B_{1n} \end{cases} \tag{5-22}$$

式中:下标n和t分别代表场量的法向和切向分量;n为目标体表面任意点处外法向单位向量。通过本构关系式也可以得到$\boldsymbol{D}$和$\boldsymbol{B}$切向分量及$\boldsymbol{E}$和$\boldsymbol{H}$法向分量的下述边界条件:

(1)当两个介质都非导体时,则$\boldsymbol{E}$、$\boldsymbol{H}$的切向分量和$\boldsymbol{D}$、$\boldsymbol{B}$的法向分量在边界连续。

(2)在实际中,经常遇到的一种情况是,两个介质中有一个是导体时,假设介质1是纯导体,则介质1中所有的场量都为零;因此,导体(介质1)与非导体介质(介质2)的边界条件简化为

$$\hat{\boldsymbol{n}} \times \boldsymbol{E}_2 = 0, \hat{\boldsymbol{n}} \cdot \boldsymbol{D}_2 = \rho, \hat{\boldsymbol{n}} \times \boldsymbol{H}_2 = \boldsymbol{J}, \hat{\boldsymbol{n}} \cdot \boldsymbol{B}_2 = 0 \tag{5-23}$$

2. 阻抗边界条件

在实际遇到的电磁散射问题中,目标体往往不是完全的纯导体,而是吸波材料涂覆的导体,或是粗糙面的导体。在求解这样的问题时,发现使用近似边界条件是很方便的。称这些边界条件为阻抗边界条件(Impedance Boundary Condition,IBC)。阻抗边界条件最初是由苏联学者列昂托维奇(Leontovich)在1944年提出的,因此也称之为 Leontovitch 边界条件。阻抗边界条件可表示为

$$\hat{n} \times (\hat{n} \times E) = -Z_s(\hat{n} \times H) \tag{5-24}$$

式中：E 和 H 分别为周围介质内的电磁场强度；Z_s 为目标体的表面绝对阻抗,定义为 E 和 H 切向分量之比。

使用阻抗边界条件的优点是在不知道目标内部场时,可以计算目标的散射场,但有一定的限制和有效范围。使用阻抗边界条件引起的误差依赖于对表面阻抗所做的假设。

5.2.3 位函数和波方程

一般来说,由 Maxwell 方程直接求解电磁场是困难的。因此人们引入多种辅助函数,即位函数(如电位),然后由场源(如电荷)求位函数,再由位函数计算电场或者磁场。在电磁场理论中,经常使用的位函数有矢量位 A、标量位 ϕ 和赫兹(Herz)矢量位 $\boldsymbol{\Pi}$;其定义式如下。

对于矢量磁位 A,有

$$B = \nabla \times A \tag{5-25}$$

对于矢量电位 A^*,有

$$D = \nabla \times A^* \tag{5-26}$$

对于标量电位 ϕ,有

$$E = -\nabla \phi - \frac{\partial A}{\partial t} \tag{5-27}$$

对于标量磁位 ϕ^*,有

$$H = -\nabla \phi^* - \frac{\partial A^*}{\partial t} \tag{5-28}$$

对于赫兹电位 $\boldsymbol{\Pi}$,有

$$A = \mu\varepsilon \frac{\partial \boldsymbol{\Pi}}{\partial t}, \phi = -\nabla \cdot \boldsymbol{\Pi} \tag{5-29}$$

对于赫兹磁位 $\boldsymbol{\Pi}^*$,有

$$A^* = \mu\varepsilon \frac{\partial \boldsymbol{\Pi}^*}{\partial t}, \phi^* = -\nabla \cdot \boldsymbol{\Pi}^* \tag{5-30}$$

Lorentz 条件,有

$$\nabla \cdot A + \mu\varepsilon \frac{\partial \phi}{\partial t} + \mu\sigma\phi = 0 \tag{5-31}$$

可以证明,位函数满足以下形式的微分方程,即

$$\nabla^2 A - \mu\varepsilon \frac{\partial^2 A}{\partial t^2} = -\mu J \tag{5-32}$$

$$\nabla^2 \phi - \mu\varepsilon \frac{\partial^2 \phi}{\partial t^2} = -\frac{\rho}{\varepsilon} \tag{5-33}$$

$$\nabla^2 \boldsymbol{\Pi} - \mu\varepsilon \frac{\partial^2 \boldsymbol{\Pi}}{\partial t^2} - \mu\sigma \frac{\partial \boldsymbol{\Pi}}{\partial t} = -\frac{P}{\varepsilon} \tag{5-34}$$

$$\nabla^2 \boldsymbol{\Pi}^* - \mu\varepsilon \frac{\partial^2 \boldsymbol{\Pi}^*}{\partial t^2} - \mu\sigma \frac{\partial \boldsymbol{\Pi}^*}{\partial t} = -M^* \tag{5-35}$$

式(5-32)~式(5-35)的解为波函数,因此它们称为波方程。由赫兹电位 $\boldsymbol{\Pi}$ 和赫兹

磁位 $\boldsymbol{\varPi}^*$ 可以计算相应的电场和磁场。

5.2.4 坡印廷矢量

波源通过介质传到远处的接受点时,在发射源和接收器之间有能量传输。坡印廷(Poynting)定理把能流率和场的振幅联系起来。本节先从 Maxwell 方程导出复坡印廷矢量,随之讨论时间平均的坡印廷。一般在时谐场情况下,能量和功率的计算采用时间平均的坡印廷矢量进行。

1. 复坡印廷矢量

Maxwell 方程组改写为

$$\nabla \times \boldsymbol{E} = \mathrm{j}\omega\mu\boldsymbol{H} - \boldsymbol{M}, \quad \nabla \times \boldsymbol{H}^* = \mathrm{j}\omega\varepsilon^*\boldsymbol{E} + \boldsymbol{J} = (\sigma + \mathrm{j}\omega\varepsilon)\boldsymbol{E} + \boldsymbol{J}^* \tag{5-36}$$

式中:*表示共轭。分别对上面第一式、第二式与 $\boldsymbol{H}$、$\boldsymbol{E}$ 取点积,然后相减,可得

$$\begin{aligned} &\boldsymbol{E} \cdot (\nabla \times \boldsymbol{H}^*) - \boldsymbol{H}^* \cdot (\nabla \times \boldsymbol{E}) \\ &= \boldsymbol{E} \cdot \boldsymbol{J}^* + \sigma\boldsymbol{E} \cdot \boldsymbol{E}^* + \mathrm{j}\omega\varepsilon\boldsymbol{E} \cdot \boldsymbol{E}^* - \mathrm{j}\omega\mu\boldsymbol{H} \cdot \boldsymbol{H}^* + \boldsymbol{H}^* \cdot \boldsymbol{M} \end{aligned} \tag{5-37}$$

用矢量等式化简,可得

$$-\nabla \cdot \left(\frac{1}{2}\boldsymbol{E} \times \boldsymbol{H}\right) = \frac{1}{2}\boldsymbol{E} \cdot \boldsymbol{J} + \frac{1}{2}\boldsymbol{H} \cdot \boldsymbol{M} + \frac{1}{2}\sigma\boldsymbol{E} \cdot \boldsymbol{E}^* + \frac{1}{2}\mathrm{j}\omega(\varepsilon\boldsymbol{E} \cdot \boldsymbol{E}^* - \mu\boldsymbol{H} \cdot \boldsymbol{H}^*) \tag{5-38}$$

将其写为相应的积分表示式,其物理意义更为清晰,即

$$\begin{aligned} -\frac{1}{2}\int_V (\boldsymbol{E} \cdot \boldsymbol{J}^* + \boldsymbol{H} \cdot \boldsymbol{M})\mathrm{d}V &= \oint_S \frac{1}{2}(\boldsymbol{E} \times \boldsymbol{H}^*) \cdot \mathrm{d}S + \\ \frac{1}{2}\Big[\int_V \sigma|\boldsymbol{E}|^2\mathrm{d}V &+ \mathrm{j}\omega\int_V (\varepsilon|\boldsymbol{E}|^2 - \mu|\boldsymbol{H}|^2)\mathrm{d}V\Big] \end{aligned} \tag{5-39}$$

令

$$P_\mathrm{i} = -\frac{1}{2}\int_V (\boldsymbol{E} \cdot \boldsymbol{J}^* + \boldsymbol{H} \cdot \boldsymbol{M})\mathrm{d}V$$

$$P_\mathrm{c} = \oint_S \frac{1}{2}(\boldsymbol{E} \times \boldsymbol{H}^*) \cdot \mathrm{d}S$$

$$P_\mathrm{d} = \frac{1}{2}\int_V \sigma|\boldsymbol{E}|^2\mathrm{d}V$$

$$W_\mathrm{e} = \int_V \frac{1}{4}\varepsilon|\boldsymbol{E}|^2\mathrm{d}V$$

$$W_\mathrm{m} = \int_V \frac{1}{4}\mu|\boldsymbol{H}|^2\mathrm{d}V$$

则式(5-39)可写为

$$P_\mathrm{i} = P_\mathrm{c} + P_\mathrm{d} + 2\mathrm{j}\omega(W_\mathrm{e} - W_\mathrm{m}) \tag{5-40}$$

式中:V 为由封闭表面 S 所围成的体积;P_i 为体积 V 内由源 $\boldsymbol{J}$、$\boldsymbol{M}$ 提供的复功率,可以看成是流出表面 S 的复功率流;P_c 为穿过 S 面的辐射功率;P_d 为在体积 V 内,由介质 σ 电导率引起的实功率损耗;W_e、W_m 分别为时间平均的电、磁能量。显然,式(5-40)符合功率守恒定律,$(\boldsymbol{E} \times \boldsymbol{H}^*)$ 项被称为复坡印廷矢量,它表示某一点处,每平方米的复功率密度(任何电磁扰动的单位面积上的能流)。坡印廷定理指出,复坡印廷矢量在闭合面上的积分

可给出从闭合面流出的总的复功率。

2. 时间平均坡印廷矢量

在实际情况下,令人感兴趣的量是时间平均通量,也称为波强度(或辐射通量密度)。对瞬时的坡印廷矢量的分量在时间周期 T 内取时间平均,即得到时间平均的坡印廷矢量,即

$$
\begin{aligned}
\boldsymbol{S}_{av} &= \frac{1}{T} \int_0^T \mathrm{Re}\big[\boldsymbol{E}(\boldsymbol{r},t) \times \boldsymbol{H}^*(\boldsymbol{r},t)\big]\mathrm{d}t \\
&= \frac{1}{4T} \int_0^T \big[(\boldsymbol{E} \times \boldsymbol{H}^*) + (\boldsymbol{E}^* \times \boldsymbol{H})\big]\mathrm{d}t \quad\quad (5-41) \\
&= \frac{1}{2}\mathrm{Re}(\boldsymbol{E} \times \boldsymbol{H}^*)
\end{aligned}
$$

通过表面 S 流出的实功率为

$$
\boldsymbol{S}_{av} = \frac{1}{2}\mathrm{Re}\Big(\iint_S \boldsymbol{E} \times \boldsymbol{H}^* \cdot \mathrm{d}\boldsymbol{S} \Big) \quad\quad (5-42)
$$

平均功率流的方向是沿有向面元 $\mathrm{d}\boldsymbol{S} = \boldsymbol{n}\mathrm{d}S$ 的外单位法线方向。

5.2.5 雷达散射截面

军用雷达的工作方式一般分为单站雷达与双站雷达,如图 5-7 所示。单站雷达的发射与接收共用一支天线,或者接收天线与发射天线之间的距离相比探测距离很小,如图 5-7(a)所示;双站雷达的接收天线与发射天线之间的距离相比探测距离很大,而且双站雷达不止有一个接收天线,可以是多个接收天线,如图 5-7(b)所示。

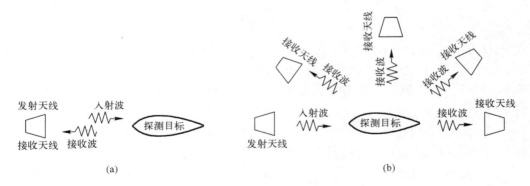

图 5-7　单站、双站雷达定义

雷达的作用距离受到以下 3 个方面因素的影响:

(1)雷达系统各项性能参数。发动机功率、天线扫描参数、接收机最小可检信噪比等。

(2)电磁波传播环境。电磁波被大气折射及吸收的程度、被地(海)面的反射程度、受地(海)面杂波或空中杂波(自然的或人为的)干扰程度。

(3)目标特性。目标的大小、形状、材料介电常数及电导率及其对入射波方向、频率及极化方向的反应。

减缩目标 RCS 的直接目的就是压缩雷达或雷达制导武器的作用距离,或在一定的作

用距离上降低它们的发现概率、跟踪概率和击中精度。要减缩 RCS 就需要对 RCS 有一个基础的了解。

1. 雷达散射截面的定义

雷达散射截面的定义为

$$\sigma = 4\pi R^2 \frac{S_s}{S_i} \qquad (5-43)$$

式中:R 为目标到雷达天线的距离;S_i 为目标所在位置上天线辐射的(即入射到目标的)功率,即空间单位面积上通过的辐射功率;S_s 为天线所在位置上目标散射的功率密度,即空间单位面积上通过的散射功率。

若将式(5-43)中的 S_i 乘到等号左边,则 σS_i 表示目标以面积 σ 在雷达的辐射场中"截取"的辐射功率。因此,雷达散射截面是一个"虚构的面积"(并非真实目标的几何面积),它是将在雷达辐射场中截取的辐射功率散射到雷达天线处,产生可被天线接收的、大小为 $4\pi R^2 S_s$ 的散射功率。

根据立体角的定义,单位立体角对应的球面面积为 R^2。$R^2 S_s$ 就是目标在单位立体角内向接收天线散射的功率。所以,按式(5-43)所表达的物理意义,雷达散射截面是目标在单位立体角内向接收天线散射的功率与入射到目标处单位面积内的功率之比的 4π 倍。这就是说,雷达散射截面与距离 R 无关。

式(5-43)隐含了 3 个假设条件:

(1)目标的散射是从一点开始,也就是将目标看作点目标。点目标是指目标的各向尺寸能全部被包容在雷达的体分辨单元 V 之内。其中 V 为

$$V = \frac{\Omega R^2 c\tau}{2}$$

式中:Ω 为雷达天线方向图主瓣所包容的立体角($\Omega = \theta_b \varphi_b$,$\theta_b$、$\varphi_b$ 分别为雷达波束主瓣功率点处垂直波束宽度和水平波束宽度);R 为雷达至目标的距离;$c\tau/2$ 为雷达的距离分辨单元(c 为大气中光速,τ 为雷达脉冲宽度)。对一般雷达,飞机、导弹等均符合点目标的定义。

(2)入射目标及从目标返回天线的电磁波均在无损耗介质中传播。因此,目标的散射波是各向同性的,按球面波的形式向远方扩散。

(3)入射到目标的电磁波为平面波。也就是目标与天线的距离需满足远场条件,远场条件表示为

$$R \gg D^2 \lambda$$

式中:R 为雷达与被探测目标之间的距离;D 为被探测目标横向(垂直于入射方向)最大尺寸;λ 为入射波波长。

式(5-43)是 RCS 定义的中间表达形式。为了使用方便,常将其写成另外的形式,即

$$\sigma = \lim_{R \to \infty} 4\pi R^2 \left| \frac{E^s}{E^i} \right| = \lim_{R \to \infty} 4\pi R^2 \left| \frac{H^s}{H^i} \right| \qquad (5-44)$$

式中:E^i 与 H^i 为雷达波入射到目标所在位置上的电场强度及磁场强度;E^s 与 H^s 为目标散射场在雷达天线处可被天线接收的电场强度及磁场强度;这里的 E^s 与 H^s 在计算腔体时,代表腔体内部散射的电场和磁场;在计算腔体口径面边缘时,代表边缘绕射的电场和

磁场;在计算飞机外域时,代表飞机外域散射的电场和磁场;R 为目标与天线之间的距离,R 取极限值,表达了入射场和散射的远场为平面波的条件。

式(5-43)包含的 3 个假设条件与其所表达的物理意义,同样也适用于式(5-44)。

式(5-43)只不过是式(5-44)中常用形式的一个中间环节。式(5-43)中的 S_s 与 S_i 可表示为

$$S_i = \frac{1}{2} \frac{|E^i|^2}{Z} \tag{5-45}$$

$$S_s = \frac{1}{2} \frac{|E^s|^2}{Z} \tag{5-46}$$

$$H = \frac{E}{Z} \tag{5-47}$$

将式(5-45)与(5-46)代入式(5-43),并通过式(5-47)将电场 E 转换为 H,再将远场条件加上,即得式(5-44)。

雷达散射截面 σ 的单位为 m^2。为了方便运算及用曲线表示 σ 的变化,在更多的情况下,σ 的单位取作 dBsm,称分贝每平方米;或者取作 dB,称分贝。用 dBsm 或者 dB 表示的雷达散射截面与用 m^2 表示的雷达散射截面之间存在下列换算关系,即

$$\sigma_{(\text{dBsm})} = 10\lg\sigma_{(m^2)} \tag{5-48}$$

$$\sigma_{(m^2)} = 10^{\frac{\sigma_{(\text{dBsm})}}{10}} \tag{5-49}$$

$$\sigma_{(\text{dB})} = 10\lg\frac{\sigma_{(m^2)}}{\lambda^2_{(m^2)}} \tag{5-50}$$

$$\sigma_{(m^2)} = \lambda^2_{(m^2)} 10^{\frac{\sigma_{(\text{dB})}}{10}} \tag{5-51}$$

式中:σ 的不同下标表示不同的单位。其中式(5-50)与式(5-51)中的 λ 是入射电磁波波长。

雷达散射截面并不是一个独立的物理量,它随下列 3 个方面的因素而变化:

(1)目标的几何形状及材料的电性能。

(2)入射波的频率。

(3)雷达天线的极化方式(天线所发射的电场方向及天线可接收的电场方向)。

(4)目标相对于入射方向及雷达接收方向的姿态角(对于单站雷达,只受入射姿态角的影响)。

2. 雷达散射截面的频率特性

同样的目标在不同频率(或者波长)的雷达波照射下,其 RCS 会有很大差别。为了方便分析,常用参数 ka 描述目标散射截面受入射波频率(或波长)影响的关系。其中 k 称波数,可表示为

$$k = \frac{2\pi}{\lambda} \tag{5-52}$$

$$\lambda = \frac{1}{f\sqrt{\mu\varepsilon}} \tag{5-53}$$

式中:λ 为入射波长;f 为入射波频率;μ 为目标材料的介电常数;ε 为目标材料的磁导率。

k 实际上表示雷达波单位传播长度上分配多少相位角。a 表示目标的特征尺寸。

图 5-8 表示一个理想导电球体的散射截面 σ 被其光学区的 RCSπa^2 归一化后的量随 ka 变化规律。图中曲线显示,在不同的横坐标区域,$\sigma/\pi a^2$ 具有不同的变化形式。在 $ka<1$ 的范围内,曲线以很大的斜率上升,表示频率对 σ 的影响很强烈。这一区域称为瑞利区。在 $1<ka<10$ 的范围内,$\sigma/\pi a^2$ 为一条逐渐衰减的振荡曲线,表明频率的影响从强烈逐渐变弱,直到可以忽略不计。这一区域称为谐振区。在 $ka>10$ 以后,振荡曲线很快衰减成一条 $\sigma/\pi a^2=1$ 的水平线。这一区域称为光学区。可以看出,理想导电球体在光学区的散射截面 $\sigma=\pi a^2$,不再与波长发生关系。理想导电球体在光学区的 RCS 正好等于它几何上的最大横截面积。这只是一个特例。对于其他形状的目标体,其 RCS 与其几何面积之间并不存在直接关系。

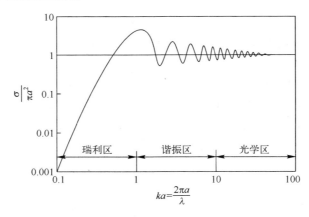

图 5-8　理想导电球体 RCS 的频率特性

其他形状的目标体,包括在同一视角上存在着由不同几何形体组成的复杂目标(如飞机),其 RCS 特性也都存在着上述 3 个频率区域。一般地讲,在瑞利区(也称低频区),由于目标尺寸远小于波长,所以整个物体(不是局部)一起参与了散射。因而,其 RCS 对不同照射方向上的形状细节并不敏感,而与目标的体积有关。在光学区(也称高频区),因为目标的尺寸远大于波长,这时不再是整个物体参与散射,而是将散射体作为相互独立的若干散射源(或称散射中心)的集合来处理。因而,散射体的 RCS 对不同照射方向上的形状细节非常敏感。

在处于瑞利区与光学区之间的谐振区兼有低频散射及高频散射的特点,散射场从对物体局部外形参数不敏感逐渐变化到敏感。

在实际应用中,最受重视的是光学区。因为大多数军用目标,如飞行器、车辆、舰船等相对于一般雷达,均符合或基本符合光学区的散射特性。另外,上述关于光学区的散射特点为更广泛形状的雷达目标的 RCS 近似计算(即高频近似)提供了条件。

有一点值得注意,理想导电球体在光学区的 RCS 与波长无关的特点对一些具有光滑闭合表面的物体是符合的,但是,平板、有限长圆柱、有限长尖劈、尖顶等更广泛的几何形体在光学区的 RCS 对入射波长均有依赖关系。

3. 雷达散射截面的极化特性

1) 电磁波的极化方向与传播方向之间的关系

在电磁波的传播过程中,极化方向通常是指电场矢量 $\boldsymbol{E}$ 的指向。但有时也将磁场矢

量 H 的指向称为磁场极化方向。如图 5-9 所示,如果用 z 的正向表示电磁波的传播方向 k,那么,电场矢量 E 就在 $x-z$ 平面内,通常以正弦波的形式向前传播,而磁场矢量 H 则在 $y-z$ 平面内,也以正弦波的形式向前传播。注意,其中 x、y 是在 z 轴的垂直平面内任意指向的一对正交坐标轴。不论是入射波还是散射波,其 E、H 与 k 这三者之间均服从右手螺旋法则。虽然 E 与 H 的指向各不相同,但它们在各自的正弦波上,同一相位对应的 E 与 H 在大小上是成比例的,即

$$H = \frac{E}{Z} \tag{5-54}$$

式中:Z 为波阻抗,在无损介质中 $Z = 377\Omega$,是一常数。

由此可见,只要确定了 E 的方向及大小,H 的方向及大小也就相应地确定了。

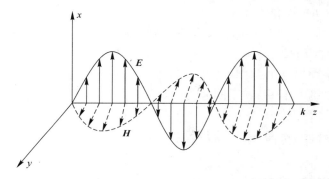

图 5-9　正弦电磁波在自由空间传播中电场矢量、磁场矢量与传播方向之间的关系

虽然 E 与 H 的指向是横向的,但是它们传递的能量却是纵向的,即沿 z 轴正方向。由坡印亭定理可知,对于正弦平面波,E 与 H 在沿 k 方向传播过程中,穿过空间单位面积的平均功率为

$$S = k \frac{1}{2} \frac{E}{Z} \tag{5-55}$$

或

$$S = \frac{1}{2} \frac{E}{Z} \tag{5-56}$$

式中:k 为电磁波传播方向的单位矢量;S 的方向与 k 相同;E 为电场正弦波的振幅,在自由空间,E 为常数;Z 为波阻抗。

式(5-55)与式(5-56)表明,电磁波的能量是沿波的前进方向传播的,而且穿过自由空间每单位面积的平均功率是不变的。在远场条件下,由雷达入射到目标的功率密度,及由目标散射到雷达天线的功率密度均可由式(5-55)与式(5-56)来确定。

2)雷达散射截面的极化特性

一般来说,雷达散射截面的极化特性就是目标对雷达天线发射的电场矢量方向及天线接收的电场矢量方向的反映。

虽然在雷达散射截面表达式(5-44)中,看不出电场矢量的方向对 σ 的影响,但是,由于目标几何上的特征,在将入射场转变为散射场的过程中,可将散射场的功率密度与入射场的功率密度之比变化若干倍;上段所讲的"反映"就是指这种变化,而这种变化与目标

的几何特性密切相关。

雷达天线的极化方式有线极化、椭圆极化或圆极化之分。线极化表示沿传播方向,电场矢量的指向始终不变地保持在一个平面内。如果电场矢量以不变的速度旋转,就构成椭圆极化。圆极化是椭圆极化的特殊情况。线极化是广泛应用的一种极化方式,所以,此处只讨论线极化。在线极化中,就雷达天线发射的极化方式与接收的极化方式之间的不同组合,又可分为以下 4 种极化方式,即 HH 极化、VV 极化、HV 极化及 VH 极化等。前两种分别表示发射与接收同为水平极化和同为垂直极化。后两种分别表示水平发射、垂直接收和垂直发射、水平接收;这两种极化方式也称为交叉极化。一般雷达很少使用交叉极化,只有少数特殊功能的单站雷达,如抗雨杂波的雷达,使用交叉极化。因此,针对一般雷达的 RCS 评估,不论是通过计算还是通过试验,σ_{HH} 和 σ_{VV} 的资料都必须同时获得,这也是本书主要研究的两种极化方式。

目标在不同方向入射下,对雷达极化方式的反应也是不同的。例如,矩形良导体平板,在受到法向及其附近雷达波的入射下,其 RCS 对 HH 极化和 VV 极化没有区别,但是在入射方向远离法向以后的范围内,其 RCS 对上述两种极化方式具有明显的差异。因此,具有统一几何外形的目标,在不同方向入射下,对雷达极化方式的反应是不同的。

5.3　电磁散射中的高频近似算法

5.3.1　高频近似算法概述

电磁波研究领域的典型问题是激励源的辐射、目标体的散射以及电磁波的传播和电磁波与目标体的相互作用。在电磁辐射的散射问题中,只有极少数问题可以求得严格的解析解。这些求得严格解析解的问题所涉及的目标体几何形状都比较简单。自 20 世纪 50 年代以来,随着计算机技术的发展,出现了多种近似解法。这些近似解法主要分为两大类,即高频近似算法与数值分析方法。高频近似算法的计算精度与电磁波频率或者波数密切相关。高频近似算法适合求解电大尺寸目标以及局部形状相对简单且表面较为光滑的外部区域散射问题。但对电小尺寸的复杂结构目标,高频近似算法忽略目标各个子散射体之间极强的电磁互耦,会造成极大的计算误差。高频近似算法主要包括以下几种方法:

1. 几何光学法

几何光学法(Geometrical Optics,GO)是用射线和射线管概念分析散射现象。其基本原理是将高频电磁波的传播途径默认为沿着细长的射线管进行,再利用射线追踪法求解场强,从而避免了繁杂的电磁场积分计算。几何光学法采用费马原理和反射、折射定律进行射线寻迹,确定在复杂传播条件下的射线管路径,利用几何光学强度定律确定射线管内电磁场强。在几何光学法中,利用射向散射体表面的几何光学射线来模拟入射场,每条入射射线与散射体表面相交后,按几何光学反射定律决定的反射路径继续传播,直至射线离开目标体。

几何光学法物理概念清晰、简单易算,能较准确地计算直射场、反射场和折射场,但是不能计算绕射场。几何光学法理论也有缺陷:

（1）由于 RCS 决定于镜面反射点处物体的曲率半径，所以对平的或单弯曲的物体表面会产生无限大的结果。

（2）几何光学法要求散射体表面光滑，因此对于棱边、拐角、尖顶等表面不连续的情况不能采用几何光学法。

（3）在焦散区或源区，射线管截面积变为零，其计算的散射场会变为无限大，因此在这些区域也不能应用几何光学法。

（4）几何光学法局限于处理镜面反射，即反射角等于入射角的射线。但实际上的散射并非严格地局限在镜面方向，而是分布在具有有限振幅和宽度的散射波瓣内，其最大值对准在镜面方向。

由于几何光学法对目标体的表面要求苛刻，仅限于表面光滑的目标体，因而近年来多用 GO 与其他高频方法结合的方式计算外表面较为简单的物体的 RCS。

2. 物理光学法

物理光学法（Physical Optics，PO）是通过对电磁感应场的近似积分而求得散射场，克服了 GO 方法求解平表面和单弯曲表面 RCS 无限大的问题。物理光学法通过只对散射体的照明部分的表面电流积分而得到远区散射场，但在阴影边界处假定的表面有突然的不连续性，无法得到准确的散射场；物理光学法能计算天线或散射体的近区与远区散射场，但是它只能在偏离射线轴线方向 ±40° 范围内给出较为准确的结果，这是因为散射体阴影部分上的电流被视为零。由此在大角度范围内，物理光学法不准确，这是物理光学法的缺陷。

物理光学法对于复杂电大尺寸目标有较好的计算结果，并在镜像方向特别准确，而且在时域或频域中物理光学法都适用。因而，采用物理光学法对复杂外形电大尺寸目标散射场的研究较多。

3. 迭代物理光学法

迭代物理光学法（Iterative Physical Optics，IPO）是 F. O. Basteiro 等人于 1995 年提出的，IPO 方法是在物理光学近似的基础上，考虑多次反射，通过迭代求解磁场积分方程来求得任意形状腔体散射的一种迭代方法，它用光学电流与修正电流叠加来逼近目标表面的真实电流。IPO 方法中的每一次迭代可看作是多考虑一次入射波在腔体内的反射，因此 IPO 能解决纵向深度比较大的腔体散射问题。通过引入松弛因子以及采用一些改进的迭代方法，在计算电大尺寸腔体、截面变化复杂的腔体时可以有效地防止发散和加速收敛。因为 IPO 方法考虑了腔体内的多次反射，它比一般的基于射线的方法具有更高的精度。且 IPO 是基于高频物理光学近似，面元剖分密度小，所以它又比纯粹的数值计算方法有更高的计算效率。

4. 弹跳射线法

弹跳射线法（Shooting and Boundary Rays，SBR）的优点在于算法很容易实现，并能很快获得腔体散射分布，可以计算较复杂形状的腔体，能够方便地处理腔体内壁涂覆有吸波材料的问题；缺点是不能独立解决含有局部电小尺寸如导流锥和叶片等结构的电大问题。

5. 导波模式法

导波模式法（Waveguide mode method）优点是处理中等电尺寸规则腔体的精度最高，

缺点需要通过分离变量法得到解析解以求解腔体内部的模式函数。故此模式法受到腔体形状的限制。

6. 广义射线展开法

广义射线展开法（Generalized Ray Expansion, GRE）是一些研究者对弹跳射线法提出的一种改进方法，其计算效率高，且也考虑了腔体口面达缘的绕射贡献，比弹跳射线法更为准确。此方法研究大多是针对单独的简单腔体的电磁辐射问题。

在这些高频近似算法中，迭代物理光学法具有计算精度高和计算效率高的优点，且能解决纵向深度比较大的腔体散射问题。因而，得到了广泛应用。5.3.2 节将详细介绍迭代物理光学法在腔体电磁散射中的应用。

5.3.2 迭代物理光学法

1. 迭代物理光学法

迭代物理光学法（IPO）是在物理光学的基础上考虑多次散射、通过迭代求解磁场积分方程来求解腔体散射的一种迭代方法。IPO 与其他高频方法相比，能够有效模拟腔体对电磁波的多次反射，计算精度高；IPO 是基于高频物理光学近似，面元剖分密度小，一般每平方波长剖分 9～16 个面元便可达到计算精度，内存消耗较小。因此，IPO 是分析腔体散射特性的一种行之有效的近似方法。

设有一均匀平面电磁波，其角向频率为 ω，电场强度为 E^i，照射图 5-10 所示的开口腔体。图中 S_a 是腔体开口面，S_c 是腔体内壁面，腔体内壁面材料为理想导体，则根据电磁场等效原理，开口 S_a 面上的电磁流为

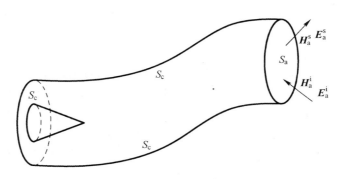

图 5-10　开口腔体

$$J_a^i(r_a) = n \times H_a^i(r_a), \quad M_a^i(r_a) = E_a^i(r_a) \times n \tag{5-57}$$

式中：$E_a^i(r_a)$、$H_a^i(r_a)$ 由入射电场与磁场求得；r_a 为腔体口径面上任意点的位置矢量；n 为 S_a 上指向腔内的法向单位矢量。$J_a^i(r_a)$ 和 $M_a^i(r_a)$ 是 S_a 面上由入射电磁场等效产生的电流与磁流。

腔体口径 S_a 面处等效电磁场（$E_a^i(r_a)$, $H_a^i(r_a)$）在腔体内壁面 S_c 上产生的初始电磁场可由 Kirchhoff 公式近似得到，即

$$E_0(r_c) = \int_{Sa} M_a^i(r_a) \times \nabla G(r_c - r_a) \mathrm{d}S_a$$

$$+ 1/(\mathrm{j}kY) \, \nabla \times \int_{S_a} \left[J_a^i(\boldsymbol{r}_a) \times \nabla G(\boldsymbol{r}_c - \boldsymbol{r}_a) \right] \mathrm{d}S_a \tag{5-58}$$

$$H_0(\boldsymbol{r}_c) = \int_{S_a} J_a^i(\boldsymbol{r}_a) \times \nabla G(\boldsymbol{r}_c - \boldsymbol{r}_a) \mathrm{d}S_a$$

$$+ 1/(\mathrm{j}kZ) \, \nabla \times \int_{S_a} \left[M_a^i(\boldsymbol{r}_a) \times \nabla G(\boldsymbol{r}_c - \boldsymbol{r}_a) \right] \mathrm{d}S_a \tag{5-59}$$

式中：$Z = \sqrt{\varepsilon/\mu}$ 为自由空间波阻抗，$Y = 1/Z$，k 为自由空间波数，$\boldsymbol{r}_a$ 为腔体口径面上任意点的位置矢量；$\boldsymbol{r}_c$ 为腔体内壁面 S_c 上任意点的位置矢量。G 是自由空间格林函数，三维情况下：

$$G(\boldsymbol{r}_c - \boldsymbol{r}_a) = \frac{\mathrm{e}^{-jk|\boldsymbol{r}_c - \boldsymbol{r}_a|}}{4\pi|\boldsymbol{r}_c - \boldsymbol{r}_a|} \tag{5-60}$$

$\nabla G(\boldsymbol{r}_c - \boldsymbol{r}_a)$ 是格林函数的梯度，表示为

$$\nabla G(\boldsymbol{r}_c - \boldsymbol{r}_a) = \boldsymbol{R} \left(\frac{jk+1}{R} \right) \frac{\mathrm{e}^{-jkR}}{4\pi R} \tag{5-61}$$

式中：$R = |\boldsymbol{r}_c - \boldsymbol{r}_a|$，$\boldsymbol{R} = (\boldsymbol{r}_c - \boldsymbol{r}_a)/R$。

由于迭代物理光学法基于物理光学近似，只有能相互照射的面元之间才能产生等效电磁流，所以在采用 IPO 方法计算等效电磁流之前，需要对腔体内部壁面面元进行遮挡关系判断。本书采用了一种射线追踪方法用来判断面元之间的遮挡/照射关系，具体判断步骤下节中有详细的介绍。

对腔体内壁面进行遮挡关系判断之后，腔体内壁面 S_c 上的真实电流分布通过磁场积分方程（MFIE）迭代计算得到，即

$$J_N(\boldsymbol{r}_c) = J_0(\boldsymbol{r}_c) + 2n \times \text{P. V.} \int_{S_c} J_{N-1}(\boldsymbol{r}_c) \times \nabla G(\boldsymbol{r}_c - \boldsymbol{r}_c') \mathrm{d}\boldsymbol{S}_c' \tag{5-62}$$

式中：P. V. 为主值积分号；N 为迭代次数；∇ 为哈密顿算子；$\boldsymbol{r}_c$ 与 $\boldsymbol{r}_c'$ 为腔体内壁面相互照射点的位置矢量；$J_N(\boldsymbol{r}_c)$ 的初始值 $J_0(\boldsymbol{r}_c)$ 为

$$J_0(\boldsymbol{r}_c) = \begin{cases} 2n H_0(\boldsymbol{r}_c) & \text{照明区} \\ 0 & \text{阴影区} \end{cases} \tag{5-63}$$

式中：n 是腔体内壁面 S_c 上任意点指向腔体内部的法向单位矢量；$H_0(\boldsymbol{r}_c)$ 为初始磁场，由式（5-59）求得。

由式（5-63）计算得到腔体内壁面 S_c 上的感应电流 $J(\boldsymbol{r}_c)$ 后，由 Kirchhoff 近似公式求得口径面上的散射场，即

$$E^S(\boldsymbol{r}_a) \approx \frac{1}{\mathrm{j}kY} \nabla \times \int_{S_c} J(\boldsymbol{r}_c) \times \nabla G(\boldsymbol{r}_a - \boldsymbol{r}_c') \mathrm{d}S_c' \tag{5-64}$$

$$H^S(\boldsymbol{r}_a) \approx \int_{S_c} J(\boldsymbol{r}_c) \times \nabla G(\boldsymbol{r}_a - \boldsymbol{r}_c') \mathrm{d}S_c \tag{5-65}$$

根据式（5-64）与式（5-65）求得口径面上的等效电磁场，则腔体口径面 S_a 上的等效电磁流通过 $J(\boldsymbol{r}_a) = (-n) \times H^S(\boldsymbol{r}_a)$，$M(\boldsymbol{r}_a) = E^S(\boldsymbol{r}_a) \times (-n)$ 求得。利用场等效原理，则口径面上等效电磁流在腔体外远区产生的散射电场由式（5-66）、式（5-67）求得

$$E_\theta^S(\boldsymbol{r}, \theta, \varphi) = \frac{\mathrm{j}k\mathrm{e}^{-jkr}}{4\pi r} \left[L_\varphi(\theta, \varphi) + Z N_\theta(\theta, \varphi) \right] \tag{5-66}$$

$$E_\varphi^S(r,\theta,\varphi) = \frac{jk e^{-jkr}}{4\pi r} [L_\theta(\theta,\varphi) + ZN_\varphi(\theta,\varphi)] \qquad (5\text{-}67)$$

式中:

$$N_\theta(\theta,\varphi) = \int_{S_a} [J_x\cos\theta\cos\varphi + J_y\cos\theta\sin\varphi - J_z\sin\theta] e^{jkr_1 \cdot r_a} dS_a$$

$$N_\varphi(\theta,\varphi) = \int_{S_a} [J_x\sin\varphi + J_y\cos\varphi] e^{jkr_1 \cdot r_a} dS_a$$

$$L_\theta(\theta,\varphi) = \int_{S_a} [M_x\cos\theta\cos\varphi + M_y\cos\theta\sin\varphi - M_z\sin\theta] e^{jkr_1 \cdot r_a} dS_a$$

$$L_\varphi(\theta,\varphi) = \int_{S_a} [M_x\sin\varphi + M_y\cos\varphi] e^{jkr_1 \cdot r_a} dS_a$$

式中:r_1 为远区场 r 位置矢量的单位矢量;r_a 为腔体口径面 S_a 上的位置矢量。

由上述可知,迭代物理光学法分析腔体散射问题的步骤可归纳如下:

(1)根据入射电场求得腔体口径面上的等效电磁流。

(2)采用 Kirchhoff 近似公式求得腔体内壁面上的初始磁场。

(3)判断腔体内壁面各个面元之间的遮挡关系。

(4)采用磁场积分方程迭代求得腔体内壁多次反射后的真实电流。

(5)根据迭代计算出的腔体内壁 S_c 面的真实电流,计算出腔体口径 S_a 面上的近区散射场。

(6)根据场等效原理,由口径 S_a 面近区散射场求得远区散射场,并计算出腔体远区散射场的 RCS。

2. 遮挡关系判断

在利用 IPO 计算面感应电流密度时,需考虑目标各面元能否被入射波照明及目标各面元之间能否相互照明。因此在进行腔体内壁面真实电流计算前必须作面元间遮挡关系判别。

面元是否被遮挡可近似认为该面元中心是否可以被照射面元看到,基于这种近似,本书提出了一种射线追踪法用来进行面元间遮挡关系的判断,此方法在体网格构建较好时,运行效率可比常用算法提高 20 倍以上。算法具体过程如下:

(1)应用商用网格软件生成满足计算精度要求的腔体壁面网格,然后在腔体空间生成体网格。导出的网格文件中保存着面网格信息和体网格区域连通性信息,其中面网格信息即 IPO 计算所需面元,体网格信息用来判断面元间遮挡关系。

(2)对任意两面元 A、B,首先判断其法向相互指向,即两面元若相互照射,则必须满足

$$r_{21} \cdot n_1 > 0 \text{ 且 } r_{21} \cdot n_2 < 0$$

式中:r_{21} 为由面元 B 到 A 的几何中心线矢量;n_1、n_2 分别为面元 A 和 B 的法向单位矢量。

如果不满足条件(2),则说明两面元间不存在照射关系,如果满足条件(2),则直接进行下一步判断。

(3)从 A、B 两面元的任意面中发射一条射线,依次寻找射线传输方向上穿过的流体计算单元,如果在到达接收微元面之间穿越的所有流体计算单元边界均为透明边界,说明两面元之间有照射关系,如图 5-11 中射线 1 所示。如果在射线传输途径之间,射线穿越

160

了遮挡性质的单元边界,说明发射与接收微元面之间没有照射关系,如图 5-11 中射线 3 所示,其中蓝色射线为被遮挡后的假象射线。

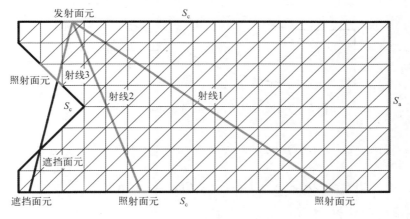

图 5-11　射线追踪示意图

射线追踪法根据网格文件中流场体单元域连通信息。区域连通性指任意流体单元都存储着边界及与之相邻的体单元的编号。由于 IPO 与腔体内部体网格无关,因此为了提高计算效率,可以在电磁边界网格内部生成较粗的内部连通体网格,加速射线行程追踪,如图 5-12 所示。

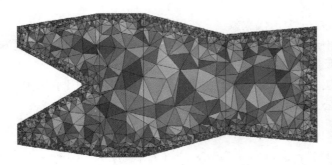

图 5-12　遮挡关系判断所用的体网格示意图

3. 前后向迭代法

由于腔体内部多次反射的特点导致了迭代物理光学法收敛慢,特别是在计算纵向深度较大的腔体时,收敛慢降低了其计算效率。在电磁波有一个或者两个主要的传播方向的情况下,前后向迭代法是非常高效的且收敛非常快。因此,针对进气道与喷管这种纵向深度较大的电大目标,本节采用迭代物理光学法与前后向迭代算法相结合的欠松弛迭代算法来提高迭代物理光学法的计算效率。

在前后向迭代算法中,离散电流元沿传播方向按顺序计数,在每次前后向迭代后电流都得到更新,如图 5-13 所示。

迭代计算腔体内壁真实电流的过程中,用前后向迭代替换直接迭代,使每次前向和后向迭代中电流都得到更新。$k+1$ 次迭代中电流系数 $J_i(k+1)$ 在两个迭代上获得。

对于前向迭代,有

161

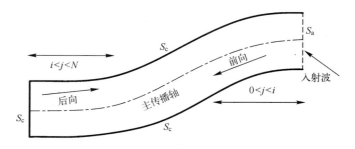

图 5-13　前后向迭代中波沿波导轴传播示意图

$$J_{n+1/2}(i) = J_0(i) + 2n \times \sum_{j=1}^{i-1} (J_{n+1/2}(j) \times \nabla G(r_i - r_j)) \Delta S(j)$$

$$2n \times \sum_{j=i+1}^{N} (J_n(j) \times \nabla G(r_i - r_j)) \Delta S(j) \qquad (5-68)$$

式中：$i = 1, 2, \cdots, N-1, N$。

对于后向迭代，有

$$J_{n+1}(i) = J_0(i) + 2n \times \sum_{j=1}^{i-1} (J_{n+1/2}(j) \times \nabla G(r_i - r_j)) \Delta S(j)$$

$$2n \times \sum_{j=i+1}^{N} (J_{n+1}(j) \times \nabla G(r_i - r_j)) \Delta S(j) \qquad (5-69)$$

式中：$i = N, N-1, \cdots, 2, 1$。

式中：N 为总面元数；n 为迭代次数。

在前向迭代中运用 $j < i$ 更新后的电流，而后向迭代中运用 $j > i$ 更新后的电流（后向迭代中电流以相反顺序更新）。

为了提高算法收敛性，降低迭代发散概率，引进欠松弛因子 $w(0 < w \leqslant 1)$，此时前后向物理光学迭代公式如下。

对于前向迭代，有

$$J_{n+1/2}(i) = J_0(i)w + 2wn \times \sum_{j=1}^{i-1} (J_{n+1/2}(j) \times \nabla G(r_i - r_j)) \Delta S(j)$$

$$2wn \times \sum_{j=i+1}^{N} (J_n(j) \times \nabla G(r_i - r_j)) \Delta S(j) \qquad (5-70)$$

式中：$i = 1, 2, \cdots, N-1, N$。

对于后向迭代，有

$$J_{n+1}(i) = J_0(i)w + 2wn \times \sum_{j=1}^{i-1} (J_{n+1/2}(j) \times \nabla G(r_i - r_j)) \Delta S(j)$$

$$2wn \times \sum_{j=i+1}^{N} (J_{n+1}(j) \times \nabla G(r_i - r_j)) \Delta S(j) \qquad (5-71)$$

式中：$i = N, N-1, \cdots, 2, 1$。

根据经验，一般不太复杂的腔体取 $w = 0.8 \sim 0.9$，较复杂的腔体 $w = 0.6 \sim 0.7$，在本书中 $w = 0.65$，其中迭代残差设置为 0.001，最大迭代次数为 10 次。

4. 算例验证

本节实例都是计算单站雷达散射截面。采用球面坐标系下的定义方式，即以腔体轴

线为 z 轴建立球坐标系,腔体开口方向沿 z 轴正向,入射波为平面波,入射方向 θ 与 φ 的定义详见图 5-14。

1) 圆柱腔体算例验证

考虑到进排气系统腔体一般为纵深方向较长的深腔体结构,为了验证 IPO 计算程序对深腔体结构 RCS 计算的准确性及可靠性,本节对文献给出的深高比为 3:1 的圆柱形腔体进行 RCS 的计算并与文献结果进行对比。模型示意图及尺寸如图 5-15 所示。其中图中尺寸单位为 mm,红色面为进口 S_a 面,灰色面为腔体壁面 S_c。计算入射波长为 $\lambda = 10\mathrm{cm}$,网格密度按每平方波长 16 个三角面元,面元总数 8626 个,计算迭代次数设置为 6 次,收敛误差设置为 0.001。计算探测角度为 $\theta = 0° \sim 45°$,角度间隔为 1°。

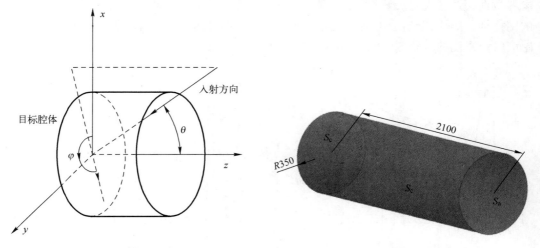

图 5-14 腔体模型计算设置   图 5-15 单端开口长腔体模型

图 5-16 与图 5-17 是水平极化与垂直极化方式下,本书计算结果与文献结果的 RCS 对比。从图中可以看出,本书计算结果与文献的 RCS 除了在水平极化下 25° ~ 45° 探测角度范围内存在差异外,水平极化其余探测角度以及垂直极化方式下的 RCS 与文献吻合较好。本书计算结果与文献结果存在差异可能因为对参考数据采样时存在误差。

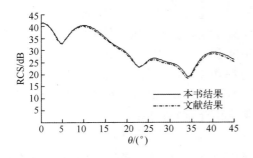

图 5-16 水平极化方式下单端开口长腔体的 RCS   图 5-17 垂直极化方式下单端开口长腔体的 RCS

2) 带有圆台凸起腔体算例验证

考虑到进排气系统腔体一般为带有凸起终端或者中心锥的腔体结构,为了验证 IPO 计算程序对此种腔体结构 RCS 计算的准确性及可靠性,本书针对文献提出带有凸起圆台结构的圆柱腔体进行算例验证,如图 5-18 所示;图中尺寸单位为 mm,红色面是进口 S_a 面,灰色面为腔体壁面 S_c。计算入射波长 $\lambda = 3\text{cm}$,网格密度按每平方波长 16 个三角面元,网格总数为 3416。计算迭代次数设置为 6 次,收敛误差设置为 0.001。计算探测角度为 $\theta = 0° \sim 50°$,角度间隔为 1°。

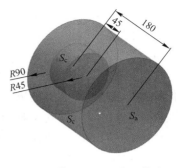

图 5-18　带有凸起圆台腔体模型

图 5-19 和图 5-20 是用 IPO 法计算得到该模型两种极化方式下的 RCS 与文献值的对比。从图 5-19 和图 5-20 的对比中可以看出,在某些方位上,本书结果与参考数据误差较大,原因可能在于网格剖分及面元遮挡关系判断上。对于同一区域,不同的网格剖分形式,会造成网格面元之间遮挡关系判断的差异,影响这些方位上相应面元上感应电流密度的求解,从而会产生一定的计算误差。

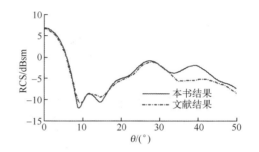

图 5-19　水平极化方式下带凸台模型的 RCS　　　图 5-20　垂直极化方式下带凸台模型的 RCS

5.3.3　介质涂覆的计算方法

进气道与喷管等腔体结构是军用飞机等飞行器的强散射源之一,而在腔体内表面涂覆吸波材料可有效地缩减其 RCS。对于介质涂覆的电大腔体,由于受到内存与计算速度的限制,难以应用低频数值方法求解。基于射线的 SBR 方法虽然可以处理腔体内壁涂覆吸波材料的问题,但是 SBR 方法有着射线方法固有的计算精度不高、难以处理复杂腔体结构等缺点。应用 Fresnel 反射系数来处理吸波介质,这种方法虽然实现简单,但是由于无法通过 Fresnel 反射系数求得位于同一平面的涂覆面元之间的相互作用,因此,可以通过介质涂覆格林函数等其他方法来处理介质涂覆问题。

等效阻抗边界条件用等效阻抗或者偏微分方程作用于散射体与周围空间界面上,避开了研究涂覆层内复杂的电磁波分析,从而极大简化了计算。等效阻抗边界条件结合迭代物理光学法可以在保持合理精度下有效地求解涂覆介质的腔体。

1. 阻抗边界条件

阻抗边界条件最初是由苏联学者列昂托维奇(Leontovich)于 1944 年提出的,因此也称为列昂托维奇边界条件。在此基础上,根据不同的需要发展出了广义阻抗边界条件与谱域法的高阶阻抗边界条件等。

阻抗边界条件适用于非理想导体或者涂覆有薄层损耗介质的理想导体。它将目标表面电磁场的切向分量用一个常数连接起来,形式简单,在工程上有着广泛的应用,是计算

164

介质涂覆的有效方法。

$$Z\eta_r = Z_s = \frac{|\boldsymbol{E}_t|}{|\boldsymbol{H}_t|} \qquad (5-72)$$

式中:$Z = \sqrt{\mu/\varepsilon}$ 为自由空间的阻抗;η_r 为表面的相对阻抗;Z_s 为绝对阻抗。

对于理想导体表面,$Z_s = 0$。

一般阻抗边界条件的矢量形式为

$$\boldsymbol{n} \times \boldsymbol{E} = Z_s \boldsymbol{n} \times \boldsymbol{n} \times \boldsymbol{H} \qquad (5-73)$$

通常 Z_s 和入射波的角度有关,但是对于有着较大折射率的涂覆吸波材料,可以近似认为 Z_s 和角度无关,此时有

$$Z_s = jZ \sqrt{\frac{\mu_r}{\varepsilon_r}} \tan(kt \sqrt{\varepsilon_r \mu_r}) \qquad (5-74)$$

式中:ε_r、μ_r 为相对磁导率和相对介电常数;t 为涂覆吸波材料的厚度;k 为自由空间的波数。

在满足下面条件的情况下,阻抗边界条件可以广泛应用于涂覆体等非理想导体、粗糙表面及等离子体等。

（1）涂覆层介质的折射系数和损耗较大。

（2）涂覆层表面的曲率半径远大于吸波材料的波长。

（3）在涂覆材料表面,外部场在和波长相比拟的尺度范围内变化平缓。

由此可知,腔体涂覆耗损介质材料的情况满足阻抗边界条件的适用条件。

2. 介质涂覆腔体的迭代物理光学法

图 5-21 所示为壁面局部涂覆吸波材料的开口腔体结构,设一均匀平面波照射到该开口腔体。涂覆区域采用阻抗边界条件处理,其他区域采用传统的 IPO 处理,下面研究介质涂覆区域的 IPO 求解方法。

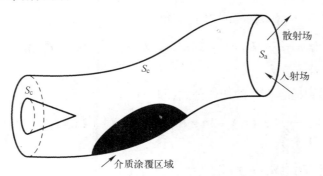

图 5-21　涂覆吸波材料的腔体示意图

腔体壁面的电流为

$$\boldsymbol{J}_c(\boldsymbol{r}_c) = \boldsymbol{n} \times \boldsymbol{H} = \boldsymbol{n} \times \boldsymbol{H}[\boldsymbol{J}_a, \boldsymbol{M}_a] + \boldsymbol{n} \times \boldsymbol{H}[\boldsymbol{J}_c, \boldsymbol{M}_c] \qquad (5-75)$$

式中:$\boldsymbol{J}_a$、$\boldsymbol{M}_a$ 为腔体口径面上的等效电磁流;$\boldsymbol{J}_c$、$\boldsymbol{M}_c$ 为腔体涂覆区域的电流和磁流。

在腔体口径面具有电大特性和入射角度不是特别大的情况下,腔体口径面上的等效电磁流 $\boldsymbol{J}_a$、$\boldsymbol{M}_a$ 可以由 $\boldsymbol{J}_a = \boldsymbol{n} \times \boldsymbol{H}^i$、$\boldsymbol{M}_a = \boldsymbol{E}^i \times \boldsymbol{n}$ 得到。而口径面上由 $\boldsymbol{J}_a$,$\boldsymbol{M}_a$ 产生的磁场

$H[J_a, M_a]$ 可由 Kirchhoff 近似式得到,具体公式详见式(5-59)。

在计算由腔体壁面电流 J_c 和磁流 M_c 产生的磁场 $H[J_c, M_c]$ 时,利用局部切向近似来处理奇异性,此时将场点沿着腔体法线方向稍稍偏离腔体壁面,可以分别得到腔体壁面电流和磁流产生的磁场,即

$$n \times H_J[J(r_c)] = \frac{1}{2} J(r_c) + n \times H_J^P[J(r_c)] \qquad (5-76)$$

$$n \times H_M[M(r_c)] \approx -\frac{1}{2} \frac{n \times M(r_c)}{Z} + n \times H_M^P[M(r_c)] \qquad (5-77)$$

上述两式中 H^P 表示主值积分。其中需要注意的式(5-76)是精确的,而式(5-77)则是近似的,由等效表面阻抗边界条件可以得到腔体壁面电磁流的关系,即

$$M(r_c) = -Z_s n \times J(r_c) \qquad (5-78)$$

结合矢量运算法则:

$$A \times (B \times C) = (A \cdot C)B - (A \cdot B)C \qquad (5-79)$$

对式(5-77)进一步推导,得

$$n \times H_M[M(r_c)] \approx -\frac{1}{2} \frac{n \times M(r_c)}{Z} + n \times H_M^P[M(r_c)] \Rightarrow$$

$$= \frac{1}{2} \frac{Z_s}{Z}((n \cdot J(r_c))n - (n \cdot n)J(r_c)) + n \times H_M^P[M(r_c)]$$

$$(5-80)$$

因为场点的法线与场点电流垂直,显然有

$$n \cdot J(r_c) = 0 \qquad (5-81)$$

因此,式(5-81)最终化为

$$n \times H_M[M(r_c)] = -\frac{1}{2} \frac{Z_s}{Z} J(r_c) + n \times H_M^P[M(r_c)] \qquad (5-82)$$

将式(5-82)和式(5-76)代入式(5-75),可得

$$J_c(r_c) = \frac{1}{1 + \dfrac{Z_s}{Z}} [J_0(r_c) + 2n \times H_J^P[J_c(r_c)] + 2n \times H_M^P[M_c(r_c)]] \qquad (5-83)$$

这样便可以得到适合 IPO 的迭代公式,即

$$J_N(r_c) = \frac{1}{1 + \dfrac{Z_s}{Z}} [J_0(r_c) + 2n \times H_{N-1}^P[J_c(r_c)] + 2n \times H_{N-1}^P[M_c(r_c)]] \qquad (5-84)$$

式中 $H_J^P[J_c(r_c)]$ 和 $H_M^P[M_c(r_c)]$ 分别为

$$H_J^P[J_c(r_c)] = \int_{S_c} J(r_c') \times \nabla G(r_c - r_c') dS_c' \qquad (5-85)$$

$$H_M^P[M_c(r_c)] = \frac{1}{jkZ} \nabla \times \int_{S_c} M_c(r_c') \times \nabla G(r_c - r_c') dS_c' \qquad (5-86)$$

为了与理想导体表面腔体的计算公式进行对比,这里列出没有介质涂覆的计算公式,即

$$J_N(r_c) = J_0(r_c) + 2n \times \int_{S_c} J_{N-1}(r_c') \times \nabla G(r_c - r_c') dS_c' \qquad (5-87)$$

对比式(5-84)与式(5-87)可以看出,涂覆介质的腔体除了电流项外,还有磁流项的作用;而理想导体的求解只有电流项存在。值得注意的是,当 $Z_s = 0$ 时,式(5-84)便退化为式(5-87)。

3. 算例验证

1)圆柱腔体介质涂覆算例验证

为验证 IPO 程序所采用的阻抗边界条件计算介质涂覆腔体 RCS 的正确性,计算了图 5-22 所示腔体内壁面涂有吸波介质的 RCS;图中尺寸单位为 mm,红色面是进口 S_a 面,灰色面为腔体壁面 S_c。计算入射波长 $\lambda = 3\text{cm}$,网格密度按每平方波长 16 个三角面元,网格总数为 1150。计算探测角度为 $\theta = 0° \sim 50°$,角度间隔为 1°。涂覆材料厚度为 6mm,相对磁导率 $\mu_r = 1.0$,相对介电常数 $\varepsilon_r = 6.11 \sim 0.78j$。图 5-23 与图 5-24 所示为文献 RCS 的对比结果。从图中可以看出,无论是水平极化还

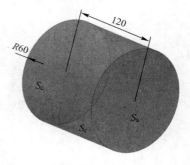

图 5-22　单端开口短腔体模型

是垂直极化方式下,本书的计算结果均与文献的计算结果吻合良好,验证了本书程序采用阻抗边界条件计算介质涂覆腔体的正确性。

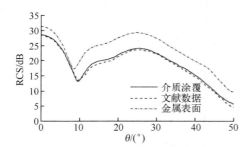 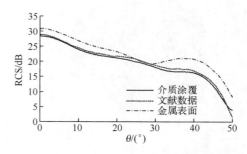

图 5-23　水平极化方式下单端开口短腔体的 RCS　　图 5-24　垂直极化方式下单端开口短腔体的 RCS

图 5-23 与图 5-24 中的曲线对比表明,无论是哪种极化方式下,在该金属腔体内壁涂覆吸波介质,均可有效地降低其 RCS 值,起到良好的减缩作用。图 5-25 给出了水平极化方式下腔体壁面感应电流密度的分布。从图中可以看出,涂覆介质的腔体内部感应电流强度要明显比金属腔体弱。

2)矩形腔体介质涂覆算例验证

本节采用 IPO 方法与阻抗边界条件计算分析了文献给出的矩形腔体结构介质涂覆腔体 RCS,涂覆位置是腔体内侧壁;模型结构及尺寸见图 5-26。图中尺寸单位为 mm,红色面是进口 S_a 面,灰色面为腔体壁面 S_c。计算入射波长 $\lambda = 3\text{cm}$,网格密度按每平方波长 16 个三角面元,网格总数为 1150。计算探测角度为 $\theta = 0° \sim 50°$,角度间隔为 1°。涂覆材料厚度为 1.5mm,相对磁导率 $\mu_r = 1.0$,相对介电常数 $\varepsilon_r = 3.25 - 0.13j$。

图 5-27 是本书计算结果与文献水平极化方式下的对比结果。由图可知,本书计算结果与文献[1]的结果吻合较好,而与文献[2]相比虽数值上相差较大,但其变化趋势一致。图 5-28 所示为水平极化方式下腔体表面感应电流密度分布。

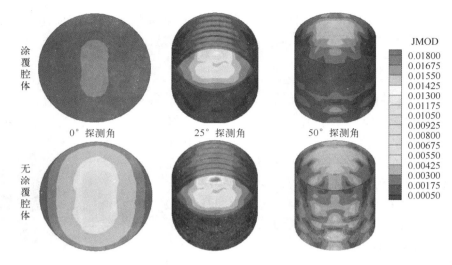

图 5-25　水平极化方式下腔体表面感应电流密度分布

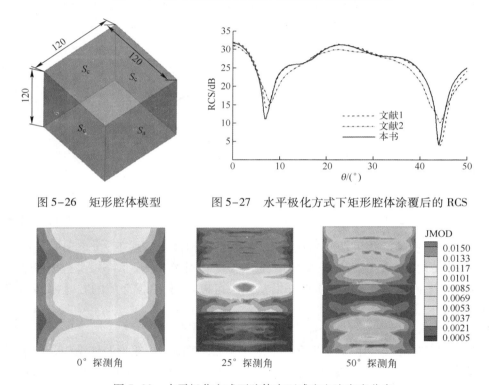

图 5-26　矩形腔体模型　　　图 5-27　水平极化方式下矩形腔体涂覆后的 RCS

图 5-28　水平极化方式下腔体表面感应电流密度分布

5.3.4　等效边缘电磁流法

　　当入射雷达波照射飞机时,飞机上的进气道唇口、喷管出口、弹仓及机翼/机身上的缝隙均会产生边缘绕射场。在某些探测角下,边缘绕射场对雷达的贡献也不可忽视。迭代物理光学法只能计算腔体内部散射场,不能计算由腔体口径边缘引起的绕射场。

因此,本节针对边缘引起的绕射场开展工作,采用等效边缘电磁流法计算进气道唇口与喷管出口边缘引起的绕射场。在介绍棱边等效电磁流法之前,本节先对绕射场的概念进行说明。

1. 绕射场的概念

当入射电磁波投射到目标上时,部分能量被反射,部分能量被散射,部分能量被损耗。可将目标空间分为 3 个区域,即照明区、过渡区和阴影区,如图 5-29 所示(图中 SBI 是阴影边界)。阴影区的场是源于电磁波的绕射贡献。

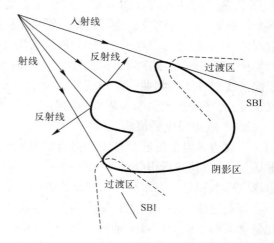

图 5-29 雷达目标周围空域示意图

图 5-30 至图 5-32 给出了 3 种典型绕射现象,即边缘绕射、尖顶绕射和表面绕射。

图 5-30 是边缘绕射现象示意图,也是本节所要研究的绕射现象。Keller 认为,边缘绕射射线与边缘切线的夹角等于相应的入射线与边缘切线之夹角($S^i \cdot t$ $= S^d \cdot t$),且一条入射线将激励起无穷多条绕射线,这些绕射线位于一个以绕射点 Q 为顶点的圆锥面上,圆锥轴是绕射点边缘的切线,圆锥的半顶角 β 等于入射线与边缘切线的夹角,如图 5-30(a) 所示。当垂直入射时,绕射锥面变成平面圆盘,如图 5-30(b) 所示。通常称绕射线形成的锥面为 Keller 锥。

图 5-31 所示为尖顶绕射示意图。由源点 S 发出的射线在尖顶点 Q 绕射再到远场 P 点。尖顶是指圆锥、棱锥等一系列锥体的顶点。此时绕射点固定为一个顶点 Q,由 Q 点发出的绕射射线可向该散射体之外空间任意方向传播。一根入射线可以激励起无穷多根以尖顶为中心向四面八方传播的绕射射线,这些绕射射线的波阵面为球面。

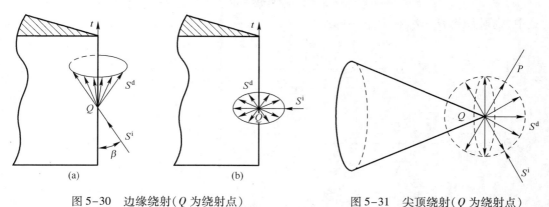

图 5-30 边缘绕射(Q 为绕射点) 图 5-31 尖顶绕射(Q 为绕射点)

图 5-32 所示为曲面绕射射线示意图。当入射射线以掠入射形式入射到目标表面时,其能量中的一部分沿曲面的阴影边界(SBI)传播,另一部分能量则沿物体表面传播形成表面射线,且此表面射线沿曲面传播过程中又不断地沿曲面的切线方向发出绕射射线。

对物体阴影区的场点 P 而言,其绕射场是在入射线抵达 Q_1 点后,沿曲面传播到 Q_2 点,再以绕射射线形式抵达 P 点。表面上由 Q_1 点到 Q_2 点的绕射轨迹,根据广义费马原理,此轨迹即为 Q_1Q_2 两点间的短程线所界定。鉴于表面射线传播过程中不断沿曲面切线方向发出绕射射线,故其能量衰减很快,按指数规律衰减,较之边缘绕射场,此曲面绕射场要弱很多。通常人们称表面绕射射线在阴影区的传播为"爬行波"。理论上,表面射线要环绕封闭曲面爬行无穷多周,实际上由于它衰减很快,因此环绕封闭曲面一周以上的射线可以忽略不计。

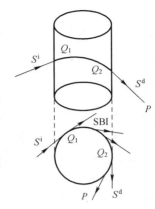

图 5-32 曲面绕射
（Q_1、Q_2 为绕射点）

2. 等效边缘电磁流法

等效边缘电磁流法是基于任何有限电磁流分布的远区绕射场,通过对其进行积分求和,可获得一个有限的结果。等效边缘电磁流积分可以求得非 Keller 锥方向上的绕射场。

等效边缘电磁流概念首先由 Millar 在关于口径绕射的研究中提出。Ryan 和 Peters 用此概念求解了旋转体目标轴向焦散线上的场,给出的远场辐射积分的形式为

$$E^d = -jkG\int_l \left[ZI_e s \times (s \times t) + I_m(s \times t) \right] e^{-jkr \cdot s} dl \tag{5-88}$$

式中:G 为远场格林函数;l 为边缘回路路程;t 为沿边缘回路方向的单位矢量;s 为绕射射线传播方向的单位矢量;r 为边缘单元的位置矢量。

考虑由相交于边缘单元的两个窄的表面带,求出这两个带上的感应电流的远场贡献,并将此贡献与尖劈典型解联系起来,Michaeli 提出了以下的等效边缘电磁流表达式,即

$$I_e = \frac{j2(t \times E^i)D_e}{kZ\sin^2\beta_i} + \frac{j2(t \times H^i)D_{em}}{kZ\sin\beta_i} \tag{5-89}$$

$$I_m = -\frac{j2(t \times H^i)D_m}{kZ\sin\beta_i\sin\beta_s} \tag{5-90}$$

式中,绕射系数 D_e、D_m 和 D_{em} 分别为

$$D_e = \frac{\dfrac{1}{N}\sin\dfrac{\phi_i}{N}}{\cos\dfrac{\pi-\alpha_1}{N}-\cos\dfrac{\phi_i}{N}} + \frac{\dfrac{1}{N}\sin\dfrac{\phi_i}{N}}{\cos\dfrac{\pi-\alpha_2}{N}+\cos\dfrac{\phi_i}{N}} \tag{5-91}$$

$$D_m = \frac{\sin\phi_s}{\sin\alpha_1} \times \frac{\dfrac{1}{N}\sin\dfrac{\pi-\alpha_1}{N}}{\cos\dfrac{\pi-\alpha_1}{N}-\cos\dfrac{\phi_i}{N}} + \frac{\sin(N\pi-\phi_s)}{\sin\alpha_2} \times \frac{\dfrac{1}{N}\sin\dfrac{\pi-\alpha_2}{N}}{\cos\dfrac{\pi-\alpha_2}{N}+\cos\dfrac{\phi_i}{N}} \tag{5-92}$$

$$D_{em} = \frac{Q}{\sin\beta_i}\left[\frac{\cos\phi_s}{\cos\alpha_1} \times \frac{\dfrac{1}{N}\sin\dfrac{\pi-\alpha_1}{N}}{\cos\dfrac{\pi-\alpha_1}{N}-\cos\dfrac{\phi_i}{N}} + \frac{\cos(N\pi-\phi_s)}{\sin\alpha_2} \times \frac{\dfrac{1}{N}\sin\dfrac{\pi-\alpha_2}{N}}{\cos\dfrac{\pi-\alpha_2}{N}+\cos\dfrac{\phi_i}{N}} \right] \tag{5-93}$$

170

其中,

$$Q = 2\frac{1+\cos\beta_i\cos\beta_s}{\cos\beta_i\cos\beta_s}\sin\left(\frac{1}{2}(\beta_s+\beta_i)\right)\sin\left(\frac{1}{2}(\beta_s-\beta_i)\right) \tag{5-94}$$

$$\sin\alpha_1 = \frac{\left[\sin^2\beta_i - \sin^2\beta_s\cos^2\phi_s\right]^{1/2}}{\sin\beta_i} \tag{5-95}$$

$$\sin\alpha_2 = \frac{\left[\sin^2\beta_i - \sin^2\beta_s\cos^2(N\pi-\phi_s)\right]^{1/2}}{\sin\beta_i} \tag{5-96}$$

Michael 导出的此组绕射系数中,I_e 和 I_m 是由入射电场 $\boldsymbol{E}^i$ 和入射磁场 $\boldsymbol{H}^i$ 共同激励的,它更全面地分析了等效电磁流方法。式中物理量的几何关系如图 5-33 所示,图中虚线为入射波和绕射波方向在 x – y 面上的投影。

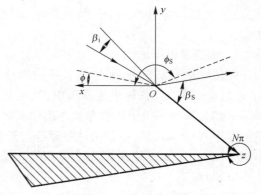

图 5-33　边缘散射几何关系

等效电磁流 I_e 和 I_m 求得后,代入式(5-88)辐射积分中,则可求得绕射场 $\boldsymbol{E}^d$。值得指出的是,等效电磁流法在两个方面推广了 Keller 的几何绕射理论;一是边缘绕射场在焦散方向上保持有限,虽然焦散问题也可用其他方法来校正,但等效电磁流法给出了一个统一的求解方法;二是散射方向不再局限于 Keller 锥的某条母线方向,这是等效电磁流法对几何绕射理论的重要推广。

5.4　电磁散射中的低频算法

5.4.1　低频算法概述

低频算法与高频算法相比,它将目标各个子散射体之间的电磁互耦关系都进行考虑。因此,原则上低频算法可以精确地求解任意形状复杂目标的外部散射问题。低频算法主要包括以下几种:

1. 矩量法

矩量法(Method Of Moment,MOM)最早是被 Richmand 和 Harrington 用于求解电磁场问题,而后在 Harrington 的著作中得到了系统的论述,从此成为求解电场问题数值解的主要方法,并成功应用于天线问题和电磁散射问题中。矩量法的基本原理是:先选定基函数对未知函数进行近似展开,再代入算子方程,之后选取适当的权函数,通过加权平均使方程的余量等于零,从而将连续的算子方程转换为代数方程。理论上,矩量法可用于求解微分方程和积分方程,但用于微分方程时所得到的代数方程往往是病态的,故在电磁场问题中主要用于求解积分方程。矩量法的应用主要受限于以下方面:

(1)必须将所要求解的问题变为相应的积分方程形式才可以求解。

(2)当未知量的个数为 N 时,矩量法所需要的计算量为 $O(N^2)$;当采用直接分解或迭代求解时,所需要的计算量分别为 $O(N^3)$ 或 $O(N^2)$。

（3）当工作波长接近散射体的谐振波长时，阻抗矩阵就会变成病态，而产生内谐振现象，导致计算结果不稳定、也不准确。

针对内谐振问题，各国学者提出了多种解决方法，主要包括组合积分方程（CFIE）、最小泛数解、奇异分解法（SVD）以及共轭梯度法（CG）等。这些方法既可克服谐振问题，又可避免矩阵求逆，而且还具有运算速度快、精度高的优点。

在计算电大尺寸目标散射问题时，矩量法受限于计算机内存空间而不能得到应用。为了解决这个问题，各国学者相继提出了一些快速有效的方法，如自适应积分法、共轭梯度法、快速傅里叶变换法、系数矩阵规则网格法、快速多极子法及多层快速多极子法等。

2. 快速多极子法

在传统矩量法的基础上采取各种加速方法以减少计算量，使其计算复杂度降至 $O(N^{\alpha})(\alpha < 2)$。在各种快速算法中，快速多极子法（Fast – Multipole Method, FMM）发展最为成熟。快速多极子法旨在加速迭代求解中矩阵与矢量的相乘计算和节省矩阵的存储量。对于 N 个未知量，矩量法计算矩阵与矢量相乘的工作量为 $O(N^2)$ 量级。而采用快速多极子法，其计算工作量则降为 $O(N^{1.5})$ 量级；存储量也由矩量法的 $O(N^2)$ 量级降至 $O(N^{1.5})$ 量级。

快速多极子法是美国耶鲁大学 V. Rokhlin 教授于 1990 年提出的一种求解积分方程的快速算法，最初应用于求解经典问题中的泊松方程，以用来分析大量电荷的静电场和大量天体的引力场。快速多极子方法的基本物理依据是：源对远区的作用可适当减少，但对计算精度不产生明显的影响，并可以使得由矩量法所形成的满阵变成稀疏矩阵，从而适用于迭代求解，大大降低计算复杂度。20 世纪 90 年代初期，快速多极子法就被广泛应用到二维、三维目标的电磁散射分析中。

快速多极子法提出之后，陆续在快速多极子的基础上开展了多种算法：

（1）最陡下降快速多极子法（Steepest – Descent Fast – Multipole Method, SDFMM）。将三维格林函数谱域积分表达式应用最陡下降法作渐进近似，即可将其表示为若干二维格林函数的叠加。而二维格林函数则很容易用 FMM 计算。

（2）射线传播快速多极子法（Ray – Propagation Fast – Multipole Method, RPFMM）。用射线传播法对快速多极子算法进行近似，即在远区组之间的转移因子中，沿组中心连线方向上的角谱分量贡献最大，但是远离该传播方向的角谱分量的贡献可以忽略。此种近似可以简化计算。

（3）远场近似快速多极子法（Far – Field Approximation in Fast – Mutipole Method, FFAFMM）：转移因子计算中应用远场近似能达到简化计算。当远场组间距离大于某阈值后，转移因子中的特殊函数即可用相应的渐进表达式来替代。这将大大简化转移因子的计算。此外，聚合过程应用插值处理和配置过程的平滑处理都能有助于降低谱空间积分的计算量。

3. 多层快速多极子法

随着未知量的增加和计算的规模不断增大，传统快速多极子法及其扩展方法难以满足计算的高效性与实时性的要求。多层快速多极子法（Multilevel Fast Multipole Algorithm, MLFMA）在快速多极子法发展中是被应用最为广泛的一种方法。多层快速多极子法是一种多层计算法(Hierachically Method)。多层计算法在工程领域的应用由来已久,这种方法广泛应用于天体力学、量子力学、流体力学、分子运动论、固态材料科学及电磁场等领域。该方法对所划分的单元在多个层级上进行分组,按照层间嵌套,逐层递推的原则实现快速多极子方法。

1983年,V. Rokhlin用多层的快速多极子思想处理静电场问题。1986年,Barnes和Hut用类似的多层级方法计算了粒子间的互耦问题。在此之后,国外众多学者如Dembart、Yip、C. C. Lu、J. M. Song、W. C. Chew及J. M. Jin等将多层快速多极子法应用于电磁散射问题中,使该方法得到了广泛的发展与完善。使用多层快速多极子法可使得矩矢乘法的复杂度降为$O(N \log N)$,这是对矩量法的突破性改进。与其他近似方法不同,快速多极子和多层快速多极子法在理论上是严格的,精度也是可以控制的。此方法既加快了积分方程的求解速度,又保持了矩量法的计算精度。

5.4.2　矩量法

腔体电磁散射特性研究中,高频近似方法虽然对计算机资源要求不高,适合于分析形状缓变的电大尺寸腔体,但是对于进气道的复杂终端与喷管涡轮部件及其加力筒体中的支板、喷油管、火焰稳定器等小部件则难以准确计算。为了能更全面地分析军用飞机上的腔体部件及其内部复杂"小部件",高低频混合算法常常被采用。本书选择矩量法与迭代物理光学高低频混合算法来计算带有复杂"小部件"的进气道及喷管部件。本节主要介绍矩量法的基本概念、基函数和权函数的选择、积分方程的求解过程与奇异性处理等内容。

1. 矩量法的基本概念

矩量法的原理是用许多离散的子域来代表整个连续区域。在子域中,未知函数用带有未知系数的基函数来表示。因此,无限个自由度的问题就被转化成了有限个自由度的问题,采用点匹配法、线匹配法或者伽略金法得到一组代数方程(即矩阵方程),最后通过求解这一矩阵方程获得目标上的真实电流分布。矩量法是一种严格的数值方法,其精度主要取决于目标几何建模和正确的基、权函数选择以及阻抗元素的计算等。

对于实际的电磁散射或者辐射问题,数学上可以用一个一般的算子方程来描述,即

$$L \cdot f = g \tag{5-97}$$

式中:L为线性算子;g为已知的源函数或者激励函数;f为待求的未知函数。

L和f定义在不同的函数空间F和G上,算子L将F空间的函数映射到G空间上。

一般要获得式(5-97)的精确解非常困难,除非L为非常简单的线性算子。为了获得式(5-97)的数值解,将f在L的定义域展开成$f_1, f_2, \cdots, f_N$的线性组合,即

$$f = \sum_{n=1}^{N} a_n f_n \tag{5-98}$$

式中:a_n为待求的标量系数;f_n为展开函数或者基函数。

如果$N \to \infty$且$\{f_n\}$是一完备集,则方程式(5-98)是精确的。由于计算机容量的有限性,N必须有限。此时方程式(5-98)右边项是待求函数f的近似解,定义在F的子空间$F_N = \mathrm{span}\{f_1, f_2, \cdots, f_n\}$内。将式(5-98)代入式(5-97),再利用算子L的线性性质,可以

得到

$$\sum_{n=1}^{N} a_n \boldsymbol{L} \cdot \boldsymbol{f} = g \tag{5-99}$$

式(5-99)定义在空间 G 内。为了求解式(5-99)以确定未知系数 a_n，将方程两边在 N 个矢量 $w_1, w_2, \cdots, w_n$ 上进行投影，则式(5-99)将转化为一矩阵方程。如果 $N \to \infty$ 且 $\{w_n\}$ 是一完备集，则此矩阵方程与式(5-99)方程完全等价；如果 N 为有限，则此矩阵方程是式(5-99)在 G 空间上的子空间 $G_N = \mathrm{span}\{w_1, w_2, \cdots, w_n\}$ 上的投影。上述步骤即为矩量法的基本出发点，而 w_m 称为权函数或者检验函数。

在矩量法中，矢量 f 在 w 上的投影定义为 f 和 w 的内积，即

$$< w, f > = \int \mathrm{d}s w(r) \cdot f(r) \tag{5-100}$$

因此，式(5-99)的近似形式可写为

$$\sum_{n=1}^{N} a_n < w_m, \boldsymbol{L} \cdot \boldsymbol{f} > = < w_m \cdot g > \quad m = 1, 2, \cdots, N \tag{5-101}$$

式(5-101)可以简洁地写为矩阵形式，即

$$\boldsymbol{Z} \cdot \boldsymbol{a} = \boldsymbol{b} \tag{5-102}$$

式中矩阵 $\boldsymbol{Z}$ 的元素 $Z_{mn} = < w_m, \boldsymbol{L} \cdot \boldsymbol{f} >$，向量 b 的元素由 $b_m = < w_m, g >$ 给出。如果矩阵 $\boldsymbol{Z}$ 非奇异，则未知矢量 $\boldsymbol{a}$ 可由式(5-102)方便地获取。这样，待求未知函数 f 便可由式(5-98)获得。

2. 基函数和权函数

从数学原理可以看出，矩量法的一个关键步骤是基函数和权函数的选择。为了使矩阵方程式(5-102)的解更接近原始问题(5-97)的解，$\{f_n\}$ 和 $\{w_n\}$ 应尽可能的完备。因此，$\{f_n\}$ 和 $\{w_n\}$ 都必须各自线性无关。理想的基函数和权函数应满足以下要求：

（1）可以获得很高精度的解。

（2）易于计算矩阵单元 Z_{mn}。

（3）需要尽可能少的基函数和权函数数目以生成一小的矩阵。

（4）矩阵 $\boldsymbol{Z}$ 为良态矩阵。

然而，理想的基函数及权函数并不存在，且上述要求之间经常发生矛盾。例如，当基函数的数目较少时，矩阵单元 Z_{mn} 的计算较为复杂，且所生成矩阵的条件数很差。

一般说来，权函数的选择决定测试的方式。对应于点匹配、线匹配、伽略金匹配方法，相应的权函数可取为点脉冲、线性函数、与基函数相同的函数。通常采用的是点匹配和伽略金匹配两种方法。虽然伽略金匹配法实施起来较为繁琐，计算系数矩阵 $\boldsymbol{Z}$ 比较困难，但它的计算效果最稳定。因此，建议采用伽略金匹配方法，也就是选择的权函数与基函数具有相同的形式。下面重点介绍基函数的选取。

基函数通常分为两大类，一类为全域基函数，另一类为分域基函数（也称之为局域基函数）。全域基函数定义在整个求解区间上，这类基函数在解决某些特定问题时比较有效，但对于更一般的问题，这类基函数很难构造，因而很少使用。分域基函数，顾名思义是定义在求解区域的子域上。根据所研究物体的类型和形状，分域基函数可以定义在线段上、面元上、小体积元上以及线—面结合处。针对不同的剖分形式，也有不同的基函数，如基于矩形网格剖分或者基于三角形网格剖分的基函数等。

174

3. RWG 矢量基函数

一类被称为屋顶函数的矢量基函数不仅能保持单元交界处切向或者法向的连续性，而且还为设置未知场或电流的边界条件提供了方便。为了将散射体的表面离散化，可采用三角形面元或者矩形面元，并定义相应的屋顶函数。

三角形面元最有利于对任意曲面的精确模拟，因而得到了最广泛的应用。针对三角形面元，S. M. Rao 等人提出了一种屋顶函数，后来被称为 Rao – Wilton – Glisson 矢量基函数（简称 RWG 矢量基函数）。

Rao 等人用三角形逼近任意形状的导体表面 S，并将有公共边的三角形面元用公共边进行编号。图5–34 给出任意一对三角形面元 T_n^+ 和 T_n^- ($n=1,2,\cdots$)，其公共边及其边长用 l_n 表示，面积分别用 A_n^+ 和 A_n^- 表示。为了方便，定义两类位置矢量表示面元上各点的位置：$\boldsymbol{\rho}_n^+$ 和 $\boldsymbol{\rho}_n^-$ 分别由 T_n^+ 的自由顶点指向内点和由 T_n^- 的内点指向其自由顶点，r_n^+ 和 r_n^- 分别表示由坐标原点 O 指向 T_n^+ 和 T_n^- 的内点，T_n^+ 和 T_n^- 中心点的位置矢量分别用 ρ_n^{c+} 和 ρ_n^{c-} 以及 r_n^{c+} 和 r_n^{c-} 表示。

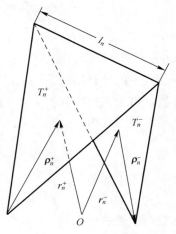

图 5–34　共边三角形面元示意图

与 l_n 相联系的 RWG 矢量基函数可定义为

$$
\boldsymbol{f}_n(\boldsymbol{r}) = \begin{cases} \dfrac{l_n}{2A_n^+}\boldsymbol{\rho}_n^+, & \boldsymbol{r}\in T_n^+ \\[2mm] \dfrac{l_n}{2A_n^-}\boldsymbol{\rho}_n^-, & \boldsymbol{r}\in T_n^- \qquad n=1,2,\cdots \\[2mm] 0, & 其他 \end{cases} \tag{5-103}
$$

式中：$\boldsymbol{r}$ 为由原点 O 到任一点的位置矢量。

待求的表面电流 $\boldsymbol{J}_s$ 可近似表示为

$$
\boldsymbol{J}_s(\boldsymbol{r}) = \sum_{n=1}^{N} j_n \boldsymbol{f}_n(\boldsymbol{r}) \tag{5-104}
$$

式中：j_n 为未知展开系数；N 为除边界棱边（只与某个面元相关的棱边）外所包含的面元边数。

显然，当用 RWG 矢量基函数展开表面电流时，电流方向就与式（5–103）中的 $\boldsymbol{\rho}_n^+$ 和 $\boldsymbol{\rho}_n^-$ 方向一致。定义与 l_n 相关的电流，以由 T_n^+ 流向 T_n^- 为正方向，则电流展开基函数具有以下几个特点：

（1）由三角形面积的计算公式可知，$2A_n^\pm/l_n$ 等于从 $T_n^\pm$ 的自由顶点到 l_n 的垂直距离。由式（5–103）可推知，如果 $\boldsymbol{r}$ 表示 $\boldsymbol{\rho}_n^\pm$ 对 l_n 的正交交点，则必有 $|\boldsymbol{f}_n(\boldsymbol{r})|=1$。$T_n^\pm$ 上的电流取向与 $\boldsymbol{\rho}_n^\pm$ 一致，说明 $T_n^\pm$ 上对 l_n 正交的电流为常数，在跨越 l_n 时具有连续性。这也说明在 l_n 上没有线电荷的积累，从而保证不会由此引起计算误差。此外，由于代表电流方向的 $\boldsymbol{\rho}_n^\pm$ 不可能在除公共边 l_n 之外的 $T_n^\pm$ 的其他边上有正交分量，所以在其他边上没有垂直于 $T_n^\pm$ 边界的电流分量，故也没有线电荷的积累。

（2）求 $f_n(\boldsymbol{r})$ 的面散度可得

$$\nabla_s \cdot f_n(\boldsymbol{r}) = \begin{cases} \nabla_s \cdot \left(\dfrac{l}{2A_n^+} \boldsymbol{\rho}_n^+ \right) = \dfrac{l}{2A_n^+} \nabla_s \cdot \boldsymbol{\rho}_n^+ = \dfrac{l}{A_n^+}, & \boldsymbol{r} \in T_n^+ \\ \nabla_s \cdot \left(\dfrac{l_n}{2A_n^-} \boldsymbol{\rho}_n^- \right) = \dfrac{l_n}{2A_n^-} \nabla_s \cdot \boldsymbol{\rho}_n^- = -\dfrac{l_n}{A_n^-}, & \boldsymbol{r} \in T_n^- \quad n=1,2,\cdots \\ 0, & \text{其他} \end{cases} \tag{5-105}$$

式中：$\nabla_s \cdot$ 为求面散度。

式中的计算用到了 $\nabla_s \cdot \boldsymbol{\rho}_n^+ = -\nabla_s \cdot \boldsymbol{\rho}_n^- = 2$，这表明 $f_n(\boldsymbol{r})$ 的面散度在每个面元上均为常数。由于在连续方程中 $\nabla_s \cdot \boldsymbol{J}_n / \mathrm{j}\omega$ 代表电荷密度，所以 T_n^+ 和 T_n^- 上的电荷密度为常数，电荷总量分别为

$$\frac{1}{\mathrm{j}\omega} \nabla_s \cdot f_n(\boldsymbol{r}_n^+) A_n^+ = \frac{l_n}{\mathrm{j}\omega}, \frac{1}{\mathrm{j}\omega} \nabla_s \cdot f_n(\boldsymbol{r}_n^-) A_n^- = -\frac{l_n}{\mathrm{j}\omega} \tag{5-106}$$

式中：j 为虚数单位。

式（5-106）说明 T_n^+ 和 T_n^- 上所带的电荷等量、异号，总电荷为零。也就是说，基函数具有偶极子的形式。

（3）$f_n(\boldsymbol{r})$ 的电矩为 $(A_n^+ + A_n^-)f_{\text{ave}}$，可表示为

$$(A_n^+ + A_n^-)f_{\text{ave}} = \int_{T_n^+ + T_n^-} f_n \mathrm{d}S = \frac{l_n}{2}(\boldsymbol{\rho}_n^{\text{c}+} + \boldsymbol{\rho}_n^{\text{c}-}) = l_n(\boldsymbol{r}_n^{\text{c}+} + \boldsymbol{r}_n^{\text{c}-}) \tag{5-107}$$

5.4.3　矩量法求解电场积分方程

1. 理想导电散射体的表面积分方程

设散射体所在的空间为 V，表面边界为 S。V 的外部有一照射源，不存在散射体时，所产生的电场和磁场分别用 $\boldsymbol{E}_{\text{inc}}$ 和 $\boldsymbol{H}_{\text{inc}}$ 表示。若用一等效源表示散射体，分别用 $\boldsymbol{E}_{\text{sca}}$ 和 $\boldsymbol{H}_{\text{sca}}$ 表示其在外部介质构成的无界空间中产生的电场和磁场，根据等效原理，存在散射体时的总场 $\boldsymbol{E}$ 和 $\boldsymbol{H}$ 为

$$\boldsymbol{E} = \boldsymbol{E}_{\text{inc}} + \boldsymbol{E}_{\text{sca}}, \qquad \boldsymbol{H} = \boldsymbol{H}_{\text{inc}} + \boldsymbol{H}_{\text{sca}} \tag{5-108}$$

分别用 $\boldsymbol{J}_s$ 和 $\boldsymbol{M}_s$ 表示等效电流源和等效磁流源，则与其相关的矢量磁势函数和矢量电势函数分别为

$$\boldsymbol{A} = \mu \int_V \boldsymbol{J}_s(\boldsymbol{r}') G(\boldsymbol{r},\boldsymbol{r}') \mathrm{d}V' \tag{5-109}$$

$$\boldsymbol{A}_m = \varepsilon \int_V \boldsymbol{M}_s(\boldsymbol{r}') G(\boldsymbol{r},\boldsymbol{r}') \mathrm{d}V' \tag{5-110}$$

式中：$G(\boldsymbol{r},\boldsymbol{r}')$ 为外部介质无界空间的格林函数；μ、ε 分别为导电散射体的磁导率与介电常数。

散射场可表示为

$$\boldsymbol{E}_{\text{sca}} = -\mathrm{j}\omega \left(\boldsymbol{A} + \frac{1}{k^2} \nabla\nabla \cdot \boldsymbol{A} \right) - \frac{1}{\varepsilon} \nabla \times \boldsymbol{A}_m \tag{5-111}$$

$$\boldsymbol{H}_{\text{sca}} = \frac{1}{\mu} \nabla \times \boldsymbol{A} - \mathrm{j}\omega \left(\boldsymbol{A}_m + \frac{1}{k^2} \nabla\nabla \cdot \boldsymbol{A} \right) \tag{5-112}$$

式中：$k = \omega\sqrt{\mu\varepsilon}$ 为自由空间波数。

设 S 所包围的体积 V 为理想导体,被入射场 E_{inc} 和 H_{inc} 照射,如图 5-35(a)所示。该问题可由图 5-35(b)所示的问题等效,其中等效源为

$$J_{\text{s}} = n \times H \tag{5-113}$$

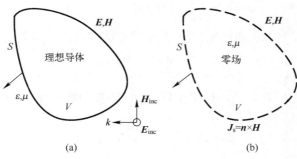

图 5-35 理想导电散射体及其等效问题

由式(5-109)至式(5-113)可得

$$E(r) = E_{\text{inc}}(r) - j\omega\left(A + \frac{1}{k^2}\nabla\nabla \cdot A\right) \tag{5-114}$$

$$H(r) = H_{\text{inc}}(r) + \frac{1}{\mu}\nabla \times A \tag{5-115}$$

式(5-114)、式(5-115)给出了散射体存在时由外部源激发产生的电磁场,并在整个外部区域中成立。应用理想导体的边界条件 $n \times E = 0$,则由式(5-114)可以得到

$$n \times E_{\text{inc}}(r) = n \times j\omega\left(A + \frac{1}{k^2}\nabla\nabla \cdot A\right) \quad r \in S \tag{5-116}$$

只有当 r 在 S 上时式(5-116)才成立。由式(5-109)可知,式(5-116)是一个关于 J_{s} 的积分方程,也是另一种形式的电场积分方程。如果将边界条件 $n \times H = J_{\text{s}}$ 用于式(5-115),则可得到另一个关于 J_{s} 的积分方程,即

$$n \times H_{\text{inc}}(r) = J_{\text{s}}(r) - \frac{1}{\mu}n \times \nabla \times A \quad r \in S \tag{5-117}$$

原则上,以上两式中的任何一个积分方程都可求出 J_{s},从而再由(5-114)和(5-115)求出空间任意点的电磁场。然而,在推导式(5-116)和式(5-117)的过程中只用到一个边界条件,因此可能导致解的不唯一性。

当散射体为非闭合理想导体时,等效原理仍然有效。由于边界条件 $n \times E = 0$ 对于无限薄的非闭合导体也成立,故式(5-116)仍然成立。但是,导出磁场积分方程的边界条件 $n \times H = J_{\text{s}}$ 是一般边界条件 $n \times (H_1 - H_2) = J_{\text{s}}$ 的特殊情况。由于闭合理想导体的内部磁场为零,而对非闭合结构而言,导体内外两侧的磁场不为零,因此式(5-117)不适用非闭合结构,只适用于闭合结构的情况。

2. 矩量法求解电场积分方程

电场积分方程式(5-116)对闭合和开放的理想导体都适用。为了求解任意形状导体的散射问题。本小节将推导理想导体散射问题的电场积分方程。将方程式(5-116)改写为另一种形式,即

$$n \times E_{\text{inc}}(r) = n \times j\omega(A + \nabla\varphi) \tag{5-118}$$

177

式中:A 和 φ 分别为矢量势函数和标量势函数。对于三维散射问题,则有

$$A = \frac{\mu}{4\pi} \int_S \boldsymbol{J}_s(\boldsymbol{r}') \frac{\mathrm{e}^{\mathrm{j}k|\boldsymbol{r}-\boldsymbol{r}'|}}{|\boldsymbol{r}-\boldsymbol{r}'|} \mathrm{d}S' \qquad (5-119)$$

$$\varphi(\boldsymbol{r}) = \frac{1}{4\pi\varepsilon} \int_S \sigma_s(\boldsymbol{r}') \frac{\mathrm{e}^{\mathrm{j}k|\boldsymbol{r}-\boldsymbol{r}'|}}{|\boldsymbol{r}-\boldsymbol{r}'|} \mathrm{d}S' \qquad (5-120)$$

式中:$\boldsymbol{r}$ 和 $\boldsymbol{r}'$ 为观察点和源点的位置矢量;其中等效面电流 $\boldsymbol{J}_s$ 与面电荷 σ_s 满足如下关系:

$$\nabla_s \cdot \boldsymbol{J}_s = -\mathrm{j}\omega\sigma_s \qquad (5-121)$$

将式(5-104)代入式(5-118)中,为了确定 $j_n(n=1,2,\cdots,N)$,用 N 个权函数对方程式(5-118)进行加权平均。采用伽略金匹配法,则权函数就用 RWG 矢量基函数,于是就有

$$\langle \boldsymbol{E}_{\mathrm{inc}}, \boldsymbol{f}_m \rangle = \mathrm{j}\omega\langle A, \boldsymbol{f}_m \rangle + \langle \nabla\varphi, \boldsymbol{f}_m \rangle \quad m=1,2,\cdots,N \qquad (5-122)$$

其中矢量内积定义为

$$\langle \boldsymbol{u}, \boldsymbol{v} \rangle = \int_S \boldsymbol{u} \cdot \boldsymbol{v} \mathrm{d}S \qquad (5-123)$$

式(5-122)最后一项可写为

$$\langle \nabla\varphi, \boldsymbol{f}_m \rangle = \int_{\Delta_m} \nabla_s\varphi \cdot \boldsymbol{f}_m \mathrm{d}S \qquad (5-124)$$

式中 Δ_m 表示任意三角形面元对 $T_m^{\pm}$;利用矢量公式

$$A \cdot (BC) = BA \cdot C + AB \cdot C \qquad (5-125)$$

则式(5-124)可写为

$$\int_{\Delta_m} \nabla_s\varphi \cdot \boldsymbol{f}_m \mathrm{d}S = \int_{\Delta_m} \nabla_s \cdot (\varphi\boldsymbol{f}_m) \mathrm{d}S - \int_{\Delta_m} \varphi \nabla_s \cdot \boldsymbol{f}_m \mathrm{d}S \qquad (5-126)$$

对于任意 Δ_m 三角形面元对,有

$$\int_{\Delta_m} \nabla_s \cdot (\varphi\boldsymbol{f}_m) \mathrm{d}S = \oint_M \varphi\boldsymbol{f}_m \cdot \boldsymbol{n}_M \mathrm{d}l \qquad (5-127)$$

式中:M 为任意三角形面元对 Δ_m 的边界线;$\boldsymbol{n}_M$ 为分别处于 T_n^+ 和 T_n^- 三角形平面内且垂直于 M 的外法向单位矢量,如图 5-36 所示。

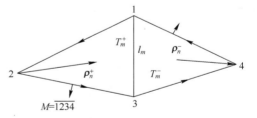

由 RWG 基函数定义可知,$\boldsymbol{f}_m$ 在顶点 2、4 处为零;在顶点 1、3 处的矢量方向 $\boldsymbol{\rho}_n^+$ 或 $\boldsymbol{\rho}_n^-$ 必须沿着三角形边界,因此在整个 M 上的积分有

图 5-36　任意三角形面元对示意图

$$\oint_M \varphi\boldsymbol{f}_m \cdot \boldsymbol{n}_M \mathrm{d}l = 0 \qquad (5-128)$$

因此,式(5-126)可简化为

$$\int_{\Delta_m} \nabla_s\varphi \cdot \boldsymbol{f}_m \mathrm{d}S = -\int_{\Delta_m} \varphi \nabla_s \cdot \boldsymbol{f}_m \mathrm{d}S \qquad (5-129)$$

便有

$$\langle \nabla\varphi, \boldsymbol{f}_m \rangle = -\int_{\Delta_m} \varphi \nabla_s \cdot \boldsymbol{f}_m \mathrm{d}S \qquad (5-130)$$

将式(5-105)代入式(5-130),可得

$$\int_{\Delta_m} \varphi \, \nabla_{\mathrm{s}} \cdot \boldsymbol{f}_m \mathrm{d}S = \int_{T_m^+} \varphi \frac{l_m}{A_m^+} \mathrm{d}S + \int_{T_m^-} \varphi \Big(-\frac{l_m}{A_m^-} \Big) \mathrm{d}S$$

$$\approx l_m [\varphi(r_m^{\mathrm{c}+}) + \varphi(r_m^{\mathrm{c}-})] \tag{5-131}$$

类似地,$\langle \boldsymbol{E}_{\mathrm{inc}}, \boldsymbol{f}_m \rangle$ 和 $\langle \boldsymbol{A}, \boldsymbol{f}_m \rangle$ 也可近似地分别表示为

$$\Big\langle {\boldsymbol{E}_{\mathrm{inc}} \atop \boldsymbol{A}}, \boldsymbol{f}_m \Big\rangle = \frac{l_m}{2} \Big[\frac{1}{A_m^+} \int_{T_m^+} \Big\{ {\boldsymbol{E}_{\mathrm{inc}}(\boldsymbol{r}) \atop \boldsymbol{A}(\boldsymbol{r})} \Big\} \cdot \boldsymbol{\rho}_m^+ \mathrm{d}S + \frac{1}{A_m^-} \int_{T_m^-} \Big\{ {\boldsymbol{E}_{\mathrm{inc}}(\boldsymbol{r}) \atop \boldsymbol{A}(\boldsymbol{r})} \Big\} \cdot \boldsymbol{\rho}_m^- \mathrm{d}S \Big]$$

$$= \frac{l_m}{2} \Big[\int_{T_m^+} \Big\{ {\boldsymbol{E}_{\mathrm{inc}}(\boldsymbol{r}_m^{\mathrm{c}+}) \atop \boldsymbol{A}(r_m^{\mathrm{c}+})} \Big\} \cdot \boldsymbol{\rho}_m^{\mathrm{c}+} \mathrm{d}S + \int_{T_m^-} \Big\{ {\boldsymbol{E}_{\mathrm{inc}}(\boldsymbol{r}_m^{\mathrm{c}-}) \atop \boldsymbol{A}(r_m^{\mathrm{c}-})} \Big\} \cdot \boldsymbol{\rho}_m^{\mathrm{c}-} \mathrm{d}S \Big] \tag{5-132}$$

将式(5-130)和式(5-131)代入式(5-132),即有

$$j\omega l_m \Big[\boldsymbol{A}(\boldsymbol{r}_m^{\mathrm{c}+}) \cdot \frac{\boldsymbol{\rho}_m^{\mathrm{c}+}}{2} + \boldsymbol{A}(\boldsymbol{r}_m^{\mathrm{c}-}) \cdot \frac{\boldsymbol{\rho}_m^{\mathrm{c}-}}{2} \Big] + l_m [\varphi(r_m^{\mathrm{c}-}) - \varphi(r_m^{\mathrm{c}+})]$$

$$= l_m \Big[\boldsymbol{E}_{\mathrm{inc}}(\boldsymbol{r}_m^{\mathrm{c}+}) \cdot \frac{\boldsymbol{\rho}_m^{\mathrm{c}+}}{2} + \boldsymbol{E}_{\mathrm{inc}}(\boldsymbol{r}_m^{\mathrm{c}-}) \cdot \frac{\boldsymbol{\rho}_m^{\mathrm{c}-}}{2} \Big] \tag{5-133}$$

式中:$m = 1, 2, \cdots, N$,式(5-133)是对应每条公共边所满足的方程。则有

$$\sum_{n=1}^{N} l_m I_n \Big[j\omega \Big(\boldsymbol{A}_{mn}^+ \cdot \frac{\boldsymbol{\rho}_m^{\mathrm{c}+}}{2} + \boldsymbol{A}_{mn}^- \cdot \frac{\boldsymbol{\rho}_m^{\mathrm{c}-}}{2} \Big) + (\varphi_{mn}^- - \varphi_{mn}^+) \Big] = l_m \Big[\boldsymbol{E}_m^+ \cdot \frac{\boldsymbol{\rho}_m^{\mathrm{c}+}}{2} + \boldsymbol{E}_m^- \cdot \frac{\boldsymbol{\rho}_m^{\mathrm{c}-}}{2} \Big]$$

$$\tag{5-134}$$

式中:

$$\boldsymbol{A}_{mn}^- = \frac{\mu}{4\pi} \int_{\Delta_n^\pm} \boldsymbol{f}_n(\boldsymbol{r}') \frac{\mathrm{e}^{-jkR_m^+}}{R_m^+} \mathrm{d}S'$$

$$= \frac{\mu}{4\pi} \Big[\int_{\Delta_n^+} \frac{l_n}{2A_n^+} (\boldsymbol{r}' - \boldsymbol{r}_i) \frac{\mathrm{e}^{-jkR_m^+}}{R_m^+} \mathrm{d}S' + \int_{\Delta_n^-} \frac{l_n}{2A_n^-} (\boldsymbol{r}_j - \boldsymbol{r}') \frac{\mathrm{e}^{-jkR_m^\pm}}{R_m^+} \mathrm{d}S' \Big]$$

$$\boldsymbol{A}_{mn}^- = \frac{\mu}{4\pi} \int_{\Delta_n^\pm} \boldsymbol{f}_n(\boldsymbol{r}') \frac{\mathrm{e}^{-jkR_m^-}}{R_m^-} \mathrm{d}S'$$

$$= \frac{\mu}{4\pi} \Big[\int_{\Delta_n^+} \frac{l_n}{2A_n^+} (\boldsymbol{r}' - \boldsymbol{r}_i) \frac{\mathrm{e}^{-jkR_m^-}}{R_m^-} \mathrm{d}S' + \int_{\Delta_n^-} \frac{l_n}{2A_n^-} (\boldsymbol{r}_j - \boldsymbol{r}') \frac{\mathrm{e}^{-jkR_m^-}}{R_m^-} \mathrm{d}S' \Big]$$

$$\varphi_{mn}^+ = -\frac{1}{4\pi j\omega\varepsilon} \int_{\Delta_n^\pm} \nabla_{\mathrm{s}}' \cdot \boldsymbol{f}(\boldsymbol{r}') \frac{\mathrm{e}^{-jkR_m^+}}{R_m^+} \mathrm{d}S'$$

$$= \frac{1}{4\pi j\omega\varepsilon} \Big[\int_{\Delta_n^+} \frac{l_n}{A_n^+} \frac{\mathrm{e}^{-jkR_m^+}}{R_m^+} \mathrm{d}S' - \int_{\Delta_n^-} \frac{l_n}{A_n^-} \frac{\mathrm{e}^{-jkR_m^+}}{R_m^+} \mathrm{d}S' \Big]$$

$$\varphi_{mn}^- = -\frac{1}{4\pi j\omega\varepsilon} \int_{\Delta_n^\pm} \nabla_{\mathrm{s}}' \cdot \boldsymbol{f}(\boldsymbol{r}') \frac{\mathrm{e}^{-jkR_m^-}}{R_m^-} \mathrm{d}S'$$

$$= \frac{1}{4\pi j\omega\varepsilon} \Big[\int_{\Delta_n^+} \frac{l_n}{A_n^+} \frac{\mathrm{e}^{-jkR_m^-}}{R_m^-} \mathrm{d}S' - \int_{\Delta_n^-} \frac{l_n}{A_n^-} \frac{\mathrm{e}^{-jkR_m^-}}{R_m^-} \mathrm{d}S' \Big]$$

$$R_m^\pm = | \boldsymbol{r}_m^\pm - \boldsymbol{r}' |, \boldsymbol{E}_m^\pm = \boldsymbol{E}_{\mathrm{inc}}(\boldsymbol{r}_m^{\mathrm{c}\pm})$$

式(5-134)写成矩阵形式为

$$Z_{mn} j_n = V_m \tag{5-135}$$

式中:Z_{mn} 为维数为 $N \times N$ 的矩量法阻抗矩阵;j_n 和 V_m 均为 N 维列向量,分别表示矩量法的电流矩阵和电压矩阵。Z_{mn} 和 V_m 的元素分别为

179

$$Z_{mn} = l_m \left[j\omega \left(A_{mn}^+ \cdot \frac{\boldsymbol{\rho}_m^{c+}}{2} + A_{mn}^- \cdot \frac{\boldsymbol{\rho}_m^{c-}}{2} \right) + \left(\varphi_{mn}^- - \varphi_{mn}^+ \right) \right] \qquad (5-136)$$

$$V_m = l_m \left[\boldsymbol{E}_m^+ \cdot \frac{\boldsymbol{\rho}_m^{c+}}{2} + \boldsymbol{E}_m^- \cdot \frac{\boldsymbol{\rho}_m^{c-}}{2} \right] \qquad (5-137)$$

求解矩阵方程式(5-135)可得到j_n($n = 1, 2, \cdots, N$),再将其代入式(5-104),即可求得表面电流分布。

3. 阻抗矩阵元素计算

阻抗矩阵元素Z_{mn}计算的关键是处理好以下形式的积分,即

$$I_g = \frac{1}{\Delta} \int_{S_\Delta} g(\boldsymbol{r}') \frac{e^{-jkR}}{R} dS' \qquad (5-138)$$

式中:Δ 为积分区域S_Δ 三角面元的面积。

当源三角形与场三角形重合时,被积函数在积分域内有奇异点,为消除积分中的可去奇异点$R = 0$,可将积分作以下变形,即

$$I_g = \frac{1}{\Delta} \int_{S_\Delta} g(\boldsymbol{r}') \frac{e^{-jkR} - 1}{R} dS' + \frac{1}{\Delta} \int_{S_\Delta} \frac{g(\boldsymbol{r}')}{R} dS' = I_{g1} + I_{g2} \qquad (5-139)$$

式中右边第一项积分I_{g1}可用高斯积分法计算,第二项积分I_{g2}则需要被积函数的奇异点。

在三角形面元中,自然坐标为面积坐标(也称局部坐标系)。对导体表面进行三角面元剖分之后,平面三角面元上的数值积分实现问题通常使用面积坐标的方法解决。图5-37中矢量$\boldsymbol{\rho}_1$、$\boldsymbol{\rho}_2$、$\boldsymbol{\rho}_3$ 将三角形面元S_Δ 划分为3个子三角区域,分别用A_1、A_2、A_3 表示其面积,引入面积坐标系,即

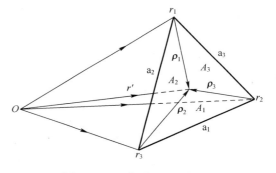

图5-37 三角形面积坐标系

$$\xi = \frac{A_1}{\Delta}, \eta = \frac{A_2}{\Delta}, \zeta = \frac{A_3}{\Delta} \qquad (5-140)$$

式中:ξ、η、ζ 的变化范围为$0 \sim 1$。

$A_1 + A_2 + A_3 = \Delta$,可得

$$\xi + \eta + \zeta = 1 \qquad (5-141)$$

式(5-141)表明,ξ、η 和ζ 三者是线性相关的,只要确定其中两个,第三个便能求出。因此,对三角形任一点的坐标,可以由其中两个来确定,如式(5-142)所示。从几何意义上说,ξ 代表边a_1 上子三角形的相对高度;η 和ζ 分别表示a_2 和a_3 上子三角形的相对高度。通过坐标变换,三角形面元区域内任意一点的矢径$\boldsymbol{r}'$可用面积坐标系表示为

$$\boldsymbol{r}' = \xi\boldsymbol{r}_1 + \eta\boldsymbol{r}_2 + \zeta\boldsymbol{r}_3, \boldsymbol{r}' = \xi\boldsymbol{r}_1 + \eta\boldsymbol{r}_2 + (1 - \xi - \eta)\boldsymbol{r}_3 \qquad (5-142)$$

式中:$\boldsymbol{r}_1$、$\boldsymbol{r}_2$、$\boldsymbol{r}_3$ 分别为三角形面元3个顶点的矢径。

将式(5-139)右边的I_{g1}中变量变换到面积坐标系中,即

$$I_{g1} = \frac{1}{\Delta} \int_{S_\Delta} g(\boldsymbol{r}') \frac{e^{-jkR} - 1}{R} dS' = 2 \int_0^1 \int_0^{1-\eta} \frac{e^{-jkR} - 1}{R} g[\xi\boldsymbol{r}_1 + \eta\boldsymbol{r}_2 + (1 - \xi - \eta)\boldsymbol{r}_3] d\xi d\eta$$

$$(5-143)$$

式中:R 为区域内任意一点 $\boldsymbol{r}'$ 到中心 $\boldsymbol{r}^c$ 的距离,即

$$R = |\boldsymbol{r} - \boldsymbol{r}'| = \left| \frac{1}{3}\boldsymbol{r}_1 + \frac{1}{3}\boldsymbol{r}_2 + \frac{1}{3}\boldsymbol{r}_3 - \xi\boldsymbol{r}_1 - \eta\boldsymbol{r}_2 - (1-\xi-\eta)\boldsymbol{r}_3 \right|$$

$$= \left| \left(\frac{1}{3}-\xi\right)(\boldsymbol{r}_1 - \boldsymbol{r}_3) + \left(\frac{1}{3}-\eta\right)(\boldsymbol{r}_2 - \boldsymbol{r}_3) \right| \tag{5-144}$$

利用高斯积分方法即可求得式(5-143),在三角面元中,自然坐标系为面积坐标系,高斯积分为

$$\int_0^1 \int_0^{1-\eta} F(\xi, \eta, (1-\xi-\eta)) \, \mathrm{d}\xi \mathrm{d}\eta = \frac{1}{2} \sum_{k=1}^{K} \omega^{(k)} F(\xi_k, \eta_k, (1-\xi_k-\eta_k)) \tag{5-145}$$

式中:K 为求积采样点数目;ξ_k、η_k 为采样点;$\omega^{(k)}$ 为权值。

式(5-145)是由 P. C. Hammer 等人给出的数值积分公式。表5-1 给出了几种三角形面元上的高斯积分节点及权值。

表5-1　三角形面元上的高斯积分节点

采样点数目	k	ξ_k	η_k	ω_k
1	1	1/3	1/3	1/2
3	1	1/6	2/3	1/6
	2	2/3	1/6	1/6
	3	1/6	1/6	1/6
7	1	1/3	1/3	9/80
	2	$(6-\sqrt{15})/21$	$(6-\sqrt{15})/21$	$(155-\sqrt{15})/2400$
	3	$(6-\sqrt{15})/21$	$(9+\sqrt{15})/21$	$(155-\sqrt{15})/2400$
	4	$(9+\sqrt{15})/21$	$(6-\sqrt{15})/21$	$(155-\sqrt{15})/2400$
	5	$(6+\sqrt{15})/21$	$(6+\sqrt{15})/21$	$(155+\sqrt{15})/2400$
	6	$(6+\sqrt{15})/21$	$(9-2\sqrt{15})/21$	$(155+\sqrt{15})/2400$
	7	$(9-2\sqrt{15})/21$	$(6+\sqrt{15})/21$	$(155+\sqrt{15})/2400$
9	1	1/18	2/9	1/18
	2	2/9	1/18	1/18
	3	1/18	13/18	1/18
	4	13/18	1/18	1/18
	5	2/9	7/18	1/18
	6	7/18	2/9	1/18
	7	7/18	13/18	1/18
	8	2/9	13/18	1/18
	9	13/18	2/9	1/18

4. 奇异性积分的处理

与上述类似,将式(5-139)中的变量变换到面积坐标系下,则有

$$I_{g2} = \frac{1}{\Delta} \int_{S_\Delta} \frac{g(\boldsymbol{r}')}{R} \mathrm{d}S' = 2 \int_0^1 \int_0^{1-\eta} \frac{1}{R} g[\xi\boldsymbol{r}_1 + \eta\boldsymbol{r}_2 + (1-\xi-\eta)\boldsymbol{r}_3] \mathrm{d}\xi \mathrm{d}\eta \tag{5-146}$$

当源三角形面元与场三角形面元重合时,上述被积函数在积分区域内有奇异点,在奇异点附近积分变量变化过大,不能简单地套用高斯积分公式。

1）变量替换法

在面积坐标系中，三角形的中心点 P 为被积函数的可去奇异点，如图 5-38(a) 所示，此时可利用变量替换的方法处理积分。首先用 P 点将三角形分成三部分，则式(5-146) 的积分 I_{g2} 可由 3 个区域内的积分 $G(1)$、$G(2)$ 和 $G(3)$ 相加得到，即

$$I_{\mathrm{g2}} = G(1) + G(2) + G(3) \tag{5-147}$$

在 A_1 区域内作变量替换，有

$$\begin{cases} \xi = \dfrac{1}{3}u \\ \eta = \dfrac{1}{3}u + (1-u)v \end{cases} \qquad 0 \leqslant u \leqslant 1, 0 \leqslant v \leqslant 1 \tag{5-148}$$

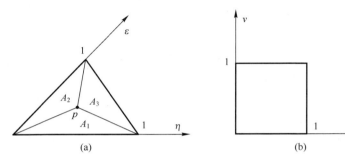

图 5-38　坐标变换

式(5-148)变换的雅可比式为

$$\boldsymbol{J}_1 = \begin{vmatrix} \dfrac{\partial \xi}{\partial u} & \dfrac{\partial \xi}{\partial v} \\ \dfrac{\partial \eta}{\partial u} & \dfrac{\partial \eta}{\partial v} \end{vmatrix} = \dfrac{1}{3}(1-u) \tag{5-149}$$

由此可将积分区域内的 A_1 三角形单元变换成单位正方形，如图 5-38(b) 所示。于是式(5-146)中的 R 可写为

$$R = (1-u) \left| \dfrac{1}{3}(\boldsymbol{r}_1 - \boldsymbol{r}_3) + \left(\dfrac{1}{3} - v \right)(\boldsymbol{r}_2 - \boldsymbol{r}_3) \right| \tag{5-150}$$

由式(5-148)至式(5-150)可得

$$G(1) = 2\int_0^1 \int_0^1 \dfrac{J_1}{R} g(\boldsymbol{r}') \mathrm{d}u \mathrm{d}v = 2\int_0^1 \int_0^1 \dfrac{1}{\left| (\boldsymbol{r}_1 - \boldsymbol{r}_3) + (1 - 3v)(\boldsymbol{r}_2 - \boldsymbol{r}_3) \right|} g(\boldsymbol{r}') \mathrm{d}u \mathrm{d}v \tag{5-151}$$

式中

$$\boldsymbol{r}' = \dfrac{1}{3}u\boldsymbol{r}_1 + \left[\dfrac{1}{3}u + (1-u)v \right]\boldsymbol{r}_2 + \left[1 - \dfrac{2}{3}u - (1-u)v \right]\boldsymbol{r}_3$$

与上述方法类似，A_2 与 A_3 区域内也作上述变量替换，即

$$\begin{cases} \xi = \dfrac{1}{3}u + (1-u)v \\ \eta = \dfrac{1}{3}u \end{cases} \qquad 0 \leqslant u \leqslant 1, 0 \leqslant v \leqslant 1 \tag{5-152}$$

$$\begin{cases} \xi = \dfrac{1}{3}u + (1-u)v \\[2mm] \eta = 1 - \dfrac{2}{3}u - (1-u)v \end{cases} \qquad 0 \leqslant u \leqslant 1, 0 \leqslant v \leqslant 1 \tag{5-153}$$

可以消除 $G(2)$ 和 $G(3)$ 积分中的奇异点。计算出 $G(1)$、$G(2)$ 和 $G(3)$ 之后,将三者相加即可求出积分 I_{g2}。

2)奇异性转移法

对于 $A_{mn}^{\pm}$ 项来说,式(5-146)中的 $g(\boldsymbol{r}')$ 为

$$g(\boldsymbol{r}') = \boldsymbol{\rho}_n \frac{1}{R} = (\boldsymbol{r}' - \boldsymbol{r}_{dm}) \frac{1}{|\boldsymbol{r}_m^{\mathrm{c}} - \boldsymbol{r}'|} \tag{5-154}$$

式中:$\boldsymbol{r}'$ 为任意三角形面元内任意点的位置矢量;$\boldsymbol{r}_{dm}$ 为对应面元的顶点(即公共边所对的顶点);$\boldsymbol{r}_m^{\mathrm{c}}$ 为对应三角形面元的中心点。

对于 $\varphi_{mn}^{\pm}$ 项来说,式(5-146)中的 $g(\boldsymbol{r}')$ 为

$$g(\boldsymbol{r}') = \frac{1}{R} = 1/|\boldsymbol{r}_m^{\mathrm{c}} - \boldsymbol{r}'| \tag{5-155}$$

对式(5-154)和式(5-155)所构成的积分方程做以下处理,即

$$\begin{aligned}
\int_{\Delta_n} \boldsymbol{\rho}_n \frac{1}{R} \mathrm{d}S' &= \int_{\Delta_n} \frac{\boldsymbol{r}' - \boldsymbol{r}_m^{\mathrm{c}}}{\boldsymbol{r}_m^{\mathrm{c}} - \boldsymbol{r}'} \mathrm{d}S' + (\boldsymbol{r}_m^{\mathrm{c}} - \boldsymbol{r}_{dm}) \int_{\Delta_n} \frac{1}{\boldsymbol{r}_m^{\mathrm{c}} - \boldsymbol{r}'} \\
&= \frac{1}{2} \sum_{n=1}^{N} \left[\boldsymbol{u}_n (R_n^0)^2 \cdot \ln \frac{R_n^+ + l_n^+}{R_n^- + l_n^-} + l_n^+ R_n^+ - l_n^- R_n^- \right] \\
&\quad + (\boldsymbol{r}_m^{\mathrm{c}} - \boldsymbol{r}_{dm}) \sum_{n=1}^{N} \left[\boldsymbol{u}_n (R_n^0) \cdot \ln \frac{R_n^+ + l_n^+}{R_n^- + l_n^-} \right]
\end{aligned} \tag{5-156}$$

$$\int_{\Delta_n} \frac{1}{R} \mathrm{d}S' = \int_{\Delta_n} \frac{1}{\boldsymbol{r}_m^{\mathrm{c}} - \boldsymbol{r}'} \mathrm{d}S' = \sum_{n=1}^{N} \boldsymbol{u}_n (R^0) \ln \frac{R_n^+ + l_n^+}{R_n^- + l_n^-} \tag{5-157}$$

由三角形面元的重心向三角面元的 3 条边作垂线,式中某条边的 $\boldsymbol{u}_n$ 的定义如图 5-39 所示。对于三角形面元的 3 条边都作类似定义,即

$$R_n^- = |\boldsymbol{r}_{重心} - \boldsymbol{r}_1|, R_n^+ = |\boldsymbol{r}_{重心} - \boldsymbol{r}_2|$$
$$R_n^0 = |\boldsymbol{r}_{重心} - \boldsymbol{r}_{垂足}|$$
$$l_i^- = |\boldsymbol{r}_{重心} - \boldsymbol{r}_1|, l_n^- = |\boldsymbol{r}_{重心} - \boldsymbol{r}_2|$$

若观察三角面元和源三角面元为同一个三角面元,对式(5-154)和式(5-155)作以上解析处理之后,便可消除奇异项的奇异性。

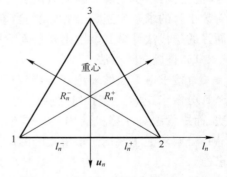

图 5-39　三角面元各条边 $\boldsymbol{u}_n$ 的定义

3)位势积分法

电场离散积分方程中的 $A_{mn}^{\pm}$ 和 $\varphi_{mn}^{\pm}$ 可写成以下的二重积分,即

$$\int_{\Delta_{nm}} a(\boldsymbol{r}) \int_{\Delta_n} b(\boldsymbol{r}') \frac{\mathrm{e}^{-jk|r-r'|}}{|\boldsymbol{r} - \boldsymbol{r}'|} \mathrm{d}S \mathrm{d}S' \tag{5-158}$$

这里的 $a(\boldsymbol{r})$ 和 $b(\boldsymbol{r}')$ 可以是 $\boldsymbol{\rho}$ 或者常数,在计算源三角形面元与场三角形面元重合时,$m = n$。当三角尺寸与波长相比很小时,可以使用泰勒级数展开,即

$$\mathrm{e}^{-\mathrm{j}k|\boldsymbol{r}-\boldsymbol{r}'|} \approx 1 - \mathrm{j}k|\boldsymbol{r}-\boldsymbol{r}'| \tag{5-159}$$

将式(5-159)代入式(5-158)得到

$$\int_{\Delta_{nm}} a(\boldsymbol{r}) \int_{\Delta_n} b(\boldsymbol{r}') \frac{\mathrm{e}^{-\mathrm{j}k|\boldsymbol{r}-\boldsymbol{r}'|}}{|\boldsymbol{r}-\boldsymbol{r}'|} \mathrm{d}S \mathrm{d}S' \approx -\mathrm{j}k \int_{\Delta_{nm}} a(\boldsymbol{r}) \int_{\Delta_n} b(\boldsymbol{r}') \mathrm{d}S \mathrm{d}S'$$

$$\approx \int_{\Delta_{nm}} a(\boldsymbol{r}) \int_{\Delta_n} b(\boldsymbol{r}') \frac{1}{|\boldsymbol{r}-\boldsymbol{r}'|} \mathrm{d}S \mathrm{d}S' \tag{5-160}$$

函数 $a(\boldsymbol{r})$ 由它在三角形面元中心 $\boldsymbol{r}^c$ 处的值代替。函数 $b(\boldsymbol{r}')$ 可以由它在三角形面元中心处的值或整个三角形面元上的平均值替代。因而,式(5-160)右面最后一项必须进行势积分计算,即

$$\frac{1}{4A_n^2} \int_{\Delta_n} \int_{\Delta_n} \frac{1}{|\boldsymbol{r}-\boldsymbol{r}'|} \mathrm{d}S \mathrm{d}S' = \frac{1}{6\sqrt{a}} \ln\left[\frac{(a-b+\sqrt{ad})(b+\sqrt{ac})}{(-a+b+\sqrt{ad})(-b+\sqrt{ac})} \right]$$

$$+ \frac{1}{6\sqrt{c}} \ln\left[\frac{(-b+c+\sqrt{cd})(b+\sqrt{ac})}{(b-c+\sqrt{cd})(-b+\sqrt{ac})} \right]$$

$$+ \frac{1}{6\sqrt{d}} \ln\left[\frac{(a-b+\sqrt{ad})(-b+c+\sqrt{cd})}{(-a+b+\sqrt{cd})(b-c+\sqrt{cd})} \right] \tag{5-161}$$

$$d = a - 2b + c; a = (\boldsymbol{r}_3 - \boldsymbol{r}_1) \cdot (\boldsymbol{r}_3 - \boldsymbol{r}_1)$$
$$b = (\boldsymbol{r}_3 - \boldsymbol{r}_1) \cdot (\boldsymbol{r}_3 - \boldsymbol{r}_2); b = (\boldsymbol{r}_3 - \boldsymbol{r}_2) \cdot (\boldsymbol{r}_3 - \boldsymbol{r}_2) \tag{5-162}$$

式中:下标 1、2 和 3 为三角的顶点;A_p 为三角形面元的面积。

对于源三角形面元与场三角形面元不重合的情况,式(5-146)在积分区域内不存在奇异点,此时在面积坐标系中可直接用高斯积分方法计算,类似于 I_{g_1} 的求解。

5. 阻抗矩阵方程的数值求解

通过矩量法把积分方程离散化为阻抗矩阵方程后,面临的问题是如何求解这一矩阵方程。针对阻抗矩阵方程的数值求解分为直接法和迭代法两种。直接法的优点是对于小阶数矩阵的求解快速、准确。但是当矩阵阶数增加时,计算复杂度随阶数的立方次增加,而好的迭代法计算复杂度则是矩阵阶数的平方。

1)直接求解方法

直接求解方法的理论基础比较成熟,常用的直接求解法有高斯消元、LU 分解求逆、SVD 分解求逆等。由于 LU 分解所生成的逆矩阵刚好覆盖原矩阵,是一种节约内存的方法,而矩量法对计算机的内存要求较高,因此 LU 分解是矩量法常用的直接求解方法。SVD 分解求逆主要用于求解矩阵的广义逆,适合用于病态矩阵或秩小于阶数的矩阵进行求逆。

2)迭代求解法

当探测目标表面离散面元数很大时,导致阻抗矩阵阶数很大。这时在给定的计算条件下用直接求解方法求解阻抗矩阵方程将变得十分费劲,因此需要寻求一种不用求逆的矩阵方程求解方案,这就是迭代求解法。常用的迭代求解法包括雅可比迭代法、高斯－赛德尔迭代法、超松弛迭代法、共轭梯度法及其改进的双共轭梯度法等。

(1)雅可比迭代法。设要求解的矩阵方程为 $\boldsymbol{A}\boldsymbol{x} = \boldsymbol{b}$。将矩阵 $\boldsymbol{A}$ 作 DLU 分解,得到 $\boldsymbol{A} = \boldsymbol{D} - \boldsymbol{L} - \boldsymbol{U}$。令 $\boldsymbol{B}_0 = \boldsymbol{I} - \boldsymbol{D}^{-1}\boldsymbol{A} = \boldsymbol{D}^{-1}(\boldsymbol{L} + \boldsymbol{U})$, $\boldsymbol{f} = \boldsymbol{D}^{-1}\boldsymbol{b}$。则该迭代法得到矩阵形式为

$$\begin{cases} \boldsymbol{x}^{(0)} & \text{初始向量} \\ \boldsymbol{x}^{(k+1)} = \boldsymbol{B}_0 \boldsymbol{x}^{(k)} + \boldsymbol{f} & k = 0,1,2,\cdots \end{cases} \tag{5-163}$$

由上述可以看出,雅可比迭代法简单易于实现。但在每步迭代过程中都是用 $\boldsymbol{x}^{(k)}$ 的所有分量来求解 $\boldsymbol{x}^{(k+1)}$,显然在计算 $x_i^{(k+1)}$ 时,已算出的 $x_1^{(k+1)}, x_2^{(k+1)}, \cdots, x_{i-1}^{(k+1)}$ 没被利用。

（2）高斯 - 赛德尔迭代法。高斯 - 赛德尔迭代法是为了弥补雅可比迭代法的上述缺陷而提出的。其求解公式为

$$\begin{cases} \boldsymbol{x}^{(0)} \quad \text{初始向量} & i = 1,2,\cdots,n \\ \boldsymbol{x}^{(k+1)} = \dfrac{1}{a_{ii}} \left(b_i - \displaystyle\sum_{j=1}^{i-1} a_{ij} x_j^{(k+1)} - \sum_{j=i+1}^{n} a_{ij} x_j^{(k)} \right) & k = 0,1,2,\cdots \end{cases} \tag{5-164}$$

高斯 - 赛德尔迭代法的一个明显优势是,在计算时只需要一组储存单元,计算出 $x_i^{(k+1)}$ 后,$x_i^{(k)}$ 不再使用,因此用 $x_i^{(k+1)}$ 替代了 $x_i^{(k)}$ 的储存位置,以便存放近似解。

（3）超松弛迭代法。超松弛迭代法简称 SOR 迭代法,是在高斯 - 赛德尔迭代法基础上为提高收敛速度,采用加权平均而得到的新迭代法。SOR 迭代法可有效求解大型稀疏矩阵,其具备计算公式简单、程序设计容易、占用计算机内存较小的优点;但需选择一个好的加速因子（即松弛因子）。

$$\begin{cases} \boldsymbol{x}^{(0)} \quad \text{初始向量} & i = 1,2,\cdots,n \\ \boldsymbol{x}^{(k+1)} = (1-\omega) x_i^k + \dfrac{\omega}{a_{ii}} \left(b_i - \displaystyle\sum_{j=1}^{i-1} a_{ij} x_j^{(k+1)} - \sum_{j=i+1}^{n} a_{ij} x_j^{(k)} \right) & k = 0,1,2,\cdots \end{cases} \tag{5-165}$$

式（5-165）称为 SOR 迭代法,其中 $0 < \omega < 1$,当松弛因子 $\omega = 1$ 时,式（5-165）变为式（5-164）,即为高斯 - 赛德尔迭代法。

（4）共轭梯度法。20 世纪 50 年代,共轭梯度法由 M. R. Hestenes 和 E. Steifel 同时提出,是一种用于有限步迭代求解矩阵方程的新颖算法。这种算法的独特之处在于它不但对于任何初值都收敛,而且在任意边界条件下都收敛于二次泛函的最小值。相比之下,雅可比迭代以及高斯 - 赛德尔迭代等一般迭代法只能在一定条件下收敛。然而在 20 世纪 50～70 年代共轭梯度法一直未得到广泛应用,其原因在于对小矩阵采用高斯消元法比用迭代法求解速度快。这是因为共轭梯度法的收敛步数 M 是 $N \times N$ 矩阵的独立特征值,往往对于小矩阵和很多其他物理问题有 $M = N$。但对于大型线性优化,空间复杂目标 RCS 矩量法求解等问题,需要求解大型方程组。对于这类矩阵,其特征值往往 $M \ll N$,使用共轭梯度法求解速度大大快于高斯消元法。此时,其收敛计算复杂度为 $O(N^2)$,而使用高斯消元法则复杂度为 $O(N^3)$。

矩量法获得的矩阵中自阻抗元素远大于非自阻抗元素,即矩阵的对角线和靠近对角线上的元素的贡献是主要的,所以采用共轭梯度法可大大加快该矩阵方程的迭代求解速度。下面简要说明共轭梯度法的计算步骤。

第 1 步,输入 $\boldsymbol{A}$、$\boldsymbol{b}$、$\boldsymbol{x}_0$;$\boldsymbol{x} = \boldsymbol{x}_0$,$\boldsymbol{r} = \boldsymbol{A}\boldsymbol{x}_0$,$\rho_0 = \boldsymbol{r}^{\mathrm{T}}\boldsymbol{r}$,$k = 1$。

第 2 步,如果 $k = 1$,则 $\boldsymbol{p} = \boldsymbol{r}$;否则:$\beta = \rho_{k-1}/\rho_{k-2}$,$\boldsymbol{p} = \boldsymbol{r} + \beta\boldsymbol{p}$。

第 3 步,$\boldsymbol{w} = \boldsymbol{A}\boldsymbol{p}$,$a = \rho_{k-1}/\boldsymbol{p}^{\mathrm{T}}\boldsymbol{w}$,$\boldsymbol{x} = \boldsymbol{x} + a\boldsymbol{p}$,$\boldsymbol{r} = \boldsymbol{r} - a\boldsymbol{w}$,$\rho_k = \boldsymbol{r}^{\mathrm{T}}\boldsymbol{r}$。

第 4 步,如果 $\mathrm{ABS}(\rho_k) < \mathrm{ABS}(\rho_0)\varepsilon$,则输出 $\boldsymbol{x}$,结束;否则,$k = k + 1$,继续从第 2 步开始执行。

（5）双共轭梯度法。观察共轭梯度算法可知，若 A 为一非对称正定矩阵，必须构造正定矩阵 $A^T A$（其中上标 T 表示共轭转置）。与此同时，矩阵的条件数也被平方了，这将降低共轭梯度的求解效率。虽然现今流行一些预条件算法可以修正共轭梯度法，但其效果并不理想。为了解决这一问题，Lanczos 提出了双共轭梯度方法。该方法的优越性在于它适用于任何算法，而不单是哈密顿算符。其简要计算步骤如下：

第 1 步，$p_0 = r_0 = b - Ax_0$，$\overline{p_0} = \overline{r_0}$；

第 2 步，从 $k = 0, 1, 2, \cdots$，直到收敛。

$$x_{k+1} = x_k + \alpha_k p_k,$$

$$r_{k+1} = r_k + \alpha_k A p_k, \quad \overline{r_{k+1}} = \overline{r_k} - \alpha_k^* A^* \overline{p_k},$$

$$p_{k+1} = r_{k+1} + \beta_k p_k, \quad \overline{p_{k+1}} = \overline{r_{k+1}} - \beta_k^* \overline{p_k},$$

其中，$\alpha_k = \langle \overline{r_k}, r_k \rangle / \langle \overline{p_k}, A p_k \rangle$，$\beta_k = \langle \overline{r_{k+1}}, r_{k+1} \rangle / \langle \overline{r_k}, r_k \rangle$，对于 $\overline{r_0}$ 有不同选法，如 $\overline{r_0} = A r_0$，$\overline{r_0} = r_0^*$。

6. 算例验证

1）封闭球体表面算例验证

考虑到球体表面在单站雷达下的 RCS 随探测角的变化而保持不变，因此本节计算实例是计算双站雷达下的 RCS。坐标系也是采用球坐标系。

图 5-40 所示的半径 $r = 450\text{mm}$ 封闭球体表面的三角单元剖分图，网格密度按每波长 128 个三角面元，球体表面共包含 610 个小的三角单元，915 条公共边，共有 915 个未知量。由于矩量法受计算机内存限制，本节计算入射波波长 $\lambda = 1\text{m}$。计算探测角度为 $\theta = 0° \sim 180°$，角度间隔为 $1°$。

图 5-41 与图 5-42 是由本书自主开发的矩量法程序计算的球体表面 RCS 与其解析解的对比曲线。对比可知，无论在哪种极化方式下，本书自主开发的矩量法计算结果与其解析解吻合较好，从而验证了本书开发的矩量法计算封闭体的外域 RCS 准确性。

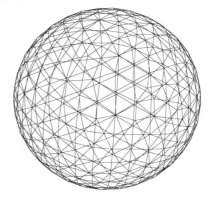

图 5-40　封闭空心球体三角单元剖分图

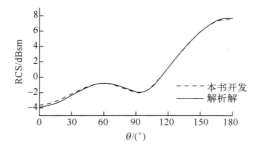

图 5-41　水平极化方式下封闭球体的 RCS

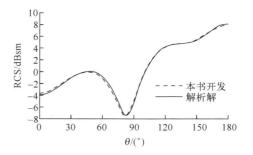

图 5-42　垂直极化方式下封闭球体的 RCS

2）短圆柱腔体算例验证

为了验证矩量法计算程序对腔体结构 RCS 计算的准确性及可靠性，本书针对文献提出的单端开口短圆柱腔体进行算例验证，如图 5-43 所示；图中尺寸单位为 mm，红色面是进口 S_a 面，灰色面为腔体壁面 S_c。计算入射波长为 $\lambda = 3\text{cm}$，网格密度按每平方波长 128 个三角面元，网格总数为 1724。计算探测角度为 $\theta = 0° \sim 50°$，角度间隔为 1°。本节计算实例是计算单站雷达散射截面。坐标系也是采用球坐标系，具体参考图 5-14。

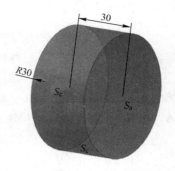

图 5-43　单端开口短圆柱腔体模型

图 5-44 与图 5-45 由本书自主开发的矩量法程序计算的圆柱腔体与文献计算的 RCS 对比。由图可知，在 0°~30°探测范围内，本书计算结果与文献计算结果吻合较好。而当探测角增至 30°~50°时，本书计算结果与文献结果有较大的差异，引起这一差异可能是网格剖分方式或者处理奇异点时的方法不同。

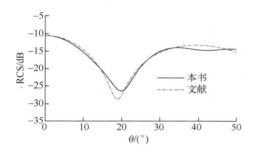

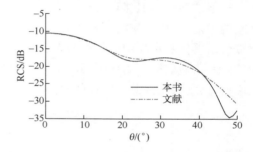

图 5-44　水平极化方式下单端开口短圆柱体的 RCS　　图 5-45　垂直极化方式下单端开口短圆柱体的 RCS

3）长圆柱腔体算例验证

为了能更好地验证矩量法计算程序对腔体结构 RCS 计算的准确性及可靠性，本书又对文献 1 与文献 2 提出的长圆柱腔体进行算例验证，如图 5-46 所示；图中尺寸单位为 mm，红色面是进口 S_a 面，灰色面为腔体壁面 S_c。计算入射波长为 $\lambda = 3\text{cm}$，网格密度按每平方波长 128 个三角面元，网格总数为 2097。

图 5-47 给出了长圆柱腔体在入射角在 $\theta = 0° \sim 50°$ 范围内的 RCS 变化，其中计算角度间隔为 1°。与文献结果相比，数值结果吻合较好。图 5-47 中"本书"是本书采用矩量法 – 电场积分方程的计算结果，"文献 1"是文献中采用矩量法 – 磁场积分方程的计算结果；"文献 2"是文献中采用导波模式法的计算结果。

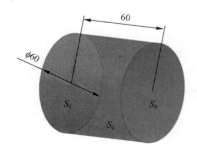

图 5-46　单端开口长圆柱腔体模型

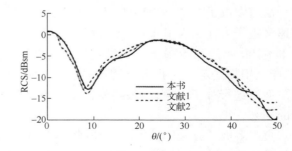

图 5-47　水平极化方式下单端开口长圆柱腔体的 RCS

187

5.4.4 快速多极子方法

由 5.4.2 小节矩量法的介绍可知,矩量法的基本原理比较简单,一旦选定了基函数和权函数,便可离散积分方程,得到相应线性方程组。但是矩量法作为基本的经典方法之一,其求解的最大特点是所导出的线性方程组的系数矩阵为满阵。高斯消元法求解这类矩阵方程所需的储存量与 $O(N^2)$ 成正比(N 为未知量的个数),所需的计算时间则与 $O(N^3)$ 成正比,这使得矩量法所求解的问题规模不能很大,从而限制了矩量法的应用范围。为了将矩量法运用于未知量数目更多的问题(如电大目标的散射计算),需要对其加以改进。自 20 世纪 90 年代开始,涌现出大量提高矩量法计算效率及减小计算内存的高效方法,其中快速多极子与多层快速多极子方法在计算未知量数目大的飞机外域散射问题中的应用最为广泛。

1. 快速多极子方法原理及实现过程

矩量法所得到的阻抗矩阵联系了每个基函数之间的相互作用,这就与图 5-48 所示的一个通信网络类似,阻抗矩阵就如同图中的网络拓扑。为了完成每个节点与其他节点之间的通信,需要在每两个节点之间建立一条通信线路。而完成一次矩阵和向量的乘积运算可以看作是拓扑中的每个节点和其他节点进行一次通信。由此可知,在每个节点之间建立一条通信链路的代价很高。设总的节点数为 N,则所有节点和其他节点都进行一次通信,其复杂度为前文所述的 $O(N^2)$。

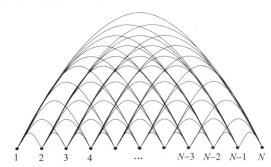

图 5-48 N 个未知量直接相互耦合其"链路"数是 N^2 量级

如果对节点进行分组,将邻近的一些节点划分为一组,这些节点都连接到一个交换机上,在不同的交换机之间再建立点对点的链路,如图 5-49 所示。这样每个节点与其他节点进行通信,由于交换机的存在,大大减少了通信链路数目。

快速多极子方法(FMM)的思路就类似于上述利用交换机构建通信网络的思想。快速多极子方法由 V Rokhlin 于 20 世纪 80 年代提出,最初应用于求解静态电场问题,20 世纪 90 年代开始用于电磁散射问题。快速多极子方法的数学基础是矢量加法定理,即利用加法定理对积分方程中的格林函数进行处理。通过在角谱空间中展开,利用平面波进行算子对角化,最终将密集阵与矢量的相乘计算转化为几个稀疏矩阵与矢量的相乘计算。

快速多极子方法的基本原理是:将散射体表面上离散得到的子散射体分组,任意两个子散射间的互耦根据它们所在组的位置关系而采用不同的方法计算。当它们是

188

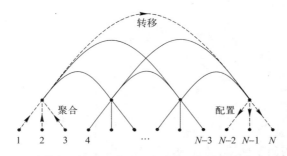

图 5-49 "交换机"的引入减少了电流单元间直接的耦合"链路"数

相邻组时,采用直接数值计算,即采用矩量法直接计算;当它们为非相邻组时,则采用分层分组的快速多极子方法实现,即采用聚合—转移—配置方法计算。对于一个给定的场点组,首先将它的各个非相邻组内所有子散射体产生的贡献"聚合"到各自的组中心表达;再将这些组的贡献由这些组的组中心"转移"至给定场点组的组中心表达;最后将得到的所有非相邻组的贡献由该组中心"配置"到该组内各子散射体。对于散射体表面上的 N 个子散射体,直接计算它们的互耦时,每个子散射体都是一个散射中心即为一个单极子,共需数值计算量为 $O(N^2)$。而应用快速多极子方法,任意两个子散射体的互耦由它们所在组的组中心联系。各个组中心就是一个多极子,其数值计算量为 $O(N^{1.5})$。对于源点组来说,该组中心代表了组内所有子散射体在其非相邻组产生的贡献;对场点来说,该组中心代表了来自该组的所有非相邻组的贡献,从而大大减少了散射中心的数目。

由上述介绍可知,快速多极子方法的数学基础是矢量加法定理。首先利用球面波的加法定理对积分方程中的标量格林函数进行展开(图 5-50),即

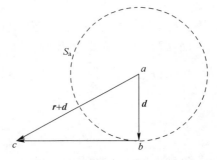

$$G(\boldsymbol{r},\boldsymbol{d}) = \frac{\mathrm{e}^{\mathrm{j}k\,|\,\boldsymbol{r}+\boldsymbol{d}\,|}}{|\,\boldsymbol{r}+\boldsymbol{d}\,|} = \mathrm{j}k \sum_{l=0}^{\infty} (-1)^l (2l+1) q_l(kd)$$

$$h_l^{(1)}(kr) P_l(\boldsymbol{e}_d \cdot \boldsymbol{e}_r) \quad d < r \quad (5\text{-}166)$$

式中:$q_l(kd)$、$h_l^{(1)}(kr)$ 分别为第 l 阶球贝塞尔函数和第一类球汉克尔函数;$P_l(\boldsymbol{e}_d \cdot \boldsymbol{e}_r)$ 为第 l 阶勒让德多项式;$\boldsymbol{e}_d$、$\boldsymbol{e}_r$ 分别为 $\boldsymbol{d}$ 和 $\boldsymbol{r}$ 方向的单位矢量。

图 5-50 球面波加法定理的说明

式(5-166)的物理意义可解释为:点 a 处的单极子发出的球面波在点 c 处产生的场等价于点 b 处的多极子在点 c 处产生的场。

球面波与平面波有以下关系,即

$$4\pi(-\mathrm{j})^l q_l(k\,|\,\boldsymbol{d}\,|) P_l(\boldsymbol{e}_d \cdot \boldsymbol{e}_r) = \int \mathrm{d}^2 \boldsymbol{e}_k \mathrm{e}^{-\mathrm{j}k \cdot d} P_l(\boldsymbol{e}_k \cdot \boldsymbol{e}_r) \quad l = 0,1,\cdots \quad (5\text{-}167)$$

其中 $\boldsymbol{e}_k$ 为单位球面上的矢径,即

$$\boldsymbol{e}_k = \boldsymbol{e}_x \sin\theta\cos\varphi + \boldsymbol{e}_y \sin\theta\sin\varphi + \boldsymbol{e}_z \cos\theta \quad (5\text{-}168)$$

$$\int \mathrm{d}^2 \boldsymbol{e}_k = \int_0^{2\pi} \int_0^{\pi} \sin\theta \mathrm{d}\theta \mathrm{d}\varphi \quad (5\text{-}169)$$

将式(5-167)代入式(5-168),可得

$$G(\boldsymbol{r},\boldsymbol{d}) = \frac{\mathrm{e}^{\mathrm{j}k|\boldsymbol{r}+\boldsymbol{d}|}}{|\boldsymbol{r}+\boldsymbol{d}|} = \frac{\mathrm{j}k}{4\pi}\int \mathrm{d}^2\boldsymbol{e}_k \mathrm{e}^{\mathrm{j}k\cdot\boldsymbol{d}}\sum_{l=0}^{\infty}\mathrm{j}^l(2l+1)h_l^{(1)}(kr)P_l(\boldsymbol{e}_d\cdot\boldsymbol{e}_r)$$
$$\approx \frac{\mathrm{j}k}{4\pi}\int \mathrm{d}^2\boldsymbol{e}_k \mathrm{e}^{\mathrm{j}k\cdot\boldsymbol{d}}T_L(\boldsymbol{e}_d\cdot\boldsymbol{e}_r) \tag{5-170}$$

其中

$$T_L(\boldsymbol{e}_d\cdot\boldsymbol{e}_r) = \sum_{l=0}^{L}\mathrm{j}^l(2l+1)h_l^{(1)}(kr)P_l(\boldsymbol{e}_d\cdot\boldsymbol{e}_r) \tag{5-171}$$

式中:L 为无穷求和的截断项数,又称为多极子模式数。

在图 5-51 中,对于场点 $\boldsymbol{r}_j$ 与源点 $\boldsymbol{r}_i$,有

$$\boldsymbol{r}_{ij} = \boldsymbol{r}_j - \boldsymbol{r}_i = \boldsymbol{r}_j - \boldsymbol{r}_m + \boldsymbol{r}_m - \boldsymbol{r}_{m'} + \boldsymbol{r}_{m'} - \boldsymbol{r}_i$$
$$= \boldsymbol{r}_{jm} + \boldsymbol{r}_{mm'} - \boldsymbol{r}_{im'} \tag{5-172}$$

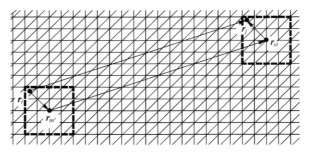

图 5-51　三维导电目标散射的快速多极子分析

(下标 i、j 表示子散射体;m'、m 表示各自组中心,虚线表示分组)

式中:i、$j = 1$,2,$\cdots$,N,N 为未知量数目;m'、$m = 1$,2,$\cdots$,M,M 为分组数目。

因为在远区组间,满足 $|\boldsymbol{r}_{mm'}| > |\boldsymbol{r}_{jm} - \boldsymbol{r}_{im'}|$,因此有

$$G(\boldsymbol{r}_j,\boldsymbol{r}_i) = \frac{\mathrm{e}^{\mathrm{j}kr_{ij}}}{|\boldsymbol{r}_{ij}|} = \frac{\mathrm{j}k}{4\pi}\int \mathrm{d}^2\boldsymbol{e}_k \mathrm{e}^{\mathrm{j}k\cdot(\boldsymbol{r}_{jm}-\boldsymbol{r}_{im'})}\alpha_{mm'}(\boldsymbol{e}_k\cdot\boldsymbol{r}_{mm'}),|\boldsymbol{r}_{mm'}| > |\boldsymbol{r}_{jm} - \boldsymbol{r}_{im'}|$$
$$\tag{5-173}$$

$$\alpha_{mm'}(\boldsymbol{e}_k\cdot\boldsymbol{r}_{mm'}) = \sum_{l=0}^{L}\mathrm{j}^l(2l+1)h_l^{(1)}(kr_{mm'})P_l(\boldsymbol{e}_k\cdot\boldsymbol{r}_{mm'}) \tag{5-174}$$

将标量格林函数利用矢量加法定理展开后,因为后面要用到并矢格林函数,因此在这里引入式(5-118)积分方程的另外一种形式,即

$$\boldsymbol{n}\times\boldsymbol{E}_{\mathrm{inc}} = \boldsymbol{n}\times\left[\frac{\mathrm{j}\omega\mu}{4\pi}\Big(\mathbf{I}+\frac{\nabla\nabla'}{k^2}\Big)\cdot\int_S G(\boldsymbol{r},\boldsymbol{r}')\boldsymbol{J}_s\mathrm{d}S'\right] \tag{5-175}$$

式(5-175)与式(5-118)等效;式中 $G(\boldsymbol{r},\boldsymbol{r}')$ 为标量格林函数,即

$$G(\boldsymbol{r},\boldsymbol{r}') = \frac{\mathrm{e}^{\mathrm{j}k|\boldsymbol{r}+\boldsymbol{r}'|}}{|\boldsymbol{r}+\boldsymbol{r}'|} \tag{5-176}$$

将式(5-175)的积分方程表示为并矢格林函数的形式,即

$$\boldsymbol{n}\times\boldsymbol{E}_{\mathrm{inc}} = \boldsymbol{n}\times\left[\frac{\mathrm{j}\omega\mu}{4\pi}\int_S G(\boldsymbol{r},\boldsymbol{r}')\cdot\boldsymbol{J}_s\mathrm{d}S'\right] \tag{5-177}$$

式中并矢格林函数为

$$G(\boldsymbol{r}_j,\boldsymbol{r}_i) = \Big[\boldsymbol{I}-\frac{1}{k^2}\nabla\nabla'\Big]G(\boldsymbol{r}_j,\boldsymbol{r}_i) \tag{5-178}$$

式中:I 为单位并矢。

将式(5-176)代入式(5-178),最终得到并矢格林函数在角谱空间表达式,即

$$G(\boldsymbol{r}_j,\boldsymbol{r}_i) = \frac{\mathrm{j}k}{4\pi}\int d^2\boldsymbol{e}_k\Big[\,\mathrm{I} - \frac{1}{k^2}\,\nabla\nabla\,'\,\Big]\mathrm{e}^{\mathrm{j}k\cdot(\boldsymbol{r}_{jm}-\boldsymbol{r}_{im'})}\alpha_{mm'}(\boldsymbol{e}_k\cdot\boldsymbol{r}_{mm'})$$

$$= \frac{\mathrm{j}k}{4\pi}\int d^2\boldsymbol{e}_k\big[\,\mathrm{I} - \boldsymbol{e}_k\boldsymbol{e}_k\,\big]\mathrm{e}^{\mathrm{j}k\cdot(\boldsymbol{r}_{jm}-\boldsymbol{r}_{im'})}\alpha_{mm'}(\boldsymbol{e}_k\cdot\boldsymbol{r}_{mm'}) \tag{5-179}$$

式中,$\alpha_{mm'}(\boldsymbol{e}_k\cdot\boldsymbol{r}_{mm'})$ 详见式(5-174),称为转移因子,代表远区组间组中心的转移作用。$\int\mathrm{d}^2\boldsymbol{e}_k$ 是谱空间单位球面上的二重积分,可用高斯 – 赛德尔法与梯形法则计算,积分点数为 $K_L = 2L^2$(L 为多极子模式数),其值大小决定式(5-174)截断计算的精度。对于实参数的三维 FMM(波数 k 为实数),L 可以利用以下公式进行选取,即

$$L \approx kD + \gamma\ln(\pi + kD) \tag{5-180}$$

式中:k 为波数;D 为子散射体组的最大尺寸。

若 $\gamma \approx 1$,则相对误差约为 10^{-1},若 $\gamma \approx 3$ 或 $\gamma \approx 6$,则相对误差约为 10^{-3} 或 10^{-6}。

由矩量法可知,式(5-116)积分方程的阻抗矩阵为

$$\boldsymbol{Z}_{mn} = \int_s \boldsymbol{f}_m(\boldsymbol{r}) \cdot \Big[\frac{\mathrm{j}\omega\mu}{4\pi}\int_S G(\boldsymbol{r},\boldsymbol{r}') \cdot \boldsymbol{f}_n(\boldsymbol{r}')\,\mathrm{d}S'\Big]\mathrm{d}S \tag{5-181}$$

由前面叙述可知,对远区组合近区组的电流之间的作用,FMM 采用不同的方法来处理以加速矩阵和向量的乘积运算。以图 5-51 为例,首先采用均匀网格(图 5-51 中虚线)将要计算的模型全部包含进去,这样所有模型的未知数单元就自然以均匀网格进行了分组。可以通过各基函数的中心与各网格中心的距离来判断基函数的归属。属于同一个网格的基函数称为一组,网格的中心称为组中心。然后根据各个组中心之间的距离来判断远区组和近区组。设 D 为每个网格的对角线长度,则当两个组中心距离小于 R 时,则这两个组为近区组;否则互为远区组。这里的 R 为 D 的整数倍,R 最小的取值为 D,可以看出此时一个网格的近区组是与其相邻的。设所有的非空组为 G,G_i 为第 i 个分组中所有基函数的集合,B_i 则表示第 i 个分组及其所有相邻组的集合。则式(5-116)积分方程的阻抗矩阵与向量乘积运算可以写为

$$\sum_{n=1}^N \boldsymbol{Z}_{mn}\boldsymbol{I}_n = \sum_{i\in B_i}\sum_{n\in G_i}\boldsymbol{Z}_{mn}\boldsymbol{I}_n + \sum_{i\notin B_i}\sum_{n\in G_i}\boldsymbol{Z}_{mn}\boldsymbol{I}_n \quad m = 1,2,\cdots,N \tag{5-182}$$

式(5-182)将矩阵与向量相乘分解为两项,第一项为近区组的贡献,第二项为远区组的贡献。

将式(5-179)代入式(5-181)并交换积分次序可得

$$\boldsymbol{Z}_{mn} = \Big(\frac{\mathrm{j}\omega\mu}{4\pi}\Big)\Big(\frac{-\mathrm{j}k}{4\pi}\Big)\int d^2\boldsymbol{e}_k\boldsymbol{V}_{fmj}(\boldsymbol{e}_k) \cdot \alpha_{mm'}(\boldsymbol{e}_k\cdot\boldsymbol{r}_{mm'})\boldsymbol{V}_{sm'i}^*(\boldsymbol{e}_k) \tag{5-183}$$

$$\boldsymbol{V}_{sm'i}(\boldsymbol{e}_k) = \int_s \mathrm{e}^{\mathrm{j}k\cdot\boldsymbol{r}_{im'}}\big[\,\boldsymbol{I} - \boldsymbol{e}_k\boldsymbol{e}_k\,\big] \cdot \boldsymbol{f}_i(\boldsymbol{r}_{im'})\,\mathrm{d}S' \tag{5-184}$$

$$\boldsymbol{V}_{fmj}(\boldsymbol{e}_k) = \int_s \mathrm{e}^{\mathrm{j}k\cdot\boldsymbol{r}_{jm}}\big[\,\boldsymbol{I} - \boldsymbol{e}_k\boldsymbol{e}_k\,\big] \cdot \boldsymbol{f}(\boldsymbol{r}_{jm})\,\mathrm{d}S \tag{5-185}$$

式中:$\boldsymbol{V}_{sm'i}(\boldsymbol{e}_k)$、$\alpha_{mm'}(\boldsymbol{e}_k\cdot\boldsymbol{r}_{mm'})$ 及 $\boldsymbol{V}_{fmj}(\boldsymbol{e}_k)$ 分别为聚合因子、转移因子及配置因子;$*$ 表示共轭运算。

将式(5-183)代入式(5-182),则可将矩阵与向量相乘重新写为:

$$\sum_{n=1}^{N} \boldsymbol{Z}_{mn} \boldsymbol{I}_n = \sum_{i \in B_i} \sum_{n \in G_i} \boldsymbol{Z}_{mn} \boldsymbol{I}_n$$

$$+ \left(\frac{\mathrm{j}\omega\mu}{4\pi} \right) \left(\frac{-\mathrm{j}k}{4\pi} \right) \int \mathrm{d}^2 \boldsymbol{e}_k \boldsymbol{V}_{fmj}(\boldsymbol{e}_k) \cdot \sum_{i \notin B_i} \alpha_{mm'}(\boldsymbol{e}_k \cdot \boldsymbol{r}_{mm'}) \sum_{n \in G_i} \boldsymbol{V}_{sm'i}(\boldsymbol{e}_k) \boldsymbol{I}_n$$

$$(5-186)$$

式(5-186)中等号右端第一项采用传统矩量法求解;第二项为远区组贡献,采用快速多极子方法求解。

由式(5-186)可以看出,电流向量与阻抗矩阵的乘积运算,最终分解为近区组贡献和远区组贡献。对于近区组贡献,按照矩量法来计算基函数的阻抗矩阵,这时的阻抗矩阵是一个稀疏阵,可以采用稀疏矩阵的存储方法进行存储。对于远区组的贡献,可以按照以下过程进行计算:

(1)所有基函数按一定的规则进行分组,对于每一个分组,判断其所有的近区组与远区组。

(2)对于所有的分组,计算在不同角谱方向上的聚合因子和配置因子,即式(5-184)与式(5-185)。

(3)对于所有的分组,计算在不同角谱方向上的转移因子,即式(5-174)。

(4)对于所有的角谱分量,将各个电流系数与对应的聚合因子相乘,得到不同角谱分量的聚合量。这样就可以将每组中的基函数贡献聚合到组中心进行表达。

(5)对于所有的角谱分量,将每个组中心的聚合量与转移因子相乘,将组中心的聚合量平移到该组的远区组中心。

(6)对于所有的角谱分量,将已经平移的各组中心转移量与该组中所包含的每一个权函数的配置因子相乘,并将所有的角谱分量在角谱空间中进行积分,最终得到了电流向量与阻抗矩阵相乘的远区贡献。

将以上过程计算远区组贡献得到的列向量与近区组贡献得到的列向量相加,则可以得到电流向量和阻抗矩阵相乘的完整列向量,这样就完成了一次矩阵与向量相乘的计算过程。

2. 快速多极子方法的计算复杂度及误差分析

设模型的未知总数为 N,这些未知量包含在 G 个组内,则每个组内的未知量平均数为 $M = N/G$。设各组的近区组数目的平均数为 B,由此可以得到式(5-186)的计算复杂度如下:

(1)式(5-186)中第一项为近区组的贡献,其计算复杂度为 $T_1 = c_1 BGM^2$。

(2)聚合过程中计算,即

$$S(\boldsymbol{e}_k) = \sum_{n \in G_i} \boldsymbol{V}_{sm'i}(\boldsymbol{e}_k) \boldsymbol{I}_n \qquad (5-187)$$

其计算复杂度为 $T_2 = c_2 KN$,K 为角谱积分点数。

(3)平移过程中计算,即

$$g_i(\boldsymbol{e}_k) = \sum_{i \notin B_i} \alpha_{mm'}(\boldsymbol{e}_k \cdot \boldsymbol{r}_{mm'}) S_i(\boldsymbol{e}_k) \qquad (5-188)$$

其计算复杂度为 $T_3 = c_3 KG(G-B)$。

（4）配置过程中计算，即

$$C_i = \int d^2 \boldsymbol{e}_k \boldsymbol{V}_{fnj}(\boldsymbol{e}_k) \cdot g_i(\boldsymbol{e}_k) \tag{5-189}$$

其计算复杂度为 $T_4 = c_4 KN$。

上列式中的 c_1、c_2、c_3 及 c_4 是与计算机设备和编程有关的常数。由于多极子模式数为 $L \sim kD$，D 为每组半径的最大值，从而角谱积分点数 K 与每组的面积成正比，而每组的未知量平均数 M 也与面积成正比，因此有 $K \sim M$。考虑到 $M = N/G$，则上述过程总的计算复杂度为

$$T = C_1 NG + \frac{C_2 N^2}{G} \tag{5-190}$$

当选择 $G = \sqrt{C_2 N / C_1}$ 时，有

$$T = \sqrt{C_1 C_2} N^{1.5} \sim O(N^{1.5}) \tag{5-191}$$

在快速多极子方法中，主要数值误差来源于无穷求和序列的截断误差、角谱空间积分的数值积分误差。

5.4.5　多层快速多极子方法

如上节所述，快速多极子方法的基本步骤是聚合、转移和配置。首先将各组内各个电流基函数的贡献聚合到该组中心表达，然后转移到该组的远区组中心，最后由该组中心配置到组内的各个权函数上。最终将计算复杂度由矩量法的 $O(N^2)$ 降至 $O(N^{1.5})$。然而，当计算模型尺寸进一步增大时，快速多极子的计算复杂度也难以适应电大尺寸问题的分析需要。多层快速多极子方法是快速多极子方法的扩展，其采用多层分组方法，远区电流之间的相互作用采用逐层聚合、逐层转移、逐层配置及嵌套递推的方法进行计算。该方法的计算复杂度为 $O(N\lg N)$，与快速多极子方法相比，对于计算电大尺寸问题更为有效。

1. 多层快速多极子方法原理及实现过程

多层快速多极子方法是快速多极子方法在多层级结构中的推广。对于 N 体互耦，多层快速多极子方法采用多层分区计算，即：对于附近区强耦合量采用矩量法直接计算；对于非附近区耦合则用多层快速多极子方法实现。多层快速多极子方法是基于树形结构计算，其特点是逐层聚合、逐层转移、逐层配置及嵌套递推。对于二维问题，该方法将求解区域用一正方形包围，然后再细分为 4 个子正方形，该层记为第一层；将上述每个子正方形再细分为 4 个小正方形，则得到第 2 层，此时共有 4^2 个小正方形；依次类推，可以得到最高层的小正方形数目；第 i 层子正方形的数目为 4^i 个。对于三维问题则用一立方体将求解区域包裹，第一层得到 8 个子立方体，第二层得到 8^2 个子立方体，第 i 层则得到 8^i 个子立方体，依次类推可得到最高层的子立方体数目。分层结构如图 5-52 所示。对于散射问题，最高层的每个子正方形或者子立方体的边长为半个波长左右，由此可以确定求解一个给定尺寸的目标散射时多层快速多极子方法所需的层数。图 5-53 所示为采用多层极子拟合的圆台。

为了方便说明多层快速多极子方法的原理，首先对几个重要术语进行说明，它们是：空组与非空组、父层与父组、子层与子组、远亲组与近邻组。

现以三维散射问题来说明多层快速多极子方法的原理。在对一个给定目标完成

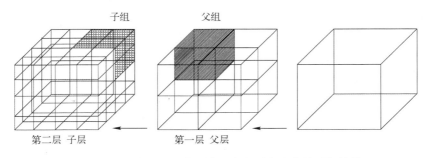

子组　　　父组

第二层　子层　　　　　　　第一层　父层

图 5-52　三维问题中多层快速多极子方法中的层级结构

多层分组之后,首先要判断空组与非空组。对于最高层的每一个子立方体通过判断该立方体中心点与每一个基函数中心的距离,可得到不包含基函数的空立方体和包含基函数的非空立方体。空立方体即为空组,非空立方体即为非空组。记当前所在层为第 i 层,则由它所细分的更高层为第 $i+1$ 层。第 $i+1$ 层是第 i 层的子层,而第 i 层是第 $i+1$ 层的父层。在父层上的非空组为父组,它们所对应的子层上的非空组为其子组(图 5-54)。

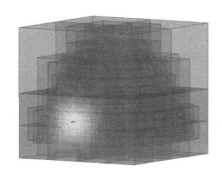

图 5-53　采用多层极子拟合的圆台

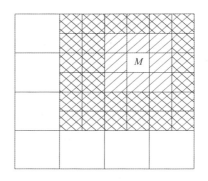

图 5-54　二维问题中远亲组与近邻组示意图
（假设所有组均为非空组）
（对于非空组 M,图中斜画线的正方形是
它的近邻组,交叉线的正方形是它的远亲组）

远亲组是其父组的附近组的子组,又是该层该组的非附近组。近邻组为该层该组的附近组。对于给定的某一层某一非空组,凡是在该层上与该组有公共顶点的非空组均为其附近组。对于二维问题,非空组的附近组最多有 9 个,其远亲组最多有 27 个;对于三维问题,非空组的附近组最多有 27 个,而远亲组最多有 128 个。

设多层快速多极子的分组总层数为 P,源点 r' 所在的分组从最高层直至第二层分别表示为 $s_p, s_{p-1}, \cdots, s_2$,各层分组的组中心记为 $r_{s_p}, r_{s_{p-1}}, \cdots, r_{s_2}$;场点 r 所在的分组从最高层直至第二层分别表示为 $f_p, f_{p-1}, \cdots, f_2$,各层分组的组中心记为 $r_{f_p}, r_{f_{p-1}}, \cdots, r_{f_2}$;如图 5-55 所示。源点和场点之间的矢量为

$$r - r' = (r - r_{f_p}) + (r_{f_p} - r_{f_{p-1}}) + \cdots + (r_{f_2} - r_{s_2}) + \cdots (r_{s_{p-1}} - r_{s_p}) + (r_{s_p} - r')$$
$$= (r - r_{f_p}) + r_{f_p f_{p-1}} + \cdots + r_{f_2 s_2} + \cdots r_{s_{p-1} s_p} + (r_{s_p} - r') \tag{5-192}$$

由分组原则可知,

194

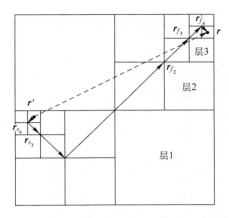

图 5-55　多层快速多极子多层分组二维剖面图 ($P = 4$)

$$|\boldsymbol{r}_{f_2} - \boldsymbol{r}_{s_2}| > |(\boldsymbol{r} - \boldsymbol{r}_{f_p}) + \boldsymbol{r}_{f_p f_{p-1}} + \cdots + \boldsymbol{r}_{f_2 s_2} + \cdots \boldsymbol{r}_{s_{p-1} s_p} + (\boldsymbol{r}_{s_p} - \boldsymbol{r}')| \qquad (5\text{-}193)$$

则式(5-192)同样满足加法定理式(5-166)中的成立条件。将式(5-193)代入式(5-173),则可将标量格林函数展开为

$$G(\boldsymbol{r}_j, \boldsymbol{r}_i) = \frac{\mathrm{e}^{\mathrm{j}k r_{ij}}}{|\boldsymbol{r}_{ij}|} = \frac{\mathrm{j}k}{4\pi} \int \mathrm{d}^2 \boldsymbol{e}_k \mathrm{e}^{\mathrm{j}k \cdot [(\boldsymbol{r} - \boldsymbol{r}_{f_p}) + \boldsymbol{r}_{f_p f_{p-1}} + \cdots + \boldsymbol{r}_{f_2 s_2} + \cdots \boldsymbol{r}_{s_{p-1} s_p} + (\boldsymbol{r}_{s_p} - \boldsymbol{r}')]} \alpha_{mm'}(\boldsymbol{e}_k \cdot \boldsymbol{r}_{f_2 s_2})$$

$$(5\text{-}194)$$

$$\alpha_{mm'}(\boldsymbol{e}_k \cdot \boldsymbol{r}_{f_2 s_2}) = \sum_{l=0}^{L} \mathrm{j}^l (2l+1) h_l^{(1)}(k r_{mm'}) P_l(\boldsymbol{e}_k \cdot \boldsymbol{r}_{f_2 s_2}) \qquad (5\text{-}195)$$

式(5-195)为第二层 s_2 和 f_2 分组之间的转移因子。将其代入并矢格林函数表达式,并代入阻抗矩阵元素中,可得

$$Z_{mn} = \left(\frac{\mathrm{j}\omega\mu}{4\pi}\right)\left(\frac{-\mathrm{j}k}{4\pi}\right) \int \mathrm{d}^2 \boldsymbol{e}_k \boldsymbol{V}_{f_p}(\boldsymbol{e}_k) \mathrm{e}^{-\mathrm{j}k \cdot (\boldsymbol{r}_{f_p f_{p-1}} + \boldsymbol{r}_{f_3 f_2})} \cdot \alpha_{mm'}(\boldsymbol{e}_k \cdot \boldsymbol{r}_{f_2 s_2}) \mathrm{e}^{-\mathrm{j}k \cdot (\boldsymbol{r}_{s_3 s_2} + \boldsymbol{r}_{s_p s_{p-1}})} \boldsymbol{V}_{s_p}^*(\boldsymbol{e}_k)$$

$$(5\text{-}196)$$

$$\boldsymbol{V}_{fp}(\boldsymbol{e}_k) = \int_s \mathrm{e}^{\mathrm{j}k \cdot (\boldsymbol{r} - \boldsymbol{r}_{fp})} [\boldsymbol{I} - \boldsymbol{e}_k \boldsymbol{e}_k] \cdot \boldsymbol{f}_m(\boldsymbol{r}) \mathrm{d}S \qquad (5\text{-}197)$$

$$\boldsymbol{V}_{sp}(\boldsymbol{e}_k) = \int_s \mathrm{e}^{\mathrm{j}k \cdot (\boldsymbol{r}_{sp} - \boldsymbol{r}')} [\boldsymbol{I} - \boldsymbol{e}_k \boldsymbol{e}_k] \cdot \boldsymbol{f}_n(\boldsymbol{r}') \mathrm{d}S' \qquad (5\text{-}198)$$

与快速多极子方法不同,多层快速多极子方法在计算非附近组贡献时,转移计算在各层的远亲组之间进行,而直接计算部分则在最高层各非空分组的近邻组之间进行。全部计算过程可分为上行过程、下行过程两部分。上行过程分为最细层的多极展开、子层到父层的多极聚合。上行过程一般在多极聚合到第二层后,经远亲转移计算转向下行过程。下行过程则分为父层到子层的多极配置、同层之间远亲组的转移和最细层的部分场展开。下面详细介绍多层快速多极子方法求解三维导电目标矢量散射问题的步骤。

1)最高层的多极展开

计算最高层的多极子展开与快速多极子方法中的聚合量计算相同,首先由式(5-198)计算最高层每个非空组的聚合因子,然后乘以相应基函数的电流系数,得到聚合量为

$$S_{s_p}(\boldsymbol{e}_k) = \sum_{n \in s_p} \boldsymbol{V}_{s_p}(\boldsymbol{e}_k)\boldsymbol{I}_n \qquad (5-199)$$

2）多极聚合

多极聚合是多层快速多极子方法计算的上行过程，是将源散射体在子层子组中心的聚合量平移到父层父组中心表达（图5-56）。在波动问题中，由于多极子模式数只取决于源区尺寸，因此从子层到父层，多极子模式数以2倍递增。所以越低的层级，需要的$\boldsymbol{e}_k$值越多。比如：在p层，$\boldsymbol{V}_{s_p}(\boldsymbol{e}_k)$只有$K_p$个值（$K_p = 2L$），但在$p-1$层，则需要$\boldsymbol{V}_{s_{p-1}}(\boldsymbol{e}_k)$的$K_{p-1}$（$K_{p-1} = 4K_p$）个值。由于角谱空间在$\theta$方向的积分采用高斯－勒让德积分方法计算，而高斯节点分布不均匀，因此在子层的角谱分量不能直接应用到父层。这时就需要对子层的K_p个$\boldsymbol{V}_{s_p}(\boldsymbol{e}_k)$插值获得$K_{p-1}$个$\boldsymbol{V}_{s_{p-1}}(\boldsymbol{e}_k)$，即

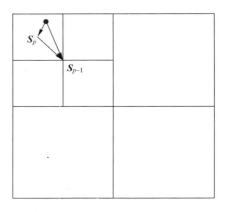

图5-56　多极聚合过程

$$\boldsymbol{V}_{s_{p-1}}(\boldsymbol{e}_{k_{p-1}}) = \mathrm{e}^{-jk_{p-1}\cdot r_{s_{p-1}s_p}}\sum_{n=1}^{K_l}\boldsymbol{W}_{n'n}\boldsymbol{V}_{s_p}(\boldsymbol{e}_{k_{p,n}}) \qquad (5-200)$$

式中：s_p、s_{p-1}分别为第p层、第$p-1$层中源子散射体所在组的组中心；r_{s_p}、$r_{s_{p-1}}$分别为s_p、s_{p-1}的矢径；$\boldsymbol{W}_{n'n}$为θ方向和φ方向的插值矩阵，是$\boldsymbol{W}_{\theta',\varphi';\theta,\varphi}$的缩写。因为插值节点为二维非均匀分布，故采用二元拉格朗日插值公式计算较为方便。

3）多极转移

多极聚合至第2层后，上行过程的聚合计算结束。开始在第2层中进行多极转移，即将每组中心的聚合量平移到该组在该层的非附近组中心。由于在第二层中的远亲组即为非附近组，因此通过远亲组的转移计算可以得到待求所有非附近组的贡献。

$$B_{f_2}(\boldsymbol{e}_k) = \sum \alpha(\boldsymbol{e}_k \cdot \boldsymbol{r}_{f_2s_2})S_{s_2}(\boldsymbol{e}_k) \qquad (5-201)$$

式（5-201）的求和在分组s_2的所有远亲组中进行。

以上步骤为多层快速多极子方法的上行过程，下面步骤主要是多层快速多极子方法的下行过程。

4）多极配置

多极配置是将在父层父组中心为中心的内向波转化为以子层子组中心为中心的内向波表达。多极配置是多极聚合的逆过程。与多极聚合中子层到父层采用外插计算类似，多极配置过程中，父层到子层则采用内插计算。

对于在第$p-1$层内的f_{p-1}组中心来讲，来自该组所有非附近组的贡献为

$$\boldsymbol{I} = \int \mathrm{d}^2\boldsymbol{e}_k \boldsymbol{V}_{f_{p-1}}(\boldsymbol{e}_k) \cdot B_{f_{p-1}}(\boldsymbol{e}_k) \qquad (5-202)$$

将式（5-202）离散求积，则得

$$\boldsymbol{I} = \sum_{n=1}^{K_{p-1}} w_{n'}\boldsymbol{V}_{f_{p-1}}(\boldsymbol{e}_{k_{p-1,n'}}) \cdot B_{f_{p-1}}(\boldsymbol{e}_{k_{p-1,n'}}) \qquad (5-203)$$

将父层父组的非附近组贡献平移到子层子组的组中心表达，即

196

$$I = \sum_{n=1}^{K_{p-1}} w_n \boldsymbol{V}_{f_p}(\boldsymbol{e}_{k_{p,n}}) \cdot \boldsymbol{B}_{f_p}^{(1)}(\boldsymbol{e}_{k_{p,n}}) \tag{5-204}$$

式(5-203)与式(5-204)中的 $w_{n'}$ 和 w_n 分别为第 $p-1$ 层和第 p 层角谱空间高斯积分的权系数。与多极聚合相类似,多极配置中父层的配置因子可由子层的配置因子内插得到

$$\boldsymbol{V}_{f_{p-1}}(\boldsymbol{e}_{k_{p-1,n'}}) = \mathrm{e}^{-\mathrm{j}k_{p-1,n'} \cdot \boldsymbol{r}_{f_p f_{p-1}}} \sum_{n=1}^{K_p} \boldsymbol{W}_{n'n} \boldsymbol{V}_{s_p}(\boldsymbol{e}_{k_{p,n}}) \tag{5-205}$$

将式(5-205)代入式(5-203)中,并交换 $\sum\limits_{n=1}^{K_p}$ 和 $\sum\limits_{n'=1}^{K_{p-1}}$ 的次序,最终可以得到

$$\boldsymbol{B}_{f_p}^{(1)}(\boldsymbol{e}_{k_{p,n}}) = \sum_{n=1}^{K_l} \boldsymbol{W}_{n'n} \mathrm{e}^{-\mathrm{j}k_{p-1,n'} \cdot \boldsymbol{r}_{f_p f_{p-1}}} \boldsymbol{B}_{f_{p-1}}(\boldsymbol{e}_{k_{p-1,n'}}) \frac{w_{n'}}{w_n} \tag{5-206}$$

式(5-206)得到的贡献只包含了来自父组的非附近组的贡献,还未包含该分组在同一层内的远亲组的贡献。因此需要将这一部分也计算进来,才能继续完成父层到子层的递推。远亲组贡献的计算类似于式(5-201),即

$$\boldsymbol{B}_{f_p}^{(2)}(\boldsymbol{e}_{k_{p,n}}) = \sum \alpha(\boldsymbol{e}_k \cdot \boldsymbol{r}_{f_{p^s p}}) \boldsymbol{S}_{s_p}(\boldsymbol{e}_{k_{p,n}}) \tag{5-207}$$

由式(5-206)与式(5-207)可以得到子层子组的所有非附近组的贡献,即

$$\boldsymbol{B}_{f_p}(\boldsymbol{e}_{k_{p,n}}) = \boldsymbol{B}_{f_p}^{(1)}(\boldsymbol{e}_{k_{p,n}}) + \boldsymbol{B}_{f_p}^{(2)}(\boldsymbol{e}_{k_{p,n}}) \tag{5-208}$$

5)最高层的部分场展开

对于最高层中的所有分组,在其组中心进行部分场展开,得到该组的所有非附近组对组内的各个权函数的贡献,即

$$I_1 = \int \mathrm{d}^2 \boldsymbol{e}_k \boldsymbol{V}_{f_p}(\boldsymbol{e}_k) \cdot \boldsymbol{B}_{f_p}(\boldsymbol{e}_k) \tag{5-209}$$

式中:$\boldsymbol{V}_{f_p}(\boldsymbol{e}_k)$ 为最高层的配置因子;$\boldsymbol{B}_{f_p}(\boldsymbol{e}_k)$ 为最高层上以 f 为组中心的内向波,代表了组 f 的所有非附近组对组 f 的贡献。

6)计算附近组的贡献

采用矩量法直接计算附近组的贡献,与非附近组的贡献相叠加,便得到了所有源子散射体对场子散射体的贡献。

2. 多层快速多极子方法的计算复杂度及误差分析

多层快速多极子方法矩阵向量相乘的主要计算量集中在式(5-203)和式(5-208)上,而其他部分的计算复杂度都为 $O(N)$。设整个算法共分为 p 层,向上聚合的最高层为第 2 层,次高层为第 3 层。在第 p 层的非空组数目为 G_p,每个非空组的子组平均数目为 C_p,每组的远亲组平均数目为 F_p。因此,对于第 $p+1$ 层有 $G_{p+1} = G_p C_p$。设插值点数为 q,则:

(1)从最底层到最高层,多极聚合的计算复杂度为

$$T_1 = c_1 \sum_{p=3}^{p} K_{p-1} G_{p-1} C_{p-1} q \tag{5-210}$$

(2)从最高层到最底层,多极配置的计算复杂度为

$$T_2 = \sum_{p=3}^{P} (c_2 K_{p-1} G_p + c_3 K_p G_p C_p) \tag{5-211}$$

(3)在最高层即第 2 层的平移计算复杂度为

$$T_3 = c_3 K_2 G_2 C_2 \tag{5-212}$$

上列式中,c_1、c_2、c_3 为与计算机设备和编程有关的常数。因此,总的计算复杂度为上述 3 式之和,即

$$T = \sum_{p=3}^{p} K_p (4c_1 G_{p-1} C_{p-1} q + 4c_2 G_p q + c_3 G_p C_p) + c_3 K_2 G_2 C_2 \tag{5-213}$$

对于三维分层情况,有 $G_p = 8 G_{p-1}$,则

$$T = \sum_{p=3}^{p} K_p G_p c_4 + c_3 K_2 G_2 C_2 \tag{5-214}$$

其中:

$$c_4 = 32 c_1 C_{p-1} q + 4 c_2 q + c_3 C_p \tag{5-215}$$

一般来说,对于三维问题,在每层中的一个分组的远亲最大数目为 189,因此对于各层的 C_p 可以看作为常数。而每层中的非空组数目与未知量 N 以及组边长有关,即

$$G_p \sim \frac{N}{D_p^2} \tag{5-216}$$

第 p 层的角谱分量个数与该层的组边长相关,即

$$K_p \sim D_p^2 \tag{5-217}$$

由式(5-216)与式(5-217)可得

$$G_p K_p \sim N \tag{5-218}$$

因此,总的计算复杂度可近似为

$$T \sim c_5 (P-2) N + c_6 N \tag{5-219}$$

在式(5-219)中,层数 p 与未知量 N 之间成指数关系,即 $N = c_7 a^p$,其中 a 为常数。若 a 取 10 则

$$P = \lg N - \lg c_7 \tag{5-220}$$

将式(5-219)代入式(5-220)可得

$$T \sim c_5 N \lg N + c_6 N \tag{5-221}$$

因此,多层快速多极子的矩阵向量相乘运算的计算复杂度为 $O(N \lg N)$。

由前述可知,在快速多极子方法中主要的数值误差来源于无穷求和序列的截断误差、角谱空间积分的数值积分误差。而多层快速多极子方法除上述两种误差外,还有上行过程与下行过程中插值产生的误差。

3. 算例验证

1)导电球体的双站算例

由于球体的 RCS 具有 Mie 级数解析表达式,电磁散射领域常以球体作为三维算例验证的标准模型之一。图 5-57 给出了半径为 1m 的理想导电球体在入射频率 $f = 1.5\text{GHz}$ 时的双站 RCS,球体表面网格密度为每波长 128 个面元,待求未知数 26638 个,极子最大层数 5 层,最底层极子边长为 0.5λ,占用内存 300MB 左右(图 5-58)。计算角度范围为 $0 \sim 180°$,计算角度间隔 $5°$。分析图 5-59 可知,本书设计程序计算结果与 Mie 级数解吻合较好。

198

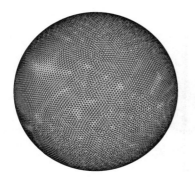

图 5-57 导电球体网格示意图

图 5-58 导电球体最底层极子示意图

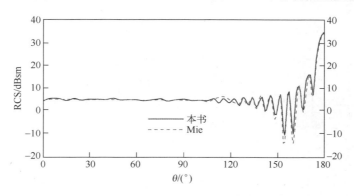

图 5-59 水平极化方式下导电球体双站 RCS 计算对比

2）导电立方体的双站算例

本节计算了边长为 15λ 的正方体在水平极化与垂直极化方式下的双站 RCS,并与文献结果进行了对比,如图 5-60 与图 5-61 所示。其中入射频率 $f=300\mathrm{MHz}$,求未知数 169120 个,极子最大层数 6 层,最底层极子边长为 0.5λ,占用内存 1.2GB 左右。计算角度范围为 $0\sim180°$,计算角度间隔 $5°$。分析图 5-60 与图 5-61 可知,本书计算结果与文献结果吻合较好,证明了本书程序设计的准确性。

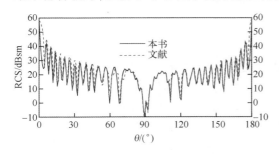

图 5-60 水平极化方式下正方体的双站 RCS

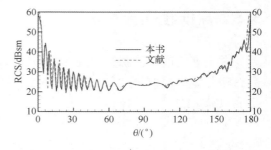

图 5-61 垂直极化方式下正方体的双站 RCS

3）导电圆锥 – 半球组合体算例

圆锥 – 半球组合体网格及双站雷达发射、接收示意图如图 5-62 所示。本节以导电圆锥 – 半球组合体为算例,对半球半径为 1m、圆锥高度为 5m 的组合体进行了双站雷达 RCS 计算,并且与文献结果进行了对比分析,如图 5-63 所示。雷达入射频率为 500MHz,

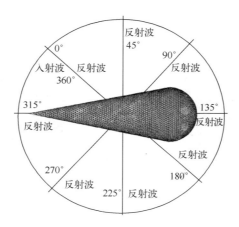

图5-62　圆锥-半球组合体网格及双站雷达发射、接收示意图

表面网格密度为每波长128个面元,求未知数8289个,极子最大层数为5层,最底层极子边长为0.35λ,占用内存100MB左右。计算角度范围为$0\sim360°$,计算角度间隔5°。对比分析结果可知,本书计算结果与文献结果吻合较好。

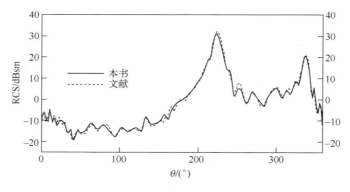

图5-63　水平极化方式下圆锥-球组合体双站RCS

5.5　高低频混合算法

对于进气道与喷管这种内部含有复杂部件的电大尺寸开口腔体,采用高频算法将会忽略腔体内小部件之间极强的电磁互耦性,从而造成较大计算误差,但低频方法又不能负载电大尺寸腔体目标的巨大计算量。针对这种实际问题,高低频混合算法引起众多学者的极大关注,也越来越被广泛应用。高低频混合算法结合两种或两种以上的高、低频计算方法,充分发挥高频算法与低频算法的优势,可用来解决实际电磁场散射与辐射的问题。

一般的高低频混合算法主要包括弹跳射线法/矩量法,迭代物理光学法/矩量法,几何光学法/矩量法,弹跳射线法/有限元法(Finite Element Method,FEM),弹跳射线法/时域有限差分法(Finite Diffrence Time Domain Method,FDTDM)等多种混合算法。

5.5.1　IPO – MOM 混合算法

电磁场低频方法与高频方法各有其优缺点。低频方法计算精度高,稳定性好,但是却受到目标电尺寸大小的限制,不适用于处理电大尺寸目标的散射问题;相反,高频方法比较适合处理电尺寸很大的散射问题,计算速度快,储存量小,但是计算精度不高。如果将这两种方法结合起来,则既能保证足够的计算精度又不过分消耗计算机资源,提高计算效率。可以说高低频混合算法在电磁分析中的优势日益显露,理论条件也越来越成熟,已经成为计算电磁学中研究的热点之一。

为了能更真实地模拟进气道与喷管腔体内部的叶片及“小部件”,本书采用迭代物理光学法 – 矩量法耦合算法对带有复杂部件的进排气系统进行数值模拟研究;采用迭代物理光学法计算腔体部分,采用矩量法计算叶片或“小部件”部分。

图 5-64 是飞机排气系统结构示意图,该结构被蓝色面 S_t 分为 1 区与 2 区两部分,1 区为纯腔体部分,2 区为带有“小部件”复杂部件的腔体部分。在数值计算时首先对 1 区光滑缓变的腔体区使用迭代物理光学法,然后求得 S_t 面上的电磁场,将所求的电磁场看作是 2 区带有复杂部件腔体区的源;对此区采用矩量法计算部件表面电磁流,然后求得 S_t 面上的出射场,再由迭代物理光学法反向计算腔体口径面 S_a 上的等效电磁流,最后利用等效原理求得腔体的远区散射场。

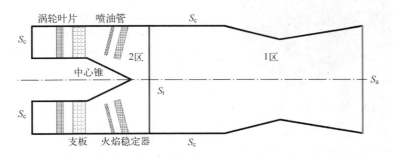

图 5-64　排气系统结构示意图

IPO – MOM 混合算法分析带有复杂部件腔体的具体步骤如下:

(1) 由腔体外入射场采用迭代物理光学法计算 1 区腔体内壁面上的感应电流。

(2) 结合口径面上等效电磁流求得面 S_t 上的总电场。

(3) 利用面 S_t 上的总电场,结合 Kirchhoff 近似公式对 2 区进行电场照射,并采用矩量法电场积分方程求得 2 区腔体内壁面上的电流值。

(4) 对 2 区腔体部分进行矩量法迭代,使得面 S_t 内外两侧电磁场能够连续。

(5) 求得 2 区内壁面上稳定电流值后,根据 Kirchhoff 近似公式可求得面 S_t 上的电磁场。

(6) 通过面 S_t 上的电磁场并利用 Kirchhoff 近似公式对 1 区腔体进行磁场照射。

(7) 最后利用 IPO 计算 1 区腔体内壁面上的电流分布。

迭代物理光学法 – 矩量法在腔体口径面上的散射总场来自两部分,即 1 区腔体内壁面上的电磁散射和 2 区内壁面上的电磁散射。2 区的散射必须通过面 S_t 耦合到腔体的口径面上,它与迭代物理光学法求得的1区散射场叠加得到口径面上的总散射场,从而计算出远区的散射场。

5.5.2 算例验证

为了验证本书开发的高低频耦合方法对带有复杂终端的腔体结构 RCS 计算的准确性及可靠性,本文针对文献1及文献2提出的带有半球与圆柱组合凸起结构的圆柱腔体进行算例验证,如图5-65所示;图中尺寸单位为 mm,红色面是进口 S_a 面,灰色和蓝色面为腔体壁面 S_c;其中灰色面采用矩量法计算,而蓝色面采用 IPO 方法计算。S_t 是中间虚拟等效面,主要负责矩量法与 IPO 方法耦合时数据的传递。计算入射波长为 $\lambda = 5\mathrm{cm}$,矩量法的网格密度按每平方波长128个三角面元,IPO 方法的网格密度按每平方波长16个三角面元,所得网格总数为24649,网格示意图图5-66。计算探测角度为 $\theta = 0° \sim 50°$,角度间隔为 $1°$。本节计算实例是计算单站雷达散射截面。坐标系也是采用球坐标系,具体参考图5-14。

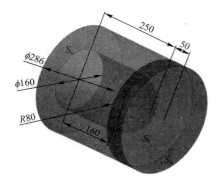

图 5-65　带有凸起结构的
圆柱腔体模型

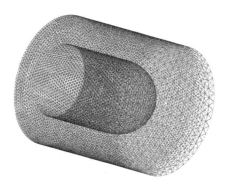

图 5-66　带有凸起结构的圆柱
腔体模型网格示意图

图5-67是本书计算结果与文献在水平极化方式下的对比结果。由图可知,本书计算结果与文献的结果吻合较好,从而验证本书开发的 IPO - MOM 的高低频混合算法适合求解带有复杂终端的腔体散射问题。

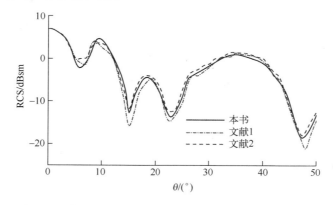

图 5-67　水平极化方式下带有凸起结构的圆柱腔体的 RCS

5.6 S 弯隐身喷管电磁散射数值模拟

图 5-68 是雷达波针对 S 弯隐身喷管腔体结构的入射方位角示意图。红线方位角与蓝线方位角上入射方向排列组合构成的半球方位空间可全面考虑 S 弯隐身喷管腔体结构的电磁特性。考虑到计算量及 S 弯隐身喷管上下弯折的原因，本节只考虑喷管在红线方位角上的雷达散射特性。针对常规的直喷管腔体结构，因为其结构在红线方位角上属对称结构，因此只考虑红线负方位角上的电磁特性。

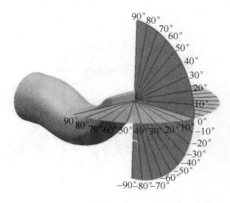

图 5-68　电磁波入射方位角示意图

5.6.1 至 5.6.4 小节计算的入射波频率 $f = 6\,\mathrm{GHz}(\lambda = 5\,\mathrm{cm})$，入射角 $\theta = -40° \sim 40°$，喷管壁面采用三角形面元进行剖分，其壁面网格总数在 7 万左右。

5.6.1 出口形状及锯齿修形对轴对称收-扩喷管 RCS 的影响

本节设计了 4 种不同出口形状及出口边缘修形的收-扩喷管与一种原始轴对称收-扩喷管。图 5-69 给出了原始轴对称收-扩喷管的外形尺寸。5 种收-扩喷管的外形如图 5-70 所示；其中喷管 B~E 出口截面面积等同于喷管 A 的出口面积。喷管 B 出口为宽高比为 1.5 的矩形；喷管 C 出口在喷管 B 的基础上进行上下以及两侧锯齿修形；其中上下锯齿齿角为 80°，两侧锯齿齿角为 60°。喷管 D 是在喷管 C 的基础上对其扩张段进行重新修形，其横截面为类"蝴蝶结"形状（如图 5-70 模型 D 所示）；其中上下锯齿齿角与喷

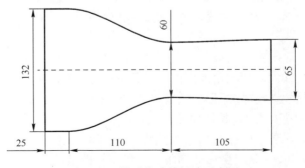

图 5-69　轴对称喷管尺寸示意图

203

管 C 保持一致，而两侧锯齿齿角为 56°。喷管 E 也是在喷管 C 的基础上对其扩张段进行重新修形，其横截面为类"六角星"形装（如图 5-70 模型 E 所示），与喷管 D 一样上下锯齿齿角保持不变，而两侧锯齿齿角为 48°。

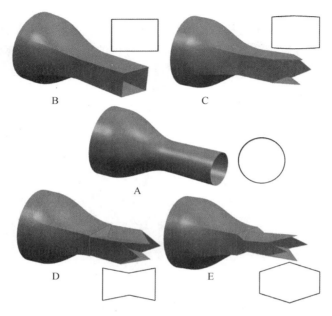

图 5-70　不同出口形状收 - 扩喷管几何模型示意图

图 5-71 和图 5-72 分别是单站雷达时 5 种不同喷管模型在水平、垂直两种极化方式下的边缘绕射场及总散射场的 RCS 随探测角的变化。

1. 水平极化

图 5-71 是 5 种喷管在水平极化下边缘绕射场的 RCS 随探测角的变化规律。由图可以看出，在 0°探测角附近处喷管 C 至喷管 D 的 RCS 远低于喷管 A 和喷管 B 边缘绕射场的 RCS，由此可知喷管出口的锯齿修形可有效降低其小探测角范围内边缘绕射场的 RCS。喷管 B 和喷管 C 的扩张段均是二元外形，唯一的区别是喷管 C 出口进行了锯齿修形。对比分析全局探测角范围下喷管 B 和喷管 C 边缘绕射场的 RCS 可知，锯齿修形可有效降低全局探测角范围内边缘绕射场的 RCS，而不仅仅局限于小的探测角范围。喷管 A 边缘绕射场的 RCS 随着探测角的偏大而减小；而喷管 C 至喷管 E 边缘绕射场的 RCS 随着探测角的偏大而增大，但其增大的幅度较小；到 ±40°时其边缘绕射场的 RCS 接近喷管 A 的 RCS。

图 5-72 是 5 种喷管在水平极化下总散射场的 RCS 随探测角的变化规律。由图可知，喷管 A 与喷管 D 在大的探测角范围内有较低的 RCS，其中喷管 A 的出口形状为圆形，而喷管 D 的出口形状为"蝴蝶结"形。喷管 B 在全局探测范围内有着较高的 RCS；其出口形状为矩形。在 $\theta = -10° \sim 10°$ 探测角范围内，喷管 B 与喷管 C 总散射场的 RCS 有着相同的变化趋势，其 RCS 基本相等。在 0°探测角处，喷管 C 至喷管 E 总散射场的 RCS 低于喷管 A 和喷管 B 的 RCS。纵观全局探测角下 5 种喷管模型总散射场的 RCS，喷管 A 与喷管 D 有着较低的 RCS。

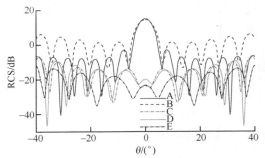

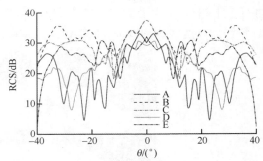

图 5-71　水平极化方式下不同
出口形状收 – 扩喷管绕射场的 RCS

图 5-72　水平极化方式下不同出口
形状收 – 扩喷管总散射场的 RCS

2. 垂直极化

图 5-73 是 5 种喷管在垂直极化下边缘绕射场的 RCS 随探测角的变化规律。由图可知,垂直极化下边缘绕射场的变化规律与水平极化下的变化规律基本相似。不同之处:一是具体探测角下的 RCS 值有所改变;二是喷管 A 与喷管 B 边缘绕射场的 RCS 值远高于喷管 C 至喷管 E 的 RCS 值;三是喷管 B 边缘绕射场的 RCS 处于全局探测角范围内最大,包括 0°探测角处。

图 5-74 是 5 种喷管在垂直极化下总散射场的 RCS 随探测角的变化规律。由图可知,喷管 E 在 $\theta = -5° \sim 5°$ 与 $\theta = \pm 25° \sim \pm 40°$ 探测角范围内有较低的 RCS。在 $\theta = \pm 10° \sim \pm 40°$ 探测角范围内,喷管 D 总散射场的 RCS 处于最低。在 $\theta = \pm 25° \sim \pm 5°$ 探测角范围内,喷管 E 总散射场的 RCS 处于最大。随着探测角的偏大,喷管 C 总散射场的 RCS 降低较快。纵观全局探测角下 5 种喷管模型总散射场的 RCS,喷管 D 有着较低的 RCS,而喷管 E 在某些探测角下有着较低的 RCS。与水平极化相比,喷管 A 总散射场的 RCS 在垂直极化下没有明显的优势。

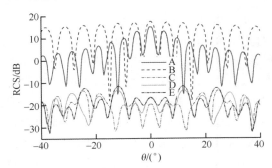

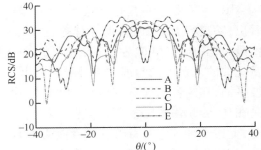

图 5-73　垂直极化方式下不同出口
形状收 – 扩喷管绕射场的 RCS

图 5-74　垂直极化方式下不同出口
形状收 – 扩喷管总散射场的 RCS

5.6.2　出口形状及锯齿修形对 S 弯隐身喷管 RCS 的影响

图 5-75 是本书设计的 3 种不同出口形状与两种带有锯齿修形的矩形出口形状的 S 弯收 – 扩喷管几何外形示意图。3 种收 – 扩喷管的出口面积保持一致,进口均是直径为 920mm 的圆截面;水平长度为 1500mm,其中收敛段长度为 1200mm,扩张段长度为 300mm;偏心距为 368mm。模型 D 在所设计的矩形出口 S 弯隐身喷管的基础上对其出口

进行上下错位的锯齿修形,上下锯齿在喷管轴线方向相差 300mm;锯齿高度为 300mm;模型 E 锯齿高度也为 300mm,无错位。其他参数详见表 5-2。

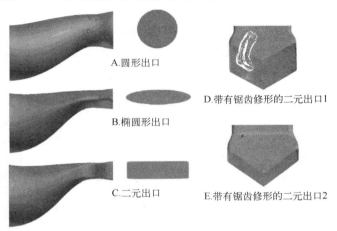

图 5-75　不同出口形式 S 弯隐身喷管的几何外形示意图

表 5-2　S 弯隐身喷管外形参数

出 口 形 状	喉 道 参 数	进 口 参 数
A. 圆形	直径:532.1mm	直径:620.6mm
B. 椭圆形	长短轴比:4.0	长短轴比:4.0
C. 矩形	宽高比:4.0	宽 高 比:4.0

图 5-76 至图 5-79 分别是单站雷达时这 5 种不同 S 弯隐身喷管在水平、垂直两种极化方式下的边缘绕射场及总散射场的 RCS 值。

1. 水平极化

图 5-76 是水平极化方式下 5 种 S 弯隐身喷管边缘绕射场的 RCS 值。从图中可以看出,除喷管 D 以外,其他 4 种喷管在探测角为 0° 时处于最大值;其中喷管 A 的 RCS 值最大,其值在 20dB 左右;喷管 B 的 RCS 值最小,其值为 6dB 左右。在 0° 探测角时,雷达波的入射方向与上述 4 种喷管的出口边缘属于垂直照射,产生向四周散射的绕射波平面,在这种情况下,总有一条绕射波沿雷达波的入射方向返回,被雷达接收。这便是在 0° 探测角时上述 4 种喷管边缘绕射场最大的原因。探测角在 0°～40° 范围内变化时,上述 4 种 S 弯隐身喷管随着探测角的增大呈有规律的波动变化。其中在探测角 0°～15° 变化范围内,喷管 A、喷管 B 和喷管 C 的 RCS 峰值有下降的趋势。但是当探测角增大至 15°～40° 时,其 RCS 峰值逐渐增大。与 0°～15° 范围内的最小峰值相比,喷管 C 的峰值增加 8dB,喷管 B 的峰值增加 6dB,喷管 A 的峰值增加 4dB。喷管 E 的 RCS 随着探测角的增大呈波动减小,当探测角达到 40° 时,其峰值达到最小,相比 0° 时的峰值降低 16dB。上述 4 种 S 弯隐身喷管的出口为对称形状,所以在探测角 -40°～0° 范围内,其 RCS 的变化规律与 0°～40° 范围内的 RCS 变化规律关于 0° 探测角对称。喷管 D 的出口形状因修形为相互错位的锯齿,所以在 -40°～40° 探测范围内,其 RCS 值无对称性并且随着探测角度的减小而减小;最大峰值为 -10dB;而最小峰值为 -27dB。由上述分析可知,矩形出口 S 弯隐身喷管绕射场的 RCS 值最大;但是修形为锯齿边缘出口之后,其绕射场的

206

RCS 降低明显,并且相互错位的锯齿边缘明显好于无错位的对称锯齿边缘。椭圆形出口S 弯隐身喷管 RCS 小于矩形出口喷管,但是大于圆形出口喷管。圆形出口和椭圆形出口S 弯隐身喷管绕射场的 RCS 均大于修形为锯齿边缘的 S 弯隐身喷管。

与腔体内部的散射场相比,边缘绕射场对总散射场的贡献很小。在相同探测角范围内,腔体内部散射场与总散射场的 RCS 值变化趋势一致,在数值上相差也较小。因此,本书只重点分析了总散射场的 RCS 变化规律。

图 5-77 是水平极化方式下 5 种 S 弯隐身喷管总散射场的 RCS 值。由图可知,喷管的 S 型结构设计使得其总散射场的 RCS 不关于 0°探测角对称,这是与直喷管的最大区别。喷管的 S 形结构设计也使得其总散射场的最大值偏离 0°探测角移向正探测角范围内,其中喷管 C~E 偏离较为明显。在 -40°~0°变化范围内,除喷管 B 在 -22°有大的增幅以外,其他 4 种 S 弯隐身喷管均有减小的趋势。RCS 值降低最为剧烈的是喷管 D。在探测角为 -32°时,喷管 D 的 RCS 值降低至小于 0。喷管 A、喷管 C 和喷管 E 虽然也有所降低,但是降低幅度不是特别大,其值主要在 28dB 附近波动。在 0°~7°变化范围内,5 种S 弯隐身喷管的 RCS 值快速下降,其 RCS 均下降至 25dB 左右。在 7°~30°变化范围内,5 种S 弯隐身喷管的 RCS 在 25dB 附近呈无规律波动变化;其中喷管 E 在 7°~15°变化范围内急剧下降至 13dB 左右,之后开始回升至 25dB 左右。在 30°~40°变化范围内,5 种 S 弯隐身喷管的 RCS 值有上升趋势,但是上升幅度不大,上升幅值在 5dB 左右。综上所述,喷管的 S 形结构设计使得其 RCS 值不关于 0°探测角对称,并且使得喷管总散射场的最大值偏离 0°探测角;在 -40°~0°变化范围内,相互错位的锯齿边缘 S 弯隐身喷管的 RCS 较其他几种喷管小很多,并且能在很小的探测角变化范围内急剧降低至 20dB 以下,这是由模型 D 出口下侧锯齿修形对电磁波的遮挡引起的。在 0°~40°变化范围内,对称锯齿边缘 S 弯隐身喷管的 RCS 值相对其他 4 种喷管较低,而相互错位的锯齿边缘 S 弯隐身喷管在 32°时 RCS 急剧上升达到 40dB。在 10°~25°探测角内,5 种喷管有较低的 RCS。

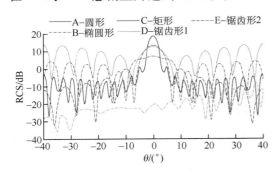

图 5-76 水平极化方式下不同出口形式
S 弯隐身喷管绕射场的 RCS

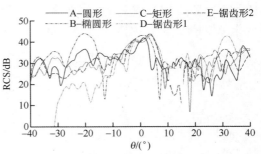

图 5-77 水平极化方式下不同出口形式
S 弯隐身喷管总散射场的 RCS

2. 垂直极化

图 5-78 是垂直极化方式下 5 种 S 弯隐身喷管边缘绕射场的 RCS 值。在 0°探测角处,喷管 A、喷管 B 及喷管 C 的边缘绕射场处于最大,这与水平极化方式下的边缘绕射场相似。不同之处是喷管 B 和喷管 C 绕射场的 RCS 较为接近,且数值远高于喷管 A 的 RCS。喷管 E 垂直极化方式下绕射场的 RCS 较低,与喷管 D 较为接近。在探测角 -40°~0°范围

内,喷管 A、喷管 B 和喷管 C 边缘绕射场的 RCS 随着角度的减小而呈规律的波动降低。喷管 A 的最大峰值在 0°探测角为 18dB;最小峰值在 −37°探测角为 6dB。喷管 B 的最大峰值在 0°探测角为 26dB;最小峰值在 −37°探测角为 14dB。喷管 C 的 RCS 降低较为缓慢,最大峰值在 0°探测角为 25dB;最小峰值在 −40°探测角为 23dB。喷管 E 的 RCS 变化较为平缓,最大峰值在 −20°探测角为 −12dB,最小峰值在 −40°探测角为 −18dB。因为上述 4 种喷管出口均为对称形状,所以 0°~40°变化范围内的 RCS 与 −40°~0°变化范围内的 RCS 值关于 0°探测角对称。喷管 D 因为其出口为相互错位的锯齿边缘,所以其 RCS 在探测角的变化范围内无对称性。在整个探测范围内喷管 D 的 RCS 值变化较为均匀。由上述分析可知,在垂直极化方式下,矩形出口 S 弯隐身喷管的 RCS 值最大;其次是椭圆形出口 S 弯隐身喷管;最后是圆形出口 S 弯隐身喷管。锯齿边缘 S 弯隐身喷管的 RCS 较前述 3 种喷管的 RCS 降低明显。相互错位的锯齿边缘与无错位的对称锯齿边缘在垂直极化方式下的 RCS 值比较接近。

图 5-79 是垂直极化方式下 5 种 S 弯隐身喷管总散射场的 RCS 值。由图可知,5 种喷管总散射场的 RCS 与水平极化方式下的分布相似,最大值偏离 0°探测角移向正探测角范围,且其分布不关于 0°探测角对称。在探测角 −40°~−4°变化范围内,除喷管 B 在 −20°处的最大峰值以外;喷管 B、喷管 C 及喷管 D 变化较为平缓,其 RCS 值均在 28dB 上下波动变化;喷管 A 的 RCS 值变化波动较大,只有短暂的平缓段;喷管 D 的 RCS 值随探测角度的减小而急剧降低,这主要是因为下侧锯齿对上侧锯齿起到遮挡作用。在探测角 −4°~4°变化范围内,5 种 S 弯隐身喷管的 RCS 值均呈下降趋势,下降幅值在 10dB 左右。在 4°~8°变化范围内,5 种 S 弯隐身喷管的 RCS 值均呈下降趋势,喷管 A、喷管 B 及喷管 C 下降较为急剧,下降幅值在 20dB 左右。在 8°~26°变化范围内,5 种 S 弯隐身喷管的 RCS 值变化较为平缓,其值均在 38dB 左右波动。在 26°~30°变化范围内,其 RCS 值有下降趋势,喷管 A、喷管 B 及喷管 C 下降较为急剧,而喷管 D 与喷管 E 下降较为平缓。在 30°~40°变化范围内,其 RCS 值有所回升,但是回升幅度较小。在负探测角时,喷管 A 和喷管 B 的 RCS 变化幅值较大;喷管 C 和喷管 E 的 RCS 值变化较平缓;喷管 D 的 RCS 急剧下降。在正探测角时,喷管 A 的 RCS 变化幅值较大,但是整体 RCS 值偏低。其他 4 种 S 弯隐身喷管的 RCS 值变化较为平缓。

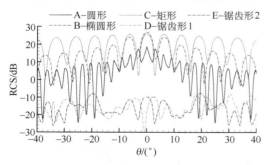

图 5-78　垂直极化方式下不同出口形式
S 弯隐身喷管绕射场的 RCS

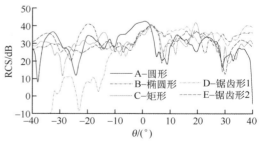

图 5-79　垂直极化方式下不同出口形式
S 弯隐身喷管总散射的 RCS

5.6.3　出口宽高比对 S 弯隐身喷管 RCS 的影响

本节设计了 6 种不同出口宽高比的 S 弯隐身喷管。喷管出口截面分别为同面积不同宽高比的矩形截面,其面积等同直径530mm的圆截面面积,宽高比为图5-80中*W/H*,其变化区间为1.5~4.0,变化因子0.5。喷管其他尺寸详见图5-80。

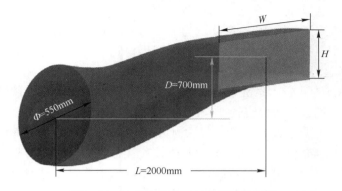

图5-80　宽高比为2.5的S弯隐身喷管

图5-81至图5-84分别是单站雷达时6种不同出口宽高比的S弯隐身收敛喷管在水平、垂直两种极化方式下的边缘绕射场及总散射场的RCS。

1. 水平极化

图5-81是6种不同出口宽高比S弯隐身收敛喷管在水平极化方式下边缘绕射场的RCS随探测角的变化曲线。由图可知,在0°探测角时,6种不同出口宽高比S弯隐身收敛喷管边缘绕射场的RCS均达到最大;这主要是因为在0°探测角时,入射电磁波方向与喷管出口口径边缘垂直,此时口径边缘任意点处产生向四周发射的平面绕射波。本书计算的是单站雷达状态下的RCS,入射波与雷达接收波方向相反,因此必定有一条沿入射波反向传播的绕射波被雷达接收,导致0°探测角时绕射场的RCS处于最大值。随着喷管出口宽高比的增大,其0°探测角时边缘绕射场的RCS减小,并且减小幅度均在1.5dB左右。这主要是因为在设计S弯隐身喷管时,其出口面积是不变量,只改变出口矩形的宽高比,导致出口口径周长不一致,使得其绕射场不一致。在-10°~0°探测角范围内,6种不同出口宽高比S弯隐身收敛喷管边缘绕射场的RCS依次达到全局探测角范围的最小值,宽高比越小在此探测范围内边缘绕射场的RCS越先达到最小值;这主要是随着探测角度的偏大,入射波与喷管出口口径边缘产生的平面绕射波转换为锥面绕射波,使得绕射波的方向偏离了雷达接收方向,导致其RCS降低。在-40°~-5°探测角范围内,6种不同出口宽高比S弯隐身收敛喷管边缘绕射场的RCS依次从最小值开始呈波状变化,且其波峰值缓慢增大。这与水平极化时电场的方向密切相关,在水平极化时绕射场RCS的波峰值先是急剧下降,然后呈缓慢增长趋势。由图可知,在0°~40°探测范围内,6种不同出口宽高比S弯隐身收敛喷管边缘绕射场的RCS与-40°~0°探测范围内的RCS关于0°探测角对称。

图5-82是6种不同出口宽高比S弯隐身收敛喷管在水平极化方式下总散射场的RCS随探测角的变化曲线。从图中可以看出,喷管的S型设计使得全局探测角范围内的RCS不关于0°探测角对称。在0°探测角附近6种不同出口宽高比S弯隐身收敛喷管的RCS均趋于最大值,这主要是因为在0°探测角附近时,喷管进口处假设平面的直接反射起主要贡献。在-16°~0°探测角范围内,除宽高比为1.5与3.5的S弯隐身收敛喷管,其余4种不同出口宽高比S弯隐身收敛喷管的RCS变化较为均匀,而且其数值较高,这

主要是因为在此探测区间内雷达波主要照射在 S 弯隐身喷管的第二个拐弯处的上部壁面处,并且经过多次反射之后由雷达接收。宽高比为 1.5 与 3.5 的 S 弯隐身收敛喷管总散射场的 RCS 较低的主要原因是与其口径面的等效电磁流及口径面法向量有一定关系。在 −26° ~ −16°探测角范围内,除宽高比为 1.5 与 3.5 的 S 弯隐身收敛喷管总散射场的 RCS 变化较为平滑且数值较低外,其余 4 种不同出口宽高比 S 弯隐身收敛喷管总散射场的 RCS 均呈下降趋势。在 −40° ~ −26°探测范围内,6 种不同出口宽高比 S 弯隐身收敛喷总散射场的 RCS 变化较为紊乱。宽高比 3.5 和 4.0 的 S 弯隐身收敛喷管变化较为相似,先降低后增大,而且其数值也较低;其余 4 种不同出口宽高比 S 弯隐身收敛喷管在此探测范围内均处于上升趋势。在 0° ~ 4°探测角范围内,除宽高比为 3.5 的 S 弯隐身收敛喷管外,其余 5 种不同出口宽高比 S 弯隐身收敛喷管总散射场的 RCS 在此区间较大。在 4° ~ 25°探测范围内,6 种不同出口宽高比 S 弯隐身收敛喷管总散射场的 RCS 均呈波动减小,波动幅度最大的是宽高比为 1.5 的 S 弯隐身收敛喷管,而波动幅度最小的是宽高比为 3.5 的 S 弯隐身收敛喷管。在此区间,6 种不同出口宽高比 S 弯隐身收敛喷管总散射场的 RCS 总体上均有 10dB 左右的下降,其中宽高比为 3.5 的 S 弯隐身收敛喷管下降幅度最大,下降幅度为 20dB。这主要是因为雷达波只能照射在 S 弯隐身收敛喷管的第一个拐弯处,然后进入喷管腔体内部之后经过多次反射被雷达接收。在 25° ~ 40°探测范围内,6 种不同出口宽高比 S 弯隐身收敛喷管总散射场的 RCS 均呈波动增大,但是增加幅度不大。

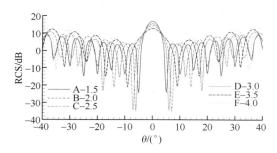 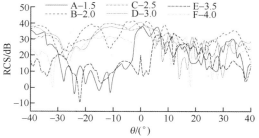

图 5-81　水平极化方式下不同出口宽高比　　　图 5-82　水平极化方式下不同出口宽高比
S 弯隐身喷管绕射场的 RCS　　　　　　　　　 S 弯隐身喷管总散射场的 RCS

2. 垂直极化

图 5-83 是垂直极化方式下 6 种不同出口宽高比 S 弯隐身收敛喷管边缘绕射场的 RCS 随探测角的变化曲线。从图中可以看出,在 0°探测角时,6 种不同出口宽高比 S 弯隐身收敛喷管边缘绕射的 RCS 与水平极化方式下的 RCS 变化趋势刚好相反,即 RCS 随着宽高比的增大而增大;最大 RCS 是宽高比为 4.0 的 S 弯隐身收敛喷管,其值为 25dB;最小 RCS 是宽高比为 1.5 的 S 弯隐身收敛喷管,其值为 20dB;并且在垂直极化方式下,6 种不同出口宽高比的 S 弯隐身收敛喷管边缘绕射场的 RCS 均比水平极化方式下的边缘绕射场 RCS 高 8dB 左右。在垂直极化方式下,绕射场的 RCS 随着探测角的增加峰值缓慢降低,这也与水平极化方式下绕射场的 RCS 变化相反。相同之处是其波峰值变化较为规律,而波谷值变化无规律可循。

图 5-84 是 6 种不同出口宽高比 S 弯隐身收敛喷管在垂直极化方式下总散射场的 RCS 随探测角的变化规律。由图可知,除宽高比为 1.5 与 3.5 的 S 弯隐身收敛喷管总散

射场的 RCS 在 0°~30°探测角范围内有所回升以外,其余 4 种不同出口宽高比 S 弯隐身收敛喷管总散射场的 RCS 变化趋势与水平极化方式下的变化趋势较为近似,因此不再进行详细分析。

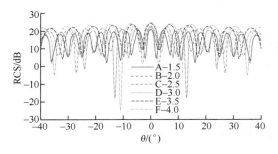

图 5-83　垂直极化方式下不同出口宽高比
S 弯隐身喷管绕射场的 RCS

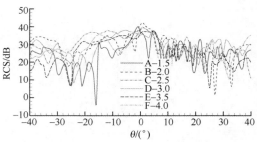

图 5-84　垂直极化方式下不同出口宽高比
S 弯隐身喷管总散射场 RCS

5.6.4　介质涂覆方案对 S 弯隐身喷管 RCS 的影响

本节研究的 S 弯隐身喷管模型是在 5.6.3 节中宽高比为 2 的 S 弯隐身喷管基础上,对其进口处加载了内外涵通道(混合器)、中心锥与支板部件。为了分析 S 弯隐身喷管内壁不同位置及内部部件吸波介质涂覆对其电磁散射特性的影响,按 S 弯隐身喷管内部结构、雷达探测角范围及壁面曲率变化将其壁面划分为 6 个介质涂覆区域(图 5-85 右图);S 弯隐身喷管进口内部部件所需介质涂覆部位包括混合器内外侧面、中心锥表面及支板表面(图 5-85 左图)。中心锥表面介质涂覆区域又分为底部表面、中部表面及顶部表面。对 S 弯隐身喷管内壁及部件划分的介质涂覆区域进行不同组合分析,最终计算研究的模型为 9 个,其中介质涂覆模型为 8 个,未进行介质涂覆模型 1 个。其中,涂覆材料厚度为 2mm,相对磁导率 $\mu_r = 1.29 - 0.57j$,相对介电常数 $\varepsilon_r = 9.72 - 1.08j$。

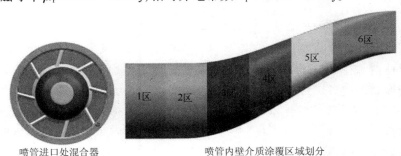

喷管进口处混合器　　　　喷管内壁介质涂覆区域划分

图 5-85　S 弯隐身喷管进口处混合器及介质涂覆区域划分示意图

1. 水平极化

图 5-86 是水平极化方式下 S 弯隐身喷管不同介质涂覆方案下的 RCS。图中原始模型是指壁面及内部部件未进行介质涂覆的 S 弯隐身喷管;模型 1 为对喷管内壁面的 2-3-4-5-6 区域进行介质涂覆;模型 2 为对喷管内壁面的 1-2-3-4-5-6 区域进行介质涂覆;模型 3 为对混合器内侧面与喷管内壁面的 2-3-4-5-6 区域进行介质涂覆;模型 4 为对中心锥顶部表面、混合器内壁表面及喷管内壁面的 4-5-6 区域进行介质涂覆;模型 5 为对 S 弯隐身喷管内壁面及内部部件表面全部进行介质涂覆;模型 6 为对喷管内

壁面的 5 – 6 区域进行介质涂覆;模型 7 为只对中心锥表面进行介质涂覆;模型 8 为对支板表面、混合器内外两侧面及中心锥表面进行介质涂覆。

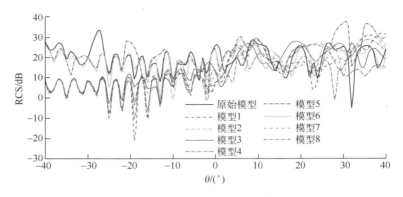

图 5-86　水平极化方式下 S 弯隐身喷管不同介质涂覆区域的 RCS

　　分析图 5-86 可知,在 −40°~0° 探测角范围内,与原始模型相比,S 弯隐身喷管内壁区域的介质涂覆方案可有效降低 RCS;这主要是因为雷达在 −40°~0° 探测角范围内照射时,雷达波产生的初始感应电流主要集中在 S 弯隐身喷管第一个拐弯处的上侧,由初始感应电流产生的电磁波在 S 弯隐身喷管内部进行多次反射,最后被雷达接收;由于 S 弯隐身喷管内壁面涂有吸波介质,雷达波在反射时有能量损耗,反射次数越多其损耗越大。在 0°~40° 探测角范围内,介质涂覆对 S 弯隐身喷管的电磁散射特性影响不是很明显;这主要是因为雷达在 0°~40° 探测角范围内照射时,雷达波直接照射到 S 弯隐身喷管内部下侧壁面及中心锥附近,此时部分雷达波被直接返回,部分在喷管内部经过多次反射后被雷达接收;而雷达回波受 S 弯隐身喷管内部复杂结构的影响,其反射路径较为复杂,因此与 −40°~0° 探测角范围相比,在此探测范围内吸波介质涂覆对 S 弯隐身喷管的 RCS 抑制效果不明显。

　　将原始模型与模型 7 及模型 8 在 −40°~0° 探测角范围内的 RCS 变化规律进行对比,可知仅对 S 弯隐身喷管的混合器、支板及中心锥部件进行介质涂覆,不能明显改善其腔体的电磁散射特性。在 −40°~0° 探测角范围内,模型 1 ~ 模型 6 等 6 种介质涂覆方案的 RCS 变化与原始模型对比可知,这 6 种介质涂覆方案均可大幅度降低 S 弯隐身喷管的 RCS,即对 S 弯隐身喷管的腔体壁面进行介质涂覆可有效抑制其 RCS。对比这 6 种介质涂覆方案可得,6 种介质涂覆方案在 −40°~0° 探测角范围内对 S 弯隐身喷管的 RCS 抑制能力基本接近,在 S 弯隐身喷管的初始隐身设计中,采用上述 6 种方案中任何一种均可在负探测角下获得较低的雷达散射截面。上述不同涂覆方案下模型的 RCS 随探测角变化曲线图中,模型 5 有较低的 RCS,模型 5 是对 S 弯隐身喷管内壁面及内部部件表面全部进行介质涂覆;而从经济性、排气系统重量及维护成本来考虑,模型 6 的涂覆方案经济性好、重量轻且涂覆方便。因此本书建议采用模型 6 的介质涂覆方案,即在 S 弯隐身喷管内壁面的 5 区与 6 区处进行介质涂覆。

　　在 0°~10° 探测范围内,雷达波直接照射的位置处于中心锥部件附近,此时反射波既包括直接反射波也包括多次反射波,分析 9 种 S 弯隐身喷管 RCS 曲线可知,原始模型、模型 7 及模型 8 在 −10°~0° 探测角范围内与其他探测范围相比有更低的 RCS。在 0°~10°

探测角范围内,9种S弯隐身喷管的RCS随着探测角度的增大而增加,且在10°探测角附近达到最大值。产生上述两种现象的主要原因是受喷管的S型结构设计影响。即在 −10°~0°探测范围内,雷达波直接照射位置为喷管的上部壁面,此是雷达接收的波。

图5-87与图5-88是在0°与10°探测角时,S弯隐身喷管在水平极化方式下8种不同介质涂覆方案的表面感应电流密度分布云图(由于模型7只对中心锥表面进行了介质涂覆,对S弯隐身喷管的RCS抑制效果不明显,因此本节未给出模型7的感应电磁流分布云图)。在0°探测角下可以明显看出,原始模型与模型8在探测面中的表面感应电流密度明显大于其他方案。模型1~模型5在探测面中的感应电流密度相差不大,模型6的感应电流密度略大于上述模型,而且在未涂覆吸波材料的区域明显大于有涂覆的,这说明吸波介质涂覆对模型的RCS有明显抑制效果。模型1~5在探测面中感应电流密度分布大体一致的原因是在探测面中雷达波直接照射的表面均涂覆了吸波介质。综合考虑8种介质涂覆方案的感应电流密度分布云图,可以进一步证明对S弯隐身喷管的内部壁面进行介质涂覆可以有效降低其RCS。

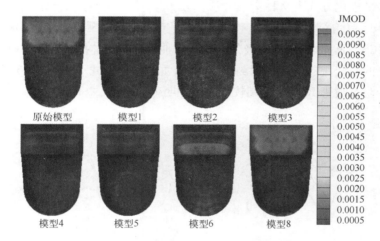

图5-87 水平极化方式下S弯隐身喷管不同介质涂覆区域的感应电流分布云图(0°探测角)

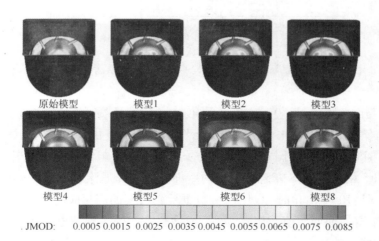

图5-88 水平极化方式下S弯隐身喷管不同介质涂覆方式下感应电流分布云图(10°探测角)

在10°探测角下S弯隐身喷管表面的感应电流密度分布云图中,可以看出随着探测角度的增加,S弯隐身喷管的内部结构逐渐被雷达波照射到。在此探测角度下,由于中心锥是平锥,在平锥顶部存在强烈的镜面回波,因此原始模型、模型1~3、模型6等中心锥未进行介质涂覆的模型,中心锥顶部的感应电流密度明显较高。模型4、模型5及模型8由于在中心锥表面涂有吸波介质,因此中心锥表面的感应电流密度值较小。模型1~3的中心锥处的感应电流密度高于原始模型,这主要是因为对于金属壁面而言,被照射区域只产生感应电流,而对介质涂覆区域来说在产生感应电流的同时也有感应磁流产生。因此,当两者在相互照射时可能造成金属壁面的感应电流的增大。在此探测角度下,雷达波照射到S弯隐身喷管的上部表面,图中可以看出未进行表面介质涂覆S弯隐身喷管的上部表面的感应电流密度较大。

2. 垂直极化

图5-89是垂直极化方式下S弯隐身喷管不同介质涂覆区域的RCS。由图可知,垂直极化方式与水平极化方式下9种吸波介质涂覆方案模型RCS的变化趋势较为类似。相同之处:在-40°~0°探测角范围内,模型1~6等6种介质涂覆方案均可大幅度降低S弯隐身喷管的RCS。不同之处:垂直极化方式下9种模型在具体探测角下RCS的数值与水平极化方式下的不同;在0°~40°探测角范围内,垂直极化方式下模型1~6等6种介质涂覆方案对S弯隐身喷管RCS的抑制较水平极化明显。

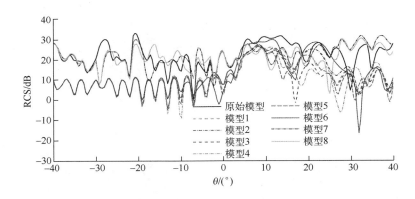

图5-89 垂直极化方式下S弯隐身喷管不同介质涂覆区域的RCS

图5-90与图5-91是在0°与10°探测角时,S弯隐身喷管在垂直极化方式下8种不同介质涂覆方案的表面感应电流密度分布云图。与水平极化方式下的云图对比可知,0°探测角与10°探测角时8种不同介质涂覆方案的表面感应电流密度分布于水平极化方式下的分布类似。相同之处:S弯隐身喷管内壁面上进行介质涂覆方案的感应电流密度均较低。不同之处:10°探测角时,模型1~3介质涂覆方案的高感应电流密度在数值上低于水平极化方式下的;而原始模型与模型6介质涂覆方案的高感应电流密度在数值上略高于水平极化方式下的。

214

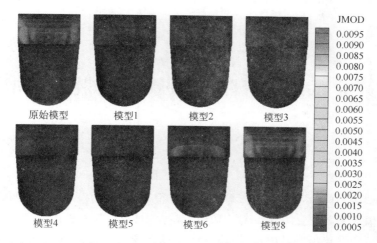

图 5-90　垂直极化方式下 S 弯隐身喷管不同介质涂覆方式下感应电流分布云图（0°探测角）

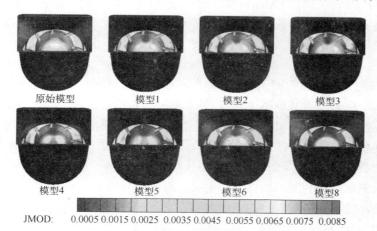

图 5-91　垂直极化方式下 S 弯隐身喷管不同介质涂覆方式下感应电流分布云图（10°探测角）

第6章　S弯隐身喷管电磁散射试验

6.1　引言

RCS的研究在国防、气象与航海等方面具有很重要的意义。对RCS的研究一般有两种途径,即数值方法与测试方法。对于数值方法来讲,尽管现有的电磁理论方法已经相当完备,可以分析一些典型的散射机理,但对结构复杂与由复合材料构成的目标,要计算其RCS还是非常困难的。测试方法是一种有效、快捷及准确的研究手段。通过对目标的实测可以得到其实际的散射特征数据并建立目标特性数据库,以此分析基本的电磁散射现象以及验证数值结果等。因此,RCS测试技术是研究目标雷达特征的一个行之有效的手段。

目标RCS测试有缩比模型测试、全尺寸目标静态测试和目标动态测试等3种方式。缩比模型测试一般是在微波暗室中进行,其基本原理就是将雷达波长、目标各部分的尺寸和材料参数等按电磁模型相似比例关系缩小,以便在微波暗室内对目标模型进行测试,并由此预估实际目标的散射特性;该测试的特点是目标尺寸适度,模型加工费用低,对于新型号设计较为有利;其缺点是缩比后加工精度要求更高,材料的相似性难以得到保证,在更高频率上的测试设备和测试场地不易解决。对于全尺寸目标静态测试和动态测试,为了满足远场条件,测试距离都很大,一般只能在室外进行。静态测试的缺点是难以消除地面和目标支架等环境杂波的影响。动态测试的缺点是容易受到测试环境和气候的影响,而且获得超宽带、高分辨及高精度测试结果的代价相当大。因此,对研制阶段的武器或飞行器一般在微波暗室中进行测试。

在微波暗室中进行的紧缩场RCS测试系统包括点频连续波RCS测试系统与步进频率(Step - Frequency,SF)RCS测试系统。对于点频连续波RCS测试系统,在测试低散射目标时,测试系统中的对消技术可使暗室背景下降20dB,但系统稳定性较差,且被测目标体后墙产生的背景噪声难以对消,因此不易得到高精度的测试结果。步进频率RCS测试系统对脉冲回波作快速傅里叶逆变换处理,可以得到目标合成距离高分辨输出,因此在微波成像、目标识别等雷达技术中广泛应用。

按照测试雷达脉冲宽度和相干性来分类,RCS测量可分为4种基本类型,即普通型、高分辨力型、相干型和跳频相干型。

(1)普通型。测试雷达的发射脉冲宽度很宽,足以包括整个目标长度,故又称为长脉冲测试。这样的RCS测试特点等同于用连续波测量,因此,长脉冲测试的特点是仅显示RCS的幅度。

(2)高分辨力型。测试雷达具有很窄的脉冲宽度,其值只是目标总长度的一部分,因而能够识别出目标上的关键散射点,对特征值测量是有用的。它与长脉冲测量一样,短脉

216

冲系统也只能给出幅度信号。

（3）相干型。测试系统能检测出接收信号的同相和90°相移(I 和 Q）分量，由 I 和 Q 分量就能算出回波信号的相角，因此这种测量可同时获得目标 RCS 的幅度和相位信息。

（4）跳频相干型。这种系统的射频源是一个低功率控制振荡器，它被锁相到一个高稳定的石英晶体振荡器上。因此，控制器或计算机使雷达频率能在特定带宽内以一定的频率间隔跳频，从而综合出高分辨力的测量。

随着微波测试仪器日新月异的进步，国外雷达截面测试技术已经发展到一个相当高的技术水平。除了常规的室内、室外 RCS 测量外，利用抛物面紧缩场进行缩距测量，利用距离波门的时间分离法和利用角度滤波的空间分离法以提高信噪比，利用极窄脉冲高分辨系统和逆合成孔径技术进行目标散射点识别的二维和三维成像测量，以及利用时域测量系统测试目标的瞬态响应等先进测试技术，均已发展到相当成熟的阶段，测量误差可小于 1dB，而且正在向更高的测试精度和更完善的测试功能发展。

6.2　目标电磁散射的测试设备及方法

6.2.1　微波屏蔽暗室

微波屏蔽暗室为室内 RCS 测试提供了良好的平台，通过合理地布置吸波材料降低了背景反射电平，并且使得测试能够在可控的环境中进行，减小了环境的影响，还增强了研究的保密性。

1. 暗室结构设计

国内外对微波暗室的结构造型，从不同的使用角度和使用要求做了大量的研究，设计了很多形式的微波暗室，如矩形、锥形、孔径形、纵向隔板形、横向隔板形、半圆形、（双）喇叭形和柱形等各种不同形式的暗室，其主要目的是通过其外形结构来提高暗室"静区"的性能，从而提高测试精度，使得测试数据可信。随着微波吸波材料吸收性的提高，目前基本上只有矩形暗室和锥形暗室（包括锥形过渡到矩形的暗室）两种，如图 6-1 所示。

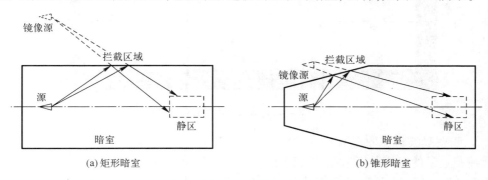

(a) 矩形暗室　　　　　　　　　　　　(b) 锥形暗室

图 6-1　矩形和锥形微波屏蔽暗室工作情况俯视图

矩形暗室和锥形暗室在高频时，主要的电波传播方向、静区的性能等方面是相近的。但是在低频时，由于锥形暗室发散的几何形状，避免了来自侧墙、地板和天花板的大角度镜面反射，因而其低频特性比矩形暗室要好。

但是,锥形暗室的特殊外形,使其使用条件受到一定限制:暗室的交叉极化特性和场的幅度均匀性极强地依赖于发射天线对锥形截面的对称性;只能做单端测量,不适合测量雷达散射截面积。矩形暗室具有良好的通用性、暗室的两端均可得到使用等优点。

2. 微波暗室尺寸的选择

暗室尺寸的选择主要取决于远场条件。通常确定微波暗室长度的基本因素是被测目标体(如喷管喷口口径的尺寸)和使用的最高频率。上述因素确定了平面波照射的远场特点。为了满足天线口径面上电磁波的最大相位不大于 $\pi/8$,必须有

$$R \geqslant \frac{2D^2}{\lambda} \tag{6-1}$$

式中:R 为天线到被测目标体处的距离;D 为被测目标体的特征尺寸;λ 为工作波长。

被测目标体到暗室后墙的距离约等于暗室宽度的 $W/2$,发射天线距离暗室前墙的距离为 $R_1 \sim W/2$,暗室的总长度 L 为

$$L = \frac{2D^2}{\lambda} + \frac{W}{2} + R_1 \tag{6-2}$$

暗室的宽度和高度由吸波材料的入射角 θ 决定,如图 6-2 所示。暗室宽度为

$$W = R\cos\theta \tag{6-3}$$

一般来说,入射角 $\theta \leqslant 60°$。这主要是因为:①为了更有效地利用吸波材料,当 $\theta > 60°$ 时,吸波材料性能就会逐渐变差,直接影响到暗室的性能;②要兼顾暗室低频的性能,就需要减小电磁波的入射角。本次 S 弯隐身喷管测试所用的暗室长宽比为 1.6:1。对于暗室的高度,为了得到更好的交叉极化性能,选择暗室高度等于宽度。

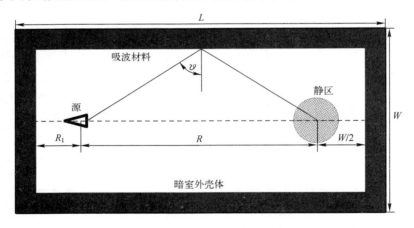

图 6-2　矩形微波屏蔽暗室示意图

3. 暗室吸波材料的选取

暗室质量的好坏及用途在很大程度上依赖于吸波材料性能的好坏。吸波材料的选取原则为:使用频率范围大;垂直最大反射率低;阻燃性能好;质量小,不易老化;价格低廉。

传统的聚氨酯吸波材料往往在低频段(主要指低于 1GHz)性能好时,高频段往往性能较差;反之,高频段性能好时,低频段性能又下降。由于高低频兼顾吸波材料的设计制作难度较大,因此目前国内外吸波材料行业一直未能很好地解决此矛盾。本书中 S 弯隐身喷管测试使用的暗室选取的吸波材料的电参数见表 6-1。

表 6-1　难燃型高功率材料电性能(dB)

规格型号（南大波平）	垂直入射最大反射率					
	0.25GHz	0.5GHz	1GHz	10GHz	26GHz	40GHz
BPHPB1500	−32	−37	−43	−50	−50	−50
BPHPB800	−26	−31	−37	−48	−50	−50

　　通过理论计算、数字仿真建模和工程测试验证,暗室的等效剩余反射均小于 −40dB,而且转台距离暗室后墙越远,剩余反射越小;频率越高,剩余反射也越小;空暗室的等效反射截面在低频段(2GHz)比较大,需要采用软件对消技术来抵消,关于对消技术下面会有详细介绍。

　　测试所用的暗室基于存包型矩形暗室设计方法,远场测试时可将扫描架藏于存包处,有效利用了矩形暗室较强的功能扩展性和有利于多静区设计及优化的特性,提高了暗室的效费比;同时又克服了暗室内多种固化设备对多静区优化的影响。测试所用的暗室设计既充分利用有限的暗室空间,又消除了各种设备之间的相互影响。图 6-3 给出了测试所用暗室与传统矩形暗室平面示意图。

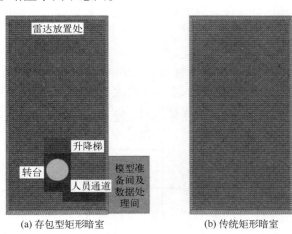

(a) 存包型矩形暗室　　　　　　　　(b) 传统矩形暗室

图 6-3　存包型与传统矩形暗室平面示意图

6.2.2　步进频率 RCS 测试系统

　　步进频率信号是一种呈步进式变化的超宽带雷达信号。它由一串脉冲组成,脉冲的宽度可根据具体情况调整,每个脉冲的发射频率不同,频率间的阶跃为一固定值。对脉冲回波作逆快速傅里叶变换(IFFT)处理,可以得到目标合成距离高分辨输出,因此在微波成像、目标识别等雷达技术中广泛应用。

　　1. 测试原理

　　如图 6-4 所示,一般的雷达通过发射载频为 f_m 的窄脉冲来探测目标,对一连串脉冲重复周期为 Δf 的回波作快速傅里叶变换(FFT),便得到了不同频率点构成的一些离散的谱线,以 Sa 函数作为频谱的包络,中心频率点是 f_m,每根谱线的间隔为 Δf。相反地,矢量网络分析仪不能发射实际的脉冲信号,取而代之以步进频率的方式,发射中心频率为 f_m、

频率间隔为 Δf 的等幅同相连续波进行测量,对频谱作快速傅里叶反变换(IFFT),时域上等效为载频为 f_m、周期为 T 的 Sa 脉冲。

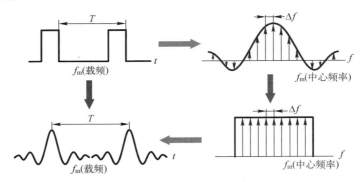

图6-4　矢量网络分析仪步进频率测试时域等效原理

采用步进频率的方式对目标进行测量,得到的是目标的频率响应,对这一频率响应作IFFT,为目标的时域响应,即目标的散射中心随距离的分布情况,不同的强散射点会在不同的距离上体现出峰值,将这些时域的峰值点通过矢量合成及定标后,最终得到目标中心频点的 RCS。

2. 系统组成

采用步进频率信号测量与点频连续波相比,不同之处在于省去了复杂的硬件对消器。测试系统搭建如图6-5所示,信号经过功率放大器放大后直接由标准增益天线发射出去,回波信号通过另一个相隔很近的标准增益天线送入矢量网络分析仪接收端,利用矢量网络分析仪的时域功能进行软件对消,因此测试方案得到简化。

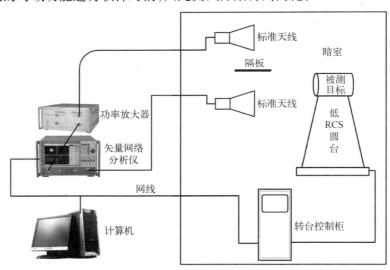

图6-5　步进频率 RCS 测试系统

3. 基本参数设置

对于步进频率信号测试来说,设置合适的测量参数是非常必要的。根据不同的测试要求,需要设置的参数包括以下几个:

（1）频率范围。对于时域 RCS 响应，矢量网络分析仪提供给目标响应是一个具有脉冲式包络的射频序列，其等效的脉冲宽度 $\tau = 1/\mathrm{BW}$，BW 是扫频宽度，对应的距离分辨率为 $\Delta d = c/2\mathrm{BW}$；测量的带宽越宽，那么脉冲的宽度越窄，分辨能力就越好。所以要根据分辨率需要，确定合适的扫频宽度 BW。

（2）点数。根据测试距离 R，确定出最大的扫频间隔 $\Delta f_{\max} = 2R/c$，推算最低的点数 $n_{\min} = \mathrm{BW}/\Delta f_{\max}$。

（3）窗口宽度。根据测试对象，确定合适的窗口函数，如选用最大的窗，可减小时域脉冲边带，以便达到最大的时域动态范围。最小的窗口可以改进分辨力，对应最窄脉冲宽度。

（4）中频带宽。设置合适的中频带宽有助于提高信噪比，理论上中频带宽越窄越好，进入接收机的噪声能量越少，但是过窄的中频带宽增加了扫描时间，降低了测量的效率，因此必须根据具体情况设置。

（5）扫描速度。矢量网络分析仪可以运行在斜坡扫频和步进扫频模式。斜坡扫频模式具有足够快的速度来完成实时测量。例如，用 401 个点进行斜坡扫频和带有误差修正的测量，并且要有时域信息，轨迹更新的时间大概是 100ms。采用步进扫频，需费时间 400ms，平均每点 1ms，但是它提供了更好的频率稳定性，测试结果更精确，并具有更大的动态范围。

（6）发射功率。信号从发射端回到接收端，由于电缆损耗、空间衰减等因素的影响，能量不断减少，因而必须通过增加发射功率来提高信噪比。但是发射功率不能无限大，超出一定的范围，矢量网络分析仪的频率稳定度将下降，测试的稳定性无法保证，所以必须根据频率的高低设置。

4. 测试步骤

被测目标的 RCS 由式（6-4）计算得到，即

$$\sigma_{\mathrm{dBsm}} = S_{21} - S'_{21} + \sigma'_{\mathrm{dBsm}} \tag{6-4}$$

式中：σ_{dBsm} 为被测目标体的 RCS 真实值；σ'_{dBsm} 为标准球的 RCS 理论值；S_{21}、S'_{21} 分别为被测目标体和标准球的测试值。

测试系统的具体测试步骤如下：

（1）矢量网络分析仪发射步进频率信号，测量空暗室的频域响应，利用矢量网络分析仪的时域功能，将频域响应变换到时域。

（2）将时域响应数据存储到矢量网络分析仪的寄存器中，利用矢量网络分析仪中的数据存储功能进行软件对消。

（3）将被测目标放置于低散射泡沫支架上，找出高于背景电平的区域作为目标区，然后利用矢量网络分析仪的加门功能截取目标区。

（4）转台旋转所要测量的角度范围，对每个角度下目标区的峰值点进行矢量合成，得到目标全角域的 RCS。

6.2.3 测试中的关键技术

1. RCS 外推技术

雷达天线的辐射场在离开天线不同距离区间表现出不同的特性，因此常将天线周围

的空间分成近场(感应场区)、中场(辐射近区或 Fresnel 区)及远场(辐射远区或 Fraunhofer 区),3 个区域的划分与天线的尺寸及工作波长有关。

划分场区的准则介绍如下:

如图 6-6 所示,在三维空间,影响场强振幅的因子为 $1/|\boldsymbol{r}-\boldsymbol{r}'|$,考虑到 $|\boldsymbol{r}| \gg |\boldsymbol{r}'|$,可以认为 $1/|\boldsymbol{r}-\boldsymbol{r}'| \approx 1/|\boldsymbol{r}|$;但是相位因子中的 $|\boldsymbol{r}-\boldsymbol{r}'|$ 必须根据不同的波源尺寸及与观测点之间的距离分别加以考虑。

$$\begin{aligned}|\boldsymbol{r}-\boldsymbol{r}'| &= \sqrt{|\boldsymbol{r}|^2 + |\boldsymbol{r}'|^2 - 2|\boldsymbol{r}||\boldsymbol{r}'|\cos\alpha} \\ &= |\boldsymbol{r}|\sqrt{1 + \left(\frac{|\boldsymbol{r}'|}{|\boldsymbol{r}|}\right)^2 - 2\left(\frac{|\boldsymbol{r}'|}{|\boldsymbol{r}|}\right)\cos\alpha} \end{aligned} \tag{6-5}$$

$$|\boldsymbol{r}-\boldsymbol{r}'| \approx |\boldsymbol{r}| - |\boldsymbol{r}'|\cos\alpha + \frac{1}{2|\boldsymbol{r}|} \cdot$$
$$|\boldsymbol{r}'|^2\sin^2\alpha - \frac{1}{2|\boldsymbol{r}|^2}|\boldsymbol{r}'|^3\cos\alpha\sin^3\alpha + \cdots \tag{6-6}$$

工程实际表明,若相位差小于 $\pi/8$,对于场强的计算不会产生明显影响,如图 6-7 所示,$k\Delta R \leqslant \pi/8$ 时,O 处点源发射的球面波在 R_0 处口径 PQ 上可近似为平面波。对式 (6-6) 进行一次近似,即

$$|\boldsymbol{r}-\boldsymbol{r}'| \approx |\boldsymbol{r}| - |\boldsymbol{r}'|\cos\alpha \tag{6-7}$$

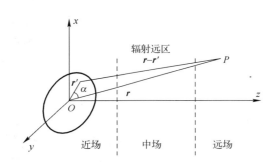

图 6-6 场区划分示意图

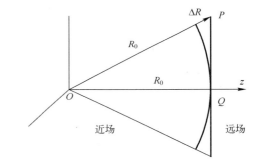

图 6-7 远场条件:$k\Delta R \leqslant \pi/8$

此时引起相位误差的最大项是式(6-6)右边第三项,而且当 $\alpha = \pi/2$ 时该项达到最大值 $|\boldsymbol{r}'|^2/2|\boldsymbol{r}|$,为了使相位误差小于 $\pi/8$,即 $k|\boldsymbol{r}'|^2/2|\boldsymbol{r}| < \pi/8$,则必须满足 $|\boldsymbol{r}| \geqslant 8|\boldsymbol{r}'|^2/\lambda$,若天线的最大横向尺寸为 D,令坐标原点在最大尺寸的中点,即 $|\boldsymbol{r}'| = D/2$ 处,则有

$$|\boldsymbol{r}| \geqslant 2D^2/\lambda \tag{6-8}$$

满足式(6-8)的距离范围成为 Fraunhofer 区或远场区。可见,天线尺寸越大,Fraunhofer 区离天线越远。一次近似式实际上是近似认为矢量 $\boldsymbol{r}-\boldsymbol{r}'$ 与矢量 $\boldsymbol{r}$ 的方向是平行的。

由雷达散射截面的理论定义可知,雷达和目标间的距离必须为无限大,这种限制实际上是对目标要采用平面波照射。然而在实际测量中,由于目标与发射天线间的距离总是有限的,所以入射到目标上的电磁波几乎都是球面波,因此需要确定在什么样的距离条件下,球面波前可以作为平面波前的一个足够好的近似,这就是 RCS 测量的远场条件。

222

由式(6-8)可知,对于常规室内紧缩场测试系统来说,低频小目标体的远场测量条件不难满足。但是对高频来说,要求的远场距离迅速变大,常规的测试仪器灵敏度和测试场地尺寸就难以满足要求。例如,要测量一个横向尺寸为6m目标体的RCS,在1GHz时,测试距离不能小于240m;但是当入射频率增大至10GHz时,测试距离则不能小于2400m。因此,为了保证足够的接收信号强度(或足够的信噪比),需要选择比远场距离更小的测量距离。

现若对式(6-6)作二次近似,有

$$|\boldsymbol{r} - \boldsymbol{r}'| \approx |\boldsymbol{r}| - |\boldsymbol{r}'| \cos\alpha + \frac{1}{2|\boldsymbol{r}|} \cdot |\boldsymbol{r}'|^2 \sin^2\alpha \qquad (6-9)$$

此时引起相位误差的最大项是公式右边第三项,将第三项对 α 求导,并令其等于0,可以得到当 $\alpha = 0$ 或 $\alpha = \arctan\sqrt{2}$ 时该项值最大,取 $\alpha = \arctan\sqrt{2}$,代入不等式,即

$$k\frac{|\boldsymbol{r}'|^3}{2|\boldsymbol{r}|^2}\cos\alpha\sin^2\alpha \leqslant \frac{\pi}{8} \qquad (6-10)$$

求得满足二次近似的距离为 $|\boldsymbol{r}| \geqslant 1.76\sqrt{|\boldsymbol{r}'|^3/\lambda}$,假设天线的最大尺寸为 D,令坐标原点在最大尺寸的中点处,即 $|\boldsymbol{r}'| = D/2$,则有

$$|r| \geqslant 0.62\sqrt{\frac{D^3}{\lambda}} \qquad (6-11)$$

满足式(6-11)的区域称为 Fresnel 区或中场区,小于 Fresnel 区的区域称为近场区。对于近场区,必须保留更多的高阶项才能保证较小的相位误差。满足中场区条件意味着目标尺寸的扩展和测试距离的缩短,表6-2和表6-3分别给出了中场条件下不同频率的目标尺寸的扩展情况和测试距离的缩短程度。

表6-2 测试距离 $R = 20$m 时中场外推技术比远场测试扩展的目标尺寸

频点/GHz	1	2	5	10	20	40
远场/m(D_max)	1.7	1.2	0.8	0.6	0.4	0.3
中场/m(D_max)	5.4	4.3	3.4	2.5	2.1	2
扩展比	3.2	3.6	4.3	4.2	5.3	6.7

表6-3 口径2m 的目标体在不同频点下中场外推技术比远场测试缩短的测试距离

频点/GHz	1	2	5	10	20	40
远场/m(R_min)	0.267	0.53	1.33	2.67	5.33	10.66
中场/m(R_min)	3.2	4.5	7.2	10.	14.3	20.2
归一化距离因子	12	8.5	5.4	3.8	2.7	1.9

表中,D_max 是最大口径;R_min 是最小测试距离;扩展比是中场测试目标体的 D_max 比上远场测试目标体 D_max;归一化距离因子是中场 R_min 与远场 R_min 之比。

S 弯隐身喷管 RCS 测试所使用的矩形暗室尺寸为 25m×15m×15m,被测的最大口径不到2m,测试频率范围为 2~18GHz。由表6-2和表6-3可知,测试所使用的暗室及测试系统满足测试需求。

2. 测试环境分析

（1）背景噪声包括目标以外所有进入接收机的外来干扰信号,如目标支架和地面等杂波散射信号。根据理论计算,如果要求测量精度为 ±1dB,则背景噪声应比目标回波低 20dB。

支撑目标的支架是重要的背景噪声来源之一,它在距离上和目标回波相同,不能采用选择距离波门技术来消除支架的散射。据国内资料显示,目前比较先进的支架是采用低散射、高强度的尖劈状支架,但其造价较高。测试系统采用泡沫圆台支架,其优点是不存在很强的角反射且各向同性,即使有较小的镜面反射,也可通过算法将其消除。

（2）采用"准"单站的工作模式,收发喇叭天线间相隔的距离较近,发射的信号很容易串扰进入接收喇叭天线,使得信噪比降低,并且这种耦合的影响很难消除,通常采用的方法是在收发天线之间添加一些吸波材料。这种方法对于高频是有效的,但是对于频率较低的信号仍然存在较严重的耦合。

（3）目标与地面间的干涉。目标与转台或地面间可能存在相互作用和散射场干涉,对某些目标而言,这种影响可能很大。例如,球体或接近于侧面入射的圆柱体,它们的散射几乎是无方向性的,因此可能出现图 6-8 所示的多重散射情况。在试验中,当喷管喷口侧向面对雷达时,即有可能出现这种多重散射情况,影响测试的准确度。

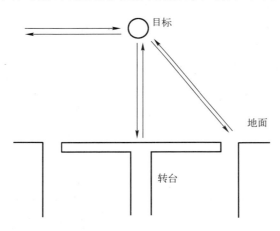

图 6-8　目标与地面的干涉

为了减小目标与地面干涉的影响,其中一种方法是将吸波材料铺设在转台和目标附近的地面上。这是一种最简单的方法,但缺点在于对材料的力学性能要求很高,且使用一段时间就要更换。另一种方法是利用高距离分辨率雷达,测试时变换到时域,通过取合适的距离波门来消除地面与目标的干涉,它的缺点是无法消除转台与目标之间的干涉,并且在距离波门的设定上难度较大,需要经验知识。

（4）后墙上的入射场扰动。连续波对消系统是在没有目标的情况下进行调零的,被抵消的波包括了整个后墙的反射波,当目标架上后,目标的影子印在后墙上,因而改变了后墙入射场的结构,也改变了后墙反射波的振幅和相位,使先前的调零失效,这样造成的测试误差称为后墙上的入射场扰动,它是由目标的前向散射引起的,因而这种扰动随尺寸的增加而急剧增大,并且很难消除。

(5)测试位置误差。由于目标与发射天线不等高、转轴与目标的旋转中心不重合等引起的测试位置误差都会对测试结果造成影响,可以采用激光定位系统来加以改善,或者改变测试位置,反复测试取平均值。

(6)测试仪器误差。测试的仪器主要包括矢量网络分析仪和功率放大器,在测试的过程中要求这些测试仪器具有较高的频率稳定度,若测试过程中仪器出现问题必然会对结果产生影响。

3. 对消技术

1)时域对消

高性能矢量网络分析仪具有强大的存储和运算功能,可以使用自身的软件对空暗室进行对消。其原理是先将空暗室的回波信号存储于矢量网络分析仪的寄存器中,然后利用矢量相减的功能对暗室杂波进行对消。

2)频域对消

采用高性能矢量网络分析仪自身软件对空暗室进行对消,这对一定角度下的杂波非常有效,对于静态目标的测试比较实用。但所测试的排气系统是随着转台转动,使得支架及附近的环境将产生变化,时域相应也会改变,将无法与存储器中的数据进行对消,因而对于测试 S 弯隐身喷管的 RCS 主要采用频域对消。该方法是先记录暗室每个角度下的频率响应,然后在不改变暗室背景的条件下,测量相同起始角度 S 弯隐身喷管的频率响应,将所得到的两个频率数据进行复数模值相减,从而消除测量目标时背景噪声变化所带来的影响。频域对消能有效地去除支架的散射影响,对于低散射目标的测试尤为重要。

6.3　电磁试验低散射背景壳体模型制作

6.3.1　总体方案

在 S 弯隐身喷管的雷达散射特性测试试验中,为了能够模拟装机情况下喷管的 RCS 特性,就需要屏蔽掉喷管外壁面对雷达波的反射。根据测试要求,设计了一种 RCS 试验中用于安放喷管的低散射壳体,该壳体可屏蔽雷达波对喷管外壁面的照射,而不影响喷口处的雷达照射,满足模拟装机情况下喷管 RCS 的测试要求。

低散射壳体总体设计方案是:采用木质材料制作一个方形或类方形的喷管支架,用于安放和固定喷管;在支架底部采用平板吸波材料覆盖,支架外部其他面贴附尖锥吸波材料,同时修改喷管出口处的吸波材料,使喷管出口在试验中可被雷达照射到。下面将从支架制作和吸波材料布置方式两方面介绍双 S 弯隐身喷管低散射壳体制作过程。

6.3.2　双 S 弯隐身喷管低散射壳体制作

为便于试验中喷管的安装,支架分为上、下两部分,如图 6-9 所示,图中标注出支架的主要构成部分。支架下部分主要用于支撑喷管,由支板和长梁组成;上部分支撑吸波材料不承受喷管的重量,由木梁构成。

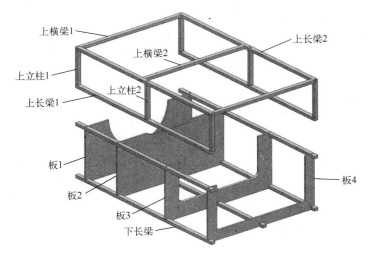

图6-9 双S弯隐身喷管低散射壳体内部支架三维示意图

6.3.3 壳体支架尺寸确定

壳体支架尺寸的确定需要考虑喷管及吸波材料的尺寸大小以及吸波材料的贴附方式,在满足可以放置喷管的前提下尽量保证吸波材料的完整性,同时支架尺寸需尽量小。所采用的吸波材料单个尖锥长宽均为100mm,最终确定的支架长为1920mm,宽为1220mm,底部支架高为550mm,上部支架高为410mm。

制作支架所使用的木梁横截面尺寸为40mm×30mm,底部支板厚度为15mm。

6.3.4 支架横梁和支板结构设计

为了不影响喷管RCS的测试结果,支架的构造不采用任何金属材料,支架木梁与木梁以及木梁与支板之间的连接均采用榫头—榫槽加胶连接,图6-10和图6-11分别给出了支架制作中用到的典型的榫头连接方式。

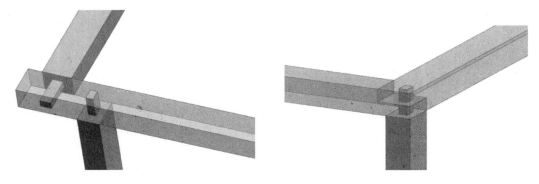

图6-10 榫头连接方式一　　　　　　　图6-11 榫头连接方式二

支架下部分的支板起支撑喷管的作用,各支板与长梁的连接方式均相同,如图6-12所示。

226

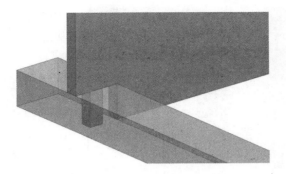

图 6-12　支板与木梁连接示意图

6.3.5　吸波材料的贴附方式

1. 吸波材料性能参数

吸波材料以聚氨酯为基材,其电参数详见表 6-4。吸波材料外形包括两种:一种带有尖劈(6 排 6 列),主要用于壳体侧表面;另一种是平板,主要用于壳体前向、后向及壳体底部。尖劈及平板吸波材料具体尺寸如图 6-13 所示。

表 6-4　吸波材料电参数

规格型号 (南大波平)	垂直入射最大反射率				
	4GHz	8GHz	12GHz	18GHz	36GHz
BPUFA300	≤ −40dB	≤ −50dB	≤ −50dB	≤ −50dB	≤ −50dB

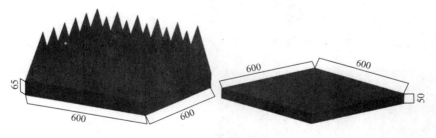

图 6-13　吸波材料示意图

2. 吸波材料贴附

平板吸波材料用来覆盖支架底面,而尖锥吸波材料则用于支架的其他表面。上、下支架侧面吸波材料贴附方式如图 6-14 所示,为了方便棱边处吸波材料的布置,平面吸波材料贴附起始位置距棱边 10mm。图 6-14 中圆圈内棱边处放大图如图 6-15 所示。

为了进一步削弱棱边处的电磁波反射,支架棱边处的尖锥吸波材料采用了图 6-16 所示的方式,棱边处吸波材料贴附方向与两侧平面吸波材料贴附方向夹角各为 45°。

采用上述棱边吸波材料贴附方式,会在上支架棱角处产生一个三角形空缺,如图 6-17 所示,针对这种情况,对单个尖锥的吸波材料进行了适当修形,如图 6-18 所示,使其能够安放于棱角处,最终效果如图 6-19 所示。

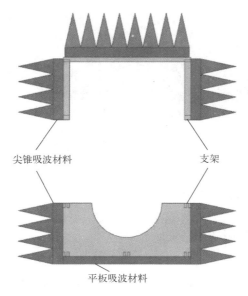

尖锥吸波材料　　　　　　　　　　　　　　　支架

平板吸波材料

图 6-14　吸波材料贴附方式示意图

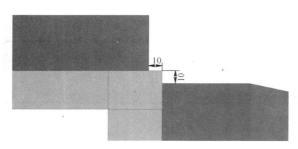

图 6-15　棱边处局部放大图

图 6-16　棱边处尖锥吸波材料布置方式

图 6-17　棱角处的三角形空缺

图 6-18　修形后的尖锥吸波材料

最后需依据喷管出口形状修改出口处的吸波材料,使喷管出口及内部部件可被雷达照射,修改后的效果如图 6-20 所示。

图 6-21 和图 6-22 分别给出了低散射吸波壳体和装有喷管的低散射吸波壳体效果。

图 6-19　棱角处尖锥吸波材料

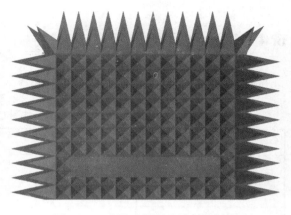

图 6-20　去除喷管出口处吸波材料

图 6-21　低散射壳体最终效果

图 6-22　喷管安放于低散射壳体效果

6.3.6　双 S 弯隐身喷管模型制作

试验用双 S 弯隐身喷管如图 6-23 所示,喷管采用分段钣金焊接加工而成。

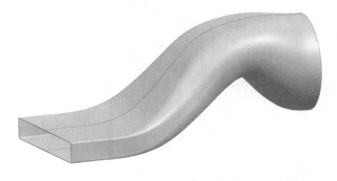

图 6-23　RCS 测试用双 S 弯隐身喷管三维示意图

6.4 试验结果及分析

双 S 弯模型测试 RCS 均值统计见表 6-5。

表 6-5 双 S 弯模型测试 RCS 均值统计表 （单位:dBsm）

频率 - 极化方式	载 体	偏 航	俯 仰
2GHz - hh	- 0.2378	- 2.0065	0.6336
2GHz - vv	0.0157	0.2365	1.5891
5.6GHz - hh	- 0.0649	- 0.0490	0.3162
5.6GHz - vv	- 0.1143	0.0601	2.863
10GHz - hh	- 6.0931	- 1.7606	3.2667
10GHz - vv	- 5.1608	- 1.8089	5.3708
15GHz - hh	- 10.4492	- 8.0094	- 1.5457
15GHz - vv	- 5.8739	- 5.3592	0.7419

6.4.1 测试结果曲线

图 6-24 至图 6-31 是本次试验所用低散射背景壳体的测试 RCS 曲线。因为低散射壳体所使用的吸波材料性能的特性,低散射背景壳体在高频下的前向均值更低。低散射壳体设计合理,可以满足试验要求。在 - 30°附近,壳体的测试 RCS 会出现一个极大值,这是因为在该角度下,吸波材料的尖劈面会形成一个镜面反射。

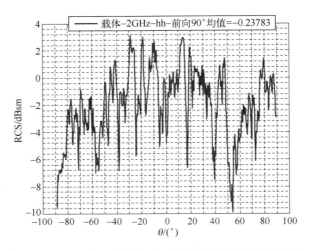

图 6-24 2GHz 水平极化方式下低散射壳体测试 RCS 曲线

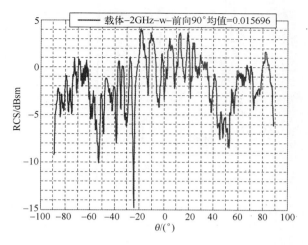

图 6-25　2GHz 垂直极化方式下低散射壳体测试 RCS 曲线

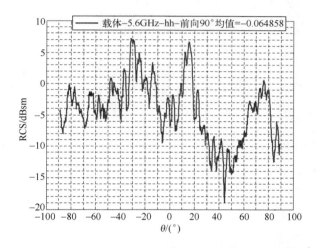

图 6-26　5.6GHz 水平极化方式下低散射壳体测试 RCS 曲线

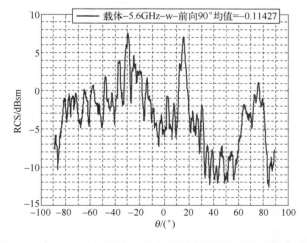

图 6-27　5.6GHz 垂直极化方式下低散射壳体测试 RCS 曲线

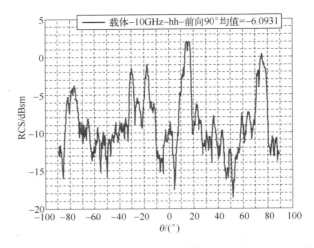

图 6-28　10GHz 水平极化方式下低散射壳体测试 RCS 曲线

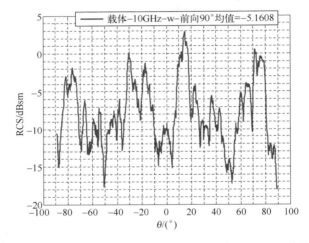

图 6-29　10GHz 垂直极化方式下低散射壳体测试 RCS 曲线

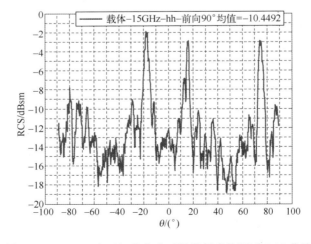

图 6-30　15GHz 水平极化方式下低散射壳体测试 RCS 曲线

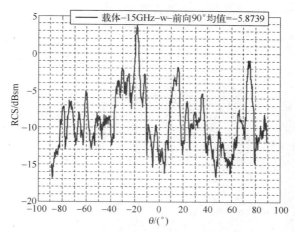

图 6-31　15GHz 垂直极化方式下低散射壳体测试 RCS 曲线

图 6-32 至图 6-39 是测试模型在俯仰平面下的测试 RCS 曲线。从图上可以看出,在不同的频段下,在 0°探测角附近,模型的测试 RCS 出现峰值;在大部分测试频段内,在负测试角度内,模型的测试 RCS 大于在正测试角度范围内的测试值。

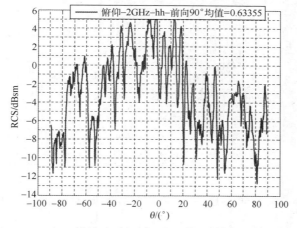

图 6-32　2GHz 俯仰平面水平极化方式下目标测试 RCS 曲线

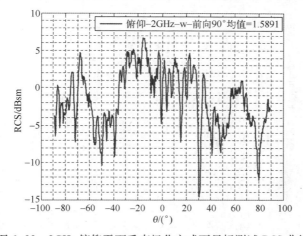

图 6-33　2GHz 俯仰平面垂直极化方式下目标测试 RCS 曲线

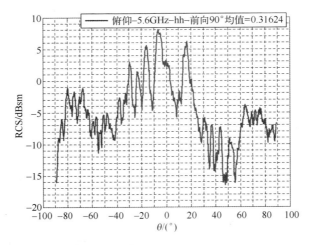

图 6-34　5.6GHz 俯仰平面水平极化方式下目标测试 RCS 曲线

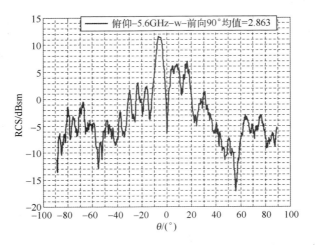

图 6-35　5.6GHz 俯仰平面垂直极化方式下目标测试 RCS 曲线

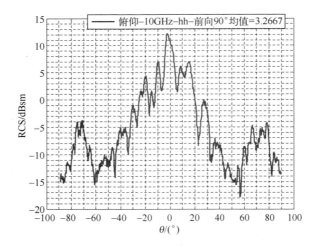

图 6-36　10GHz 俯仰平面水平极化方式下目标测试 RCS 曲线

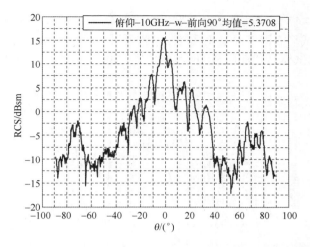

图 6-37　10GHz 俯仰平面垂直极化方式下目标测试 RCS 曲线

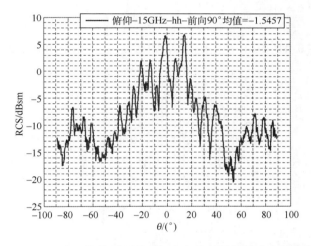

图 6-38　15GHz 俯仰平面水平极化方式下目标测试 RCS 曲线

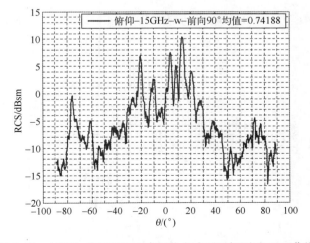

图 6-39　15GHz 俯仰平面垂直极化方式下目标测试 RCS 曲线

图 6-40 至图 6-47 是测试模型在偏航平面下测试 RCS 曲线。从图上可以看出,测试模型本身相对于测试平面而言具有对称性,因此测试 RCS 曲线具有一定的对称性;随着测试频率的增加,测试模型的前向 90°RCS 均值随之降低;在 20°~50°探测角范围内测试 RCS 值均较小。

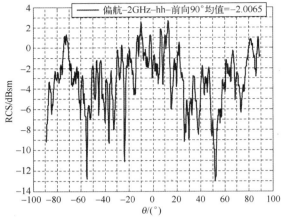

图 6-40　2GHz 偏航平面水平极化方式下目标测试 RCS 曲线

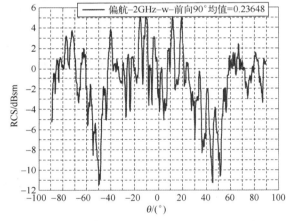

图 6-41　2GHz 偏航平面垂直极化方式下目标测试 RCS 曲线

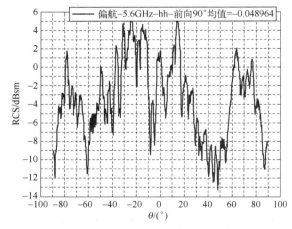

图 6-42　5.6GHz 偏航平面水平极化方式下目标测试 RCS 曲线

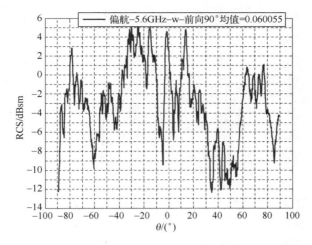

图 6-43　5.6GHz 偏航平面垂直极化方式下目标测试 RCS 曲线

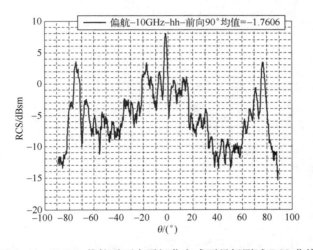

图 6-44　10GHz 偏航平面水平极化方式下目标测试 RCS 曲线

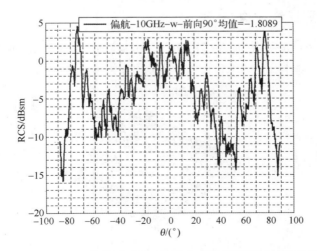

图 6-45　10GHz 偏航平面垂直极化方式下目标测试 RCS 曲线

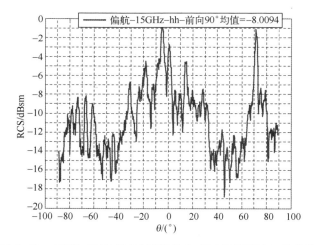

图 6-46　15GHz 偏航平面水平极化方式下目标测试 RCS 曲线

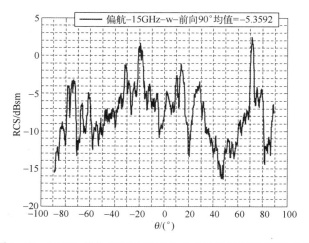

图 6-47　15GHz 偏航平面垂直极化方式下目标测试 RCS 曲线

6.4.2　测试模型二维成像

图 6-48 至图 6-55 所示为低散射壳体在 20°探测角时的二维成像图,图中 L_1、L_2 为 S 弯隐身喷管的特征尺寸。从图上可以看出低散射壳体的大致轮廓。

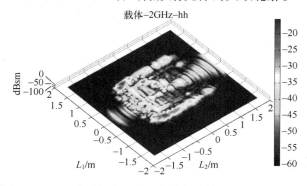

图 6-48　2GHz 水平极化方式下低散射壳体测试 RCS 二维成像

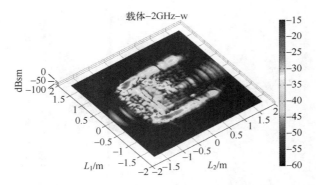

图 6-49　2GHz 垂直极化方式下低散射壳体测试 RCS 二维成像

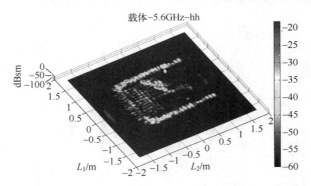

图 6-50　5.6GHz 水平极化方式下低散射壳体测试 RCS 二维成像

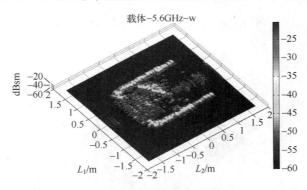

图 6-51　5.6GHz 垂直极化方式下低散射壳体测试 RCS 二维成像

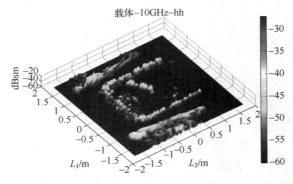

图 6-52　10GHz 水平极化方式下低散射壳体测试 RCS 二维成像

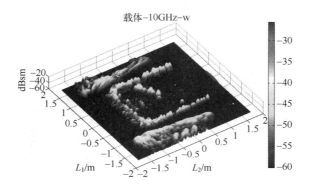

图6-53 10GHz 垂直极化方式下低散射壳体测试 RCS 二维成像

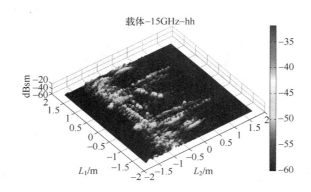

图6-54 15GHz 水平极化方式下低散射壳体测试 RCS 二维成像

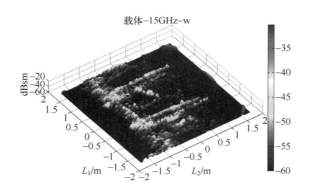

图6-55 15GHz 垂直极化方式下低散射壳体测试 RCS 二维成像

图6-56 至图6-63 是模型在俯仰探测面下在20°时的测试 RCS 二维成像。从图上可以看出,模型的主要散射区域集中在 S 弯隐身喷管后部。同样,在 S 弯隐身喷管进口处也会有一个主要的散射区域。

图6-64 至图6-71 是模型在偏航平面下 20° 目标测试二维成像图。从图上可以看出,与俯仰平面下结果类似,在二维成像图上可以看出,被测试模型主要有两个主要的散射区域,集中在 S 弯隐身喷管后部平板和 S 弯隐身喷管出口位置。

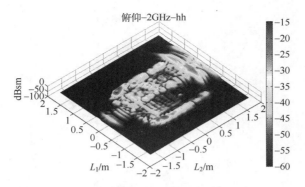

图 6-56   2GHz 俯仰平面水平极化方式下目标测试 RCS 二维成像

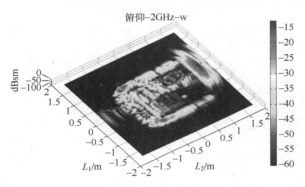

图 6-57   2GHz 俯仰平面垂直极化方式下目标测试 RCS 二维成像

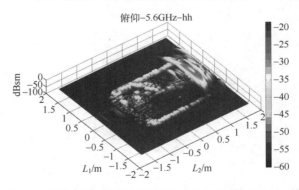

图 6-58   5.6GHz 俯仰平面水平极化方式下目标测试 RCS 二维成像

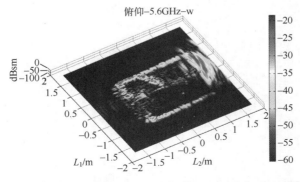

图 6-59   5.6GHz 俯仰平面垂直极化方式下目标测试 RCS 二维成像

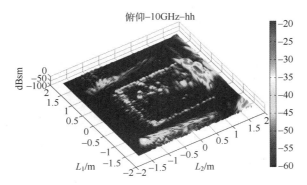

图 6-60　10GHz 俯仰平面水平极化方式下目标测试 RCS 二维成像

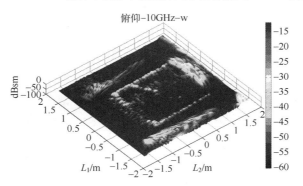

图 6-61　10GHz 俯仰平面垂直极化方式下目标测试 RCS 二维成像

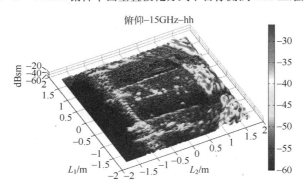

图 6-62　15GHz 俯仰平面水平极化方式下目标测试 RCS 二维成像

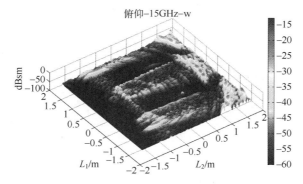

图 6-63　15GHz 俯仰平面垂直极化方式下目标测试 RCS 二维成像

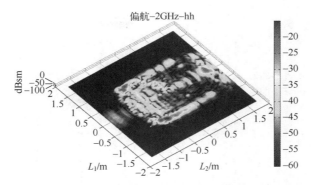

图 6-64　2GHz 偏航平面水平极化方式下目标测试 RCS 二维成像

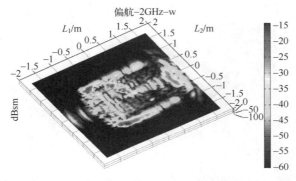

图 6-65　2GHz 偏航平面垂直极化方式下目标测试 RCS 二维成像

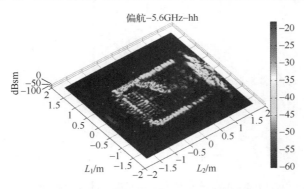

图 6-66　5.6GHz 偏航平面水平极化方式下目标测试 RCS 二维成像

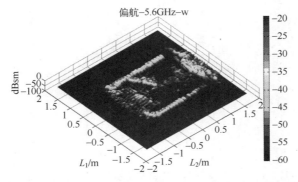

图 6-67　5.6GHz 偏航平面垂直极化方式下目标测试 RCS 二维成像

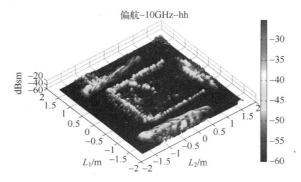

图 6-68　10GHz 偏航平面水平极化方式下目标测试 RCS 二维成像

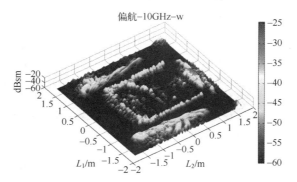

图 6-69　10GHz 偏航平面垂直极化方式下目标测试 RCS 二维成像

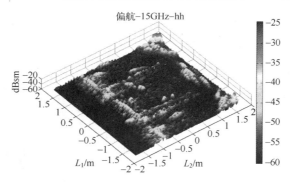

图 6-70　15GHz 偏航平面水平极化方式下目标测试 RCS 二维成像

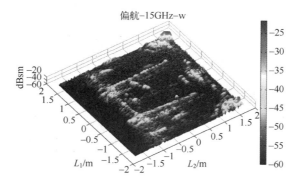

图 6-71　15GHz 偏航平面垂直极化方式下目标测试 RCS 二维成像

第7章 S弯隐身喷管与发动机相容性研究

7.1 引言

S弯隐身喷管与发动机相容性研究是将S弯隐身喷管放到发动机整机环境中,研究其对发动机推力及耗油率等特性的影响。喷管与发动机整机建模仿真存在3种途径。

(1)直接进行发动机与喷管的整体计算,其计算过程为,首先建立发动机模型,针对某一参数组合下的喷管模型,利用发动机性能程序计算获得的喷管进口条件,对喷管进行数值模拟得到喷管的流量,判断此流量与发动机传递的流量是否相等,如不相等则在程序中通过数值模拟获得的流量系数修正此喷管的流量以与发动机相匹配,最后获得此喷管对发动机推力及耗油率的影响,接着研究下一参数组合下的喷管对发动机性能的影响。

(2)通过CFD数值计算获得喷管的特性图,将喷管特性图应用于发动机计算程序中,以此通过插值方式研究喷管特性对发动机特性的影响。

(3)对不同几何参数的喷管进行近似建模,将近似模型与发动机模型匹配,研究其对发动机特性的影响。

对于S弯隐身喷管,其几何构型与多个可变参数相关,如喷管长径比、各弯轴向长度、各弯偏距、第一弯出口面积、第一弯出口宽度及出口宽高比等,喷管不同的参数组合对喷管性能影响较大,进而影响到发动机的性能。由于航空发动机的工作过程是一个极其复杂的气动热力过程,发动机整机仿真过程也十分复杂并且耗时,若采用方法(1),直接进行发动机与S弯隐身喷管的整体计算将是一个十分浩大的工程。同样地,获得S弯隐身喷管的特性图仍需大量的CFD计算,对于上述的6个几何参数,若要获得不同喷管落压比下喷管流量系数和推力系数与几何参数的关系,每个参数各取3个水平就需要计算3^7 =2187种工况,如此繁多的计算量将极其耗时耗力,这在工程应用中是无法接受的。因此,对于可变几何参数众多的S弯隐身喷管,为了有效减少计算复杂度,基于试验设计的近似建模技术将十分适用,通过一些近似方法来建立对应的S弯隐身喷管近似模型以便替代原有不同几何参数的S弯隐身喷管模型。

7.2 S弯隐身喷管与发动机匹配模型

7.2.1 响应面法近似建模原理

1. 近似建模方法

在进行近似模型建立时,通过不同的近似方法所建立的近似模型的有效范围不尽相同。按照近似模型有效范围的大小,近似方法可分为局部近似方法和全局近似方法。局部近似方法是利用设计空间内某一设计点的响应值及其梯度信息,在该点处进行级数展开等数学处理,建立近似模型。通常局部近似方法所建立的模型只在该近似点邻域内有效。局部近似建模方法常用的有泰勒级数展开法、多项式级数展开法等。全局近似方法所建立的近似模型能够在整个设计空间内均能很好地逼近原模型,比较有效的方法有响应面法(Response Surface Methodology, RSM)。

响应面法是由英国统计学家 G. Box 和 Wilso 于 1951 年提出的,是数学方法和统计方法相结合的产物,用来对所感兴趣的响应受多个变量影响的问题进行试验(数值计算)、建模和数据分析。响应面模型用一个简单的函数关系式近似替代实际的复杂仿真系统模型,因此可以有效简化计算过程,提高计算效率,具有很高的工程实用价值。响应面法的关键是如何有效地建立响应与输入变量之间的近似函数关系,使其最大限度地逼近真实模型响应,以便在系统分析中替代复杂的真实模型。其基本思路是通过数值试验设计对试验样本点的输入参数及响应值进行分析,建立研究对象的近似模型,并用该近似模型代替原有复杂模型进行计算分析或参数优化。响应面建立的一般步骤如下:

(1)选取响应面拟合函数模型。

(2)基于数值试验样本点构造响应面拟合函数。

(3)对所拟合的函数进行评估。

(4)将满足性能要求的响应面拟合函数应用于所研究系统中。

响应面描述的是独立变量与系统响应之间的近似关系,通常可以用式(7-1)来描述变量与响应之间的关系,即

$$y(x) = \hat{y}(x) + \varepsilon \tag{7-1}$$

式中:$y(x)$ 为响应的真实模型(精确模型),一般为未知函数或复杂函数;$\hat{y}(x)$ 为响应的近似模型;ε 为近似值与实际值之间的随机误差,一般认为 ε 服从标准正态分布 $N(0, \sigma^2)$。

按照近似模型拟合函数构造方法的不同,响应面建模方法又可分为多项式拟合法、Kriging 函数法、神经网络法及径向基函数法等。多项式拟合法是采用多项式对试验点进行回归拟合,得到响应与输入变量之间的近似函数关系来建立响应面的方法,是建立响应面最常用的方法。根据 Weierstrass 多项式最佳逼近定理,任何类型的函数都可以采用多项式逼近。因而复杂系统总可以用相应的多项式拟合来进行逼近。同时,由于采用多项式拟合法建立响应面,建模过程简单,且具有较高的拟合精度、非常高的计算效率,因而在实际计算中被广泛采用。

多项式响应面模型的拟合函数一般可表示为

$$\hat{y}(x) = \sum_{i=1}^{n} b_i f_i(x) \tag{7-2}$$

式中:$f_i(x)$ 为多项式基函数;b_i 为多项式拟合系数;n 为拟合系数个数。

多项式拟合中多项式阶数并不是越高越好,当阶数增加时,多项式中待定系数的个数将呈指数增长,待定系数个数的增加进而会影响近似模型建立过程及分析过程;同时,阶数越高需要的试验点数量也会大大增加,这样也会增加数值试验设计的难度,且这些试验点响应值的获得也需要通过精确模型计算得到,这样会大大影响计算效率。因而实际使用中通常采用二次多项式进行拟合。也可根据具体问题加以选择,对于线性问题可以采用一次多项式进行拟合;对于非线性问题,则采用二次多项式拟合。式(7-3)为二次拟合

多项式的一般表达形式,即

$$\hat{y}(x) = b_0 + \sum_{i=1}^{n} b_i x_i + \sum_{i=1}^{n} b_{ii} x_i^2 + \sum_{1 \le i < j \le n} b_{ij} x_i x_j \tag{7-3}$$

式中:n 为拟合系数个数;b_i 为多项式拟合系数,在多项式拟合中也称为回归系数,此方程也称为回归方程。

对于二次多项式拟合,其回归系数的个数为 $(n+1)(n+2)/2$,当变量为二维时,回归系数个数为 6 个。

对于式 (7-3) 中的回归系数的求解可以采用最小二乘法,以二元二次多项式拟合为例,下面给出采用最小二乘法求解拟合多项式回归系数的具体过程。

设有两变量 x_1 和 x_2,则二次多项式拟合模型可以表示为

$$\hat{y}(x) = b_0 + b_1 x_1 + b_2 x_2 + b_{11} x_1^2 + b_{22} x_2^2 + b_{12} x_1 x_2 \tag{7-4}$$

为了方便叙述及求解,可以把式 (7-4) 等价改写为

$$\hat{y}(x) = b_0 + b_1 x_1 + b_2 x_2 + b_3 x_3 + b_4 x_4 + b_5 x_5 \tag{7-5}$$

式中:b_i 为回归系数,有 6 个,至少需要 6 个试验点;x_i 为回归变量。

采用最小二乘法求解式 (7-5) 中的回归系数,设有 $n(n \ge 6)$ 个数值试验点,y_i 表示第 i 个试验点数值,x_{ji} 表示回归变量 x_i 在第 j 个试验点中对应的值。将 n 个试验点代入式 (7-5),则得到

$$Y = Xb + \varepsilon \tag{7-6}$$

式中:

$$Y = \begin{bmatrix} y_1 \\ y_2 \\ \vdots \\ y_n \end{bmatrix}, \quad X = \begin{bmatrix} 1 & x_{11} & x_{12} & x_{13} & x_{14} & x_{15} \\ 1 & x_{21} & x_{22} & x_{23} & x_{24} & x_{25} \\ \vdots & \vdots & \vdots & \vdots & \vdots & \vdots \\ 1 & x_{n1} & x_{n2} & x_{n3} & x_{n4} & x_{n5} \end{bmatrix}, \quad b = \begin{bmatrix} b_0 \\ b_1 \\ \vdots \\ b_5 \end{bmatrix}, \quad \varepsilon = \begin{bmatrix} \varepsilon_0 \\ \varepsilon_1 \\ \vdots \\ \varepsilon_n \end{bmatrix}$$

按照最小二乘法意义可得

$$L(b) = \varepsilon^{T} \varepsilon = (Y - Xb)^{T}(Y - Xb) = Y^{T}Y - 2 b^{T} X^{T}Y + b^{T} X^{T}Xb \tag{7-7}$$

对式 (7-7) 求其最小值,可得

$$\left. \frac{\partial L}{\partial b} \right|_{b} = -2 X^{T}Y + 2 X^{T}Xb = 0 \tag{7-8}$$

即

$$X^{T}Xb = X^{T}Y \tag{7-9}$$

当 $X^{T}X$ 非奇异时,可得

$$b = (X^{T}X)^{-1} X^{T}Y \tag{7-10}$$

式 (7-10) 代入试验点数据整理后,最终得到关于回归系数的线性方程组,即

$$\begin{cases} b_0 n + b_1 \sum_{i=1}^{n} x_{i1} + b_2 \sum_{i=1}^{n} x_{i2} + b_3 \sum_{i=1}^{n} x_{i3} + b_4 \sum_{i=1}^{n} x_{i4} + b_5 \sum_{i=1}^{n} x_{i5} = \sum_{i=1}^{n} y_i \\ b_0 \sum_{i=1}^{n} x_{i1} + b_1 \sum_{i=1}^{n} x_{i4} x_{i1} + b_2 \sum_{i=1}^{n} x_{i4} x_{i2} + b_3 \sum_{i=1}^{n} x_{i4} x_{i3} + b_4 \sum_{i=1}^{n} x_{i4} x_{i4} + b_5 \sum_{i=1}^{n} x_{i4} x_{i5} = \sum_{i=1}^{n} x_{i4} y_i \\ \vdots \\ b_0 \sum_{i=1}^{n} x_{i1} + b_1 \sum_{i=1}^{n} x_{i5} x_{i1} + b_2 \sum_{i=1}^{n} x_{i5} x_{i2} + b_3 \sum_{i=1}^{n} x_{i5} x_{i3} + b_4 \sum_{i=1}^{n} x_{i5} x_{i4} + b_5 \sum_{i=1}^{n} x_{i5} x_{i5} = \sum_{i=1}^{n} x_{i5} y_i \end{cases}$$

$$\tag{7-11}$$

对于上述线性方程组求解可采用 Gauss 消去法、Jacobi 迭代法等方法,此处不再详细叙述求解过程。求解式(7–11)即可得到全部回归系数。求解上述方程时还需要注意,当拟合变量之间相差很大时,矩阵 $X^T X$ 可能会奇异,因此在进行拟合之前,一般需要对试验点数据进行归一化处理,再对处理后的试验点进行拟合。其中,归一化处理方法如下,设设计变量 x_i 的变化区间为 $[x_{min}, x_{max}]$,则归一化处理后为

$$x_i' = 2\frac{x_i - x_{min}}{x_{max} - x_{min}} - 1 \tag{7-12}$$

式中:x_i' 为变化后的设计变量,变化范围为 $[-1, 1]$。

2. 最优回归方程方法

在获得回归方程及回归系数后,需对回归方程及回归系数进行显著性检验以判断所得方程是否为最优回归方程。最优回归方程是指包含所有对响应变量影响显著的自变量,而不包含对响应变量影响不显著的自变量的回归方程。显著性判断依据:p 值中,$p \leqslant 0.05$ 的项对响应变量影响显著;$p \leqslant 0.01$ 的项对响应变量影响极显著;$p > 0.05$ 的项对响应变量影响不显著。一般应将该项剔除,重新计算,但是否删除该项仍需考虑其与其他项的交互作用对响应变量的影响。

选择最优回归方程常用的方法有向前引入法(Forward)、向后剔除法(Backward)及逐步回归法(Stepwise)。向前引入法是从回归方程仅包括常数项开始,把自变量逐个引入回归方程。具体地说,先在 n 个自变量中选择一个与因变量线性关系最密切的变量,记为 x_1,然后在剩余的 $n-1$ 个自变量中再选一个 x_2,使得 (x_1, x_2) 联合起来二元回归效果最好,第三步在剩下的 $n-2$ 个自变量中选择一个变量 x_3,使得 (x_1, x_2, x_3) 联合起来回归效果最好,如此重复下去,直至得到最优回归方程为止。向前引入法中的终止条件为,给定显著性水平,当对某一个将被引入变量的回归系数作显著性检查时,如满足显著性判断则引入变量的过程结束,所得方程即为最优回归方程。向前引入法有一个明显的缺点,就是由于各自变量可能存在着相互关系,因此后续变量的选入可能会使前面已选入的自变量变得不重要。这样最后得到的最优回归方程可包含一些对响应变量影响不大的自变量。

向后剔除法与向前引入法正好相反,首先将全部 n 个自变量引入回归方程,然后逐个剔除对响应变量作用不显著的自变量。具体地说,从回归式 n 个自变量中选择一个对响应变量贡献最小的自变量,如 x_1,将它从回归方程中剔除;然后重新计算响应变量与剩下的 $n-1$ 个自变量回归方程,再剔除一个贡献最小的自变量,如 x_2,依次下去,直到得到最优回归方程为止。向后剔除法中终止条件与向前引入法类似。向后剔除法的缺点在于,前面剔除的变量有可能因以后变量的剔除,变为相对重要的变量,这样最后得到的最优回归方程中有可能漏掉相对重要的变量。

逐步回归法是前述两个方法的综合。由于向前引入法中被选入的变量将一直保留在方程中,向后剔除法中被剔除的变量将一直排除在外,因此这两种方法在某些情况下会得到不合理的结果。于是,考虑到被选入的变量,当它的作用在新变量引入后变得微不足道时,可以将它删除;被剔除的变量,当它的作用在新变量引入情况下变得重要时,也可将它重新选入回归方程。这样一种以向前引入法为主,变量可进可出的筛选变量方法,称为逐步回归。逐步回归分析是根据最优回归方程的选择原则提出的一种回归分析方法。它的主要思路是在考虑的全部自变量中按其对响应变量的作用大小、显著程度大小,由大到小

248

地逐个引入回归方程,而对那些对响应变量作用不显著的自变量可能始终不被引入回归方程。另外,已被引入回归方程的自变量在引入新的自变量后也可能失去重要性,而需要从回归方程中剔除。引入一个自变量或者从回归方程中剔除一个自变量都称为逐步回归的一步,每一步都要进行显著性检验,以保证在引入新的自变量前回归方程中只含有对响应变量影响显著的自变量,而不显著的自变量已被剔除。

3. 基于二阶响应曲面的试验设计方法

最常用的二阶响应曲面的试验设计方法包括中心复合设计(Central Composite Design)和 BOX(Box – Behnken Design)设计两种。

中心复合设计由 2^k 析因设计或分式析因设计(规范为通常的 ±1 记号)添加 $2k$ 个坐标轴点($\pm\alpha,0,0,\cdots,0$)、($0,\pm\alpha,0,\cdots,0$)、($0,0,\pm\alpha,\cdots,0$)、$\cdots$、($0,0,\cdots,0,\pm\alpha$)和 n_c 个中心点($0,0,\cdots,0$)所组成。$k=2$ 和 $k=3$ 的中心复合设计如图 7-1 所示。恰当选择 α 可以使中心复合设计是可旋转的。旋转性是指在试验设计区域内任一点与中心设计点的距离相等。满足可旋转性要求的 α 值依赖于设计的析因部分内点的数目;事实上,$\alpha = (n_f)^{1/4}$ 能产生可旋转的中心复合设计,其中 n_f 是用在设计的析因部门中点的个数。中心复合设计的一个有用性质是它可以由一阶设计附加上一些坐标轴上的点以及几个中心点"组装"出来。中心复合设计的另一性质是可以用中心点的个数 n_c 来控制。恰当选取 n_c 可以使中心复合设计是正交的,或者是一致精度的设计,一致精度设计比正交设计更能防止回归系数的偏差。

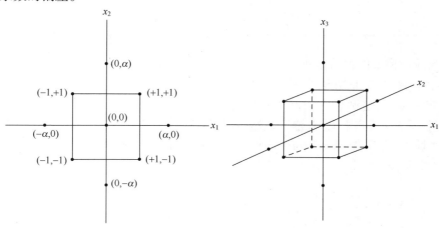

图 7-1 $k=2$ 和 $k=3$ 的中心复合设计

Box – Behnken 设计是 Box 与 Behnken 在 1960 年提出的由因子设计(Factor Design)与不完全集区设计(Incomplete Block Design)结合而成的适应响应曲面设计的三水平设计。Box – Behnken 设计是一种符合旋转性或几乎可旋转性的球面设计。旋转性即试验区域内任何一点与设计中心点的距离相等,变异数是此点至设计中心点的距离函数,与其他因素无关,所以是一种圆形设计。而且,所有的试验点都位于等距的端点上,并不包含变量上下水平所产生于立方体顶点的试验,避免了很多因受限于现实考虑而无法进行的试验。Box – Behnken 设计的一项相当重要的特性就是以较少的试验次数,去估计一阶、二阶与一阶具交互作用项式模式,可称为具有效率的响应曲面设计法。它是一种不完全的三水平因子设计,其试验点的特殊选择使二阶模型中系数的估计比较有效。表 7-1 列出了 3 个变量的 Box – Behnken 设计,图 7-2 是此设计的图解,注意到 Box – Behnken 设计是一个球面设计,所有设计点都在半径为 $\sqrt{2}$ 的球面上。而且 Box – Behnken 设计不包含由各个变量的上限和下限所生成的立方体区域的顶点处的任一点。当立方体顶点所代表的因子水平组合因试验成本过于昂贵或因实际限制而不可能做试验时,此设计就显示出它特有的长处。

表 7-1　3 个变量的 Box – Behnken 设计

试　　验	x_1	x_2	x_3
1	–1	1	0
2	–1	1	0
3	1	–1	0
4	1	1	0
5	–1	0	–1
6	–1	0	1
7	1	0	1
8	1	0	1
9	0	–1	–1
10	0	–1	1
11	0	1	–1
12	0	1	1
13	0	0	0
14	0	0	0
15	0	0	0

4. 响应面模型的评估方法

响应面模型的评估方法主要有相对均方根误差法和 R^2 判定系数法,这两种方法能很好地反映响应面近似模型的拟合程度,其中 R^2 判定系数法应用更为广泛。

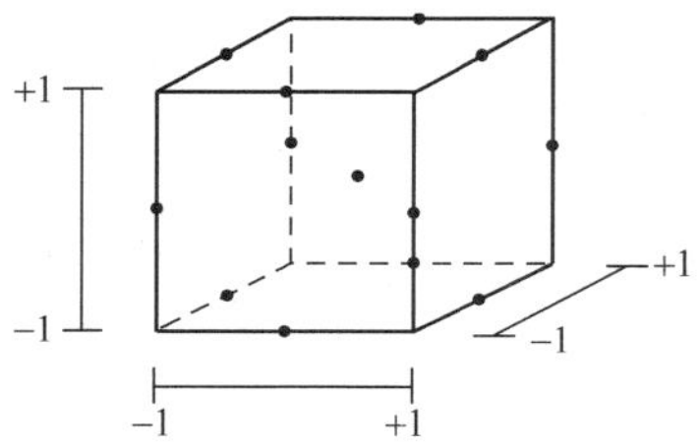

相对均方根误差法(Root Mean Squared Error,RMSE)的定义为

$$\text{RMSE} = \frac{1}{n\,\overline{y}}\sqrt{\sum_{i=1}^{n}(y_i - \hat{y}_i)^2} \qquad (7-13)$$

图 7-2　三因子三水平 Box – Behnken 设计的试验点

式中:n 为试验样本点数;y_i 为真实响应值;$\hat{y}_i$ 为响应面模型得到的拟合值;$\overline{y}$ 为真实响应值的均值。

RMSE 反映了响应面模型与真实值之间的差异程度,其越小表示响应面模型拟合精度越高。

R^2 判定系数法是对近似模型拟合精度进行检验的另一种非常有效的方法。它通过建立能够表征拟合程度的变量来进行判断。其定义为

$$R^2 = 1 - \frac{\sum_{i=1}^{n}(y_i - \hat{y})^2}{\sum_{i=1}^{n}(y_i - \overline{y})^2} \qquad 0 \leqslant R^2 \leqslant 1 \qquad (7-14)$$

250

式(7-14)中各变量含义同式(7-13)。

对于判定系数 R^2，若 R^2 越接近 1，则说明近似模型的拟合度越高。R^2 值在 $0 \sim 0.25$ 之间，则表明近似模型与样本响应值无相关性；R^2 值在 $0.25 \sim 0.5$ 之间，则表明两者之间相关性不强；R^2 在 $0.5 \sim 0.75$ 之间，则表明两者之间相关性强；R^2 在 $0.75 \sim 1$ 之间，则表明两者之间相关性非常好。若所有样本点的拟合值都被近似模型所接受，即 $R^2 = 1$ 说明近似模型完全拟合了样本响应值。

7.2.2 S 弯隐身喷管近似模型建立

采用二阶响应曲面模型的 Box – Behnken 设计对 S 弯隐身喷管进行近似建模。具体建模步骤如下：

（1）确定研究问题的设计空间。确定研究问题的设计空间即针对所研究的问题筛选其自变量并确定自变量的变化范围。在第 2 章 S 弯隐身喷管设计方法中讲到，S 弯隐身喷管涉及的几何参数众多，各几何参数通过遮挡涡轮的约束条件相互制约。S 弯隐身喷管关键几何影响参数的分析研究表明，对于双 S 弯隐身喷管，各段 S 弯曲线的轴向长度、各 S 弯曲线中心线变化规律、S 弯隐身喷管出口宽高比、第一段 S 弯通道出口面积对 S 弯隐身喷管气动特性影响较大。而考虑遮挡涡轮的约束条件，喷管长径比、喷管各弯偏距以及第一段 S 弯通道出口宽高比也对喷管气动特性有所影响。为此，喷管的中心线变化规律均采用"前急后缓"的变化规律，选择以下 7 个无量纲参数作为自变量：

① L/D：表示 S 弯隐身喷管轴向长度与进口直径的比值。

② L_2/L_1：表示 S 弯隐身喷管第二段 S 弯通道轴向长度与第一段轴向长度之比。

③ $L_1/\Delta Y_1$：表示 S 弯隐身喷管第一段 S 弯通道轴向长度与其纵向偏距之比。

④ A_1/A_{in}：表示 S 弯隐身喷管第一段 S 弯通道出口面积与喷管进口面积之比。

⑤ W_1/D：表示 S 弯隐身喷管第一段 S 弯通道出口宽度与喷管进口直径之比。

⑥ W/H：表示 S 弯隐身喷管出口宽度与出口高度的比值。

⑦ NPR：表示喷管落压比。

根据前面的 S 弯隐身喷管关键几何影响参数分析，此 7 个无量纲参数的设计空间如表 7-2 所列。

表 7-2　S 弯隐身喷管近似建模设计空间

L/D	L_2/L_1	$L_1/\Delta Y_1$	A_1/A_{in}	W_1/D	W/H	NPR
2.3	1	2	0.50	1.0	5	1.4
2.8	2	3	0.65	1.1	7	2.2
3.3	3	4	0.80	1.2	9	3.0

（2）确定响应变量。根据 Box – Behnken 设计步骤，首先输入自变量个数、各自变量名称及变化范围；然后确定因变量即响应变量个数及名称，考虑 S 弯隐身喷管与发动机整机耦合的关系，选择喷管推力系数 C_{fg} 和流量系数 C_D 作为响应变量；接着根据 Box – Behnken 设计所安排的试验点对相应的 S 弯隐身喷管进行数值模拟，并将数值模拟结果填入试验安排的响应值中。试验安排及响应变量数值模拟结果如表 7-3 所列。

表 7-3　S 弯隐身喷管近似建模试验安排及响应变量数值模拟结果

试验序号	L/D	L_2/L_1	$L_1/\Delta Y_1$	A_1/A_{in}	W_1/D	W/H	NPR	C_D	C_{fg}
1	3.3	2	3	0.65	1.1	9	1.4	0.9702	0.949
2	2.8	3	3	0.65	1.0	7	1.4	0.9716	0.951
3	2.8	2	3	0.65	1.1	7	2.2	0.9804	0.969
4	3.3	3	3	0.80	1.1	7	2.2	0.9794	0.967
5	3.3	1	3	0.80	1.1	7	2.2	0.9819	0.972
6	2.8	2	3	0.80	1.0	5	2.2	0.9829	0.973
7	3.3	1	3	0.50	1.1	7	2.2	0.9774	0.965
8	2.8	3	4	0.65	1.1	9	2.2	0.9774	0.964
9	2.8	1	2	0.65	1.1	9	2.2	0.9767	0.963
10	2.8	2	3	0.80	1.0	9	2.2	0.9795	0.967
11	2.8	3	3	0.65	1.2	7	3.0	0.9795	0.969
12	2.8	1	3	0.65	1.0	7	3.0	0.9791	0.968
13	2.8	2	2	0.50	1.1	7	1.4	0.9694	0.948
14	3.3	2	2	0.65	1.0	7	2.2	0.9781	0.965
15	2.3	2	4	0.65	1.2	7	2.2	0.9812	0.971
16	2.8	2	2	0.50	1.1	7	3.0	0.9779	0.969
17	3.3	2	2	0.65	1.2	7	2.2	0.9788	0.967
18	2.8	2	3	0.65	1.1	7	2.2	0.9804	0.969
19	2.8	2	3	0.50	1.0	5	2.2	0.9778	0.965
20	2.8	1	3	0.65	1.2	7	1.4	0.9762	0.959
21	2.8	2	4	0.50	1.1	7	3.0	0.9773	0.966
22	2.8	2	2	0.80	1.1	7	1.4	0.9705	0.949
23	2.8	2	3	0.65	1.1	7	2.2	0.9804	0.969
24	2.8	1	3	0.65	1.0	7	1.4	0.9757	0.958
25	3.3	2	4	0.65	1.2	7	2.2	0.9792	0.967
26	3.3	2	3	0.65	1.1	5	3.0	0.9806	0.971
27	2.3	2	3	0.65	1.1	9	1.4	0.9719	0.953
28	2.8	2	3	0.65	1.1	7	2.2	0.9804	0.969
29	2.8	2	3	0.65	1.1	7	2.2	0.9804	0.969
30	2.8	2	4	0.80	1.1	7	3.0	0.9821	0.974
31	2.8	1	3	0.65	1.2	7	3.0	0.9821	0.972
32	2.8	2	3	0.65	1.1	7	2.2	0.9804	0.969
33	2.8	2	3	0.80	1.2	5	2.2	0.9832	0.973
34	2.8	2	3	0.80	1.2	9	2.2	0.9804	0.968
35	2.8	3	3	0.65	1.2	7	1.4	0.9724	0.953
36	2.3	2	3	0.65	1.1	5	3.0	0.9798	0.971
37	2.8	1	2	0.65	1.1	5	2.2	0.9831	0.973
38	2.8	2	3	0.50	1.2	9	2.2	0.9753	0.961
39	2.3	3	3	0.80	1.1	7	2.2	0.9822	0.973
40	2.8	1	4	0.65	1.1	5	2.2	0.9809	0.97

试验序号	L/D	L_2/L_1	$L_1/\Delta Y_1$	A_1/A_{in}	W_1/D	W/H	NPR	C_D	C_{fg}
41	2.8	3	2	0.65	1.1	9	2.2	0.9755	0.961
42	2.3	2	4	0.65	1.0	7	2.2	0.9781	0.967
43	2.3	2	2	0.65	1.2	7	2.2	0.9797	0.969
44	2.8	3	2	0.65	1.1	5	2.2	0.9798	0.968
45	2.8	2	3	0.50	1.2	5	2.2	0.9779	0.965
46	2.3	2	3	0.65	1.1	5	1.4	0.9752	0.958
47	2.8	2	4	0.50	1.1	7	1.4	0.9698	0.949
48	2.8	1	4	0.65	1.1	9	2.2	0.9756	0.962
49	2.3	1	3	0.80	1.1	7	2.2	0.9660	0.953
50	2.8	2	3	0.50	1.0	9	2.2	0.9732	0.958
51	2.8	2	2	0.80	1.1	7	3.0	0.9782	0.967
52	2.3	3	3	0.50	1.1	7	2.2	0.9771	0.965
53	3.3	3	3	0.50	1.1	7	2.2	0.9737	0.959
54	3.3	2	3	0.65	1.1	9	3.0	0.9773	0.966
55	2.3	1	3	0.50	1.1	7	2.2	0.9606	0.947
56	2.3	2	3	0.65	1.1	9	3.0	0.9764	0.967
57	2.8	3	4	0.65	1.1	5	2.2	0.9803	0.969
58	3.3	2	3	0.65	1.1	5	1.4	0.9740	0.956
59	2.3	2	2	0.65	1.0	7	2.2	0.9651	0.947
60	2.8	3	3	0.65	1.0	7	3.0	0.9788	0.968
61	2.8	2	4	0.80	1.1	7	1.4	0.9761	0.959
62	3.3	2	4	0.65	1.0	7	2.2	0.9790	0.967

（3）确定响应面的阶数,构造多项式函数,本试验设计选择具有两因子一阶交互作用的幂多项式。

（4）采用最小二次回归拟合多项式的系数,采用逐步回归法对各个影响参数做显著性分析,滤去不重要因子,并重新完成多项式系数回归,完成后做模型的适合性检验,检验方法为 R^2 法。当 $R^2 \geqslant 0.75$ 时,表明近似模型与样本响应值之间相关性非常好,近似模型可用,如 R^2 不满足则调整设计空间变量范围,重复步骤（2）~（4）。

根据上述步骤,得到此试验设计回归方程方差分析如表 7-4、表 7-5 所列。由表 7-4 可以看出,对响应变量 C_{fg} 具有显著影响的因子包括 L/D 及其二阶项、$L_1/\Delta Y_1$、A_1/A_{in} 的二阶项、W_1/D、NPR 及其二阶项、L/D 与 L_2/L_1 的交互作用、L/D 与 $L_1/\Delta Y_1$ 的交互作用、L/D 与 W_1/D 的交互作用、$L_1/\Delta Y_1$ 与 A_1/A_{in} 的交互作用以及 $L_1/\Delta Y_1$ 与 W_1/D 的交互作用。表 7-5 显示,对响应变量 C_D 具有显著影响的因子包括 L/D 及其二阶项、A_1/A_{in} 的二阶项、W_1/D、NPR 及其二阶项、L/D 与 L_2/L_1 的交互作用以及 L/D 与 W_1/D 的交互作用。可以看出,尽管有些变量对响应变量影响不大,但它与其他变量的交互作用有可能对响应变量产生显著影响。

表 7-4 响应变量 C_{fg} 回归方程方差分析表

来　源	平　方　和	df	均　方　差	F 值	p 值 Prob $> F$
模型	3.015×10^{-3}	17	1.773×10^{-4}	18.13	< 0.0001
$A - L/D$	6.766×10^{-5}	1	6.766×10^{-5}	6.92	0.0117
$B - L_2/L_1$	1.042×10^{-6}	1	1.042×10^{-6}	0.11	0.7457
$C - L_1/\Delta Y_1$	4.539×10^{-5}	1	4.539×10^{-5}	4.64	0.0367
$D - A_1/A_{\mathrm{in}}$	2.547×10^{-9}	1	2.547×10^{-9}	2.604×10^{-4}	0.9872
$E - W_1/D$	6.667×10^{-5}	1	6.667×10^{-5}	6.82	0.0123
$F - W/H$	6.384×10^{-7}	1	6.384×10^{-7}	0.065	0.7995
$G - \mathrm{NPR}$	1.442×10^{-3}	1	1.442×10^{-3}	147.39	< 0.0001
AB	3.001×10^{-4}	1	3.001×10^{-4}	30.69	< 0.0001
AC	5.000×10^{-5}	1	5.000×10^{-5}	5.11	0.0287
AE	7.200×10^{-5}	1	7.200×10^{-5}	7.36	0.0095
CD	4.513×10^{-5}	1	4.513×10^{-5}	4.61	0.0373
CE	5.000×10^{-5}	1	5.000×10^{-5}	5.11	0.0287
DE	5.000×10^{-7}	1	5.000×10^{-7}	0.051	0.8222
EF	2.000×10^{-6}	1	2.000×10^{-6}	0.20	0.6533
A^2	6.761×10^{-5}	1	6.761×10^{-5}	6.91	0.0117
D^2	6.761×10^{-5}	1	6.761×10^{-5}	6.91	0.0117
G^2	3.314×10^{-4}	1	3.314×10^{-4}	33.89	< 0.0001
Residual（残差）	4.303×10^{-4}	44	9.780×10^{-6}		
Lack of Fit（失拟项）	4.303×10^{-4}	39	1.103×10^{-5}		
Pure Error（纯误差）	0.000	5	0.000		
Cor Total（总值）	3.445×10^{-3}	61			

表 7-5 响应变量 C_{D} 回归方程方差分析表

来　源	平　方　和	df	均　方　差	F 值	p 值 Prob $> F$
模型	1.025×10^{-3}	17	1.025×10^{-3}	10.71	< 0.0001
$A - L/D$	3.169×10^{-5}	1	3.169×10^{-5}	5.63	0.0221
$B - L_2/L_1$	6.407×10^{-6}	1	6.407×10^{-6}	1.14	0.2917
$C - L_1/\Delta Y_1$	1.629×10^{-5}	1	1.629×10^{-5}	2.89	0.0959
$D - A_1/A_{\mathrm{in}}$	1.196×10^{-8}	1	1.196×10^{-8}	2.125×10^{-3}	0.9634
$E - W_1/D$	3.037×10^{-5}	1	3.037×10^{-5}	5.40	0.0248
$F - W/H$	2.817×10^{-7}	1	2.817×10^{-7}	0.050	0.8240
$G - \mathrm{NPR}$	2.413×10^{-4}	1	2.413×10^{-4}	42.89	< 0.0001
AB	1.892×10^{-4}	1	1.892×10^{-4}	33.62	< 0.0001
AC	2.178×10^{-5}	1	2.178×10^{-5}	3.87	0.0554
AE	3.528×10^{-5}	1	3.528×10^{-5}	6.27	0.0161
CE	1.800×10^{-5}	1	1.800×10^{-5}	3.20	0.0805
DE	1.250×10^{-7}	1	1.250×10^{-7}	0.022	0.8822
EF	8.450×10^{-7}	1	8.450×10^{-7}	0.15	0.7002
A^2	8.158×10^{-5}	1	8.158×10^{-5}	14.50	0.0004

来　源	平　方　和	df	均　方　差	F 值	p 值 Prob > F
B^2	1.834×10^{-5}	1	1.834×10^{-5}	3.26	0.0779
D^2	5.478×10^{-5}	1	5.478×10^{-5}	9.74	0.0032
G^2	8.503×10^{-5}	1	8.503×10^{-5}	15.12	0.0003
Residual（残差）	2.475×10^{-4}	44	5.626×10^{-6}		
Lack of Fit（失拟项）	2.475×10^{-4}	39	6.347×10^{-6}		
Pure Error（纯误差）	0.000	5	0.000		
Cor Total（总值）	1.272×10^{-3}	61			

通过 R^2 法对所建立的近似模型进行评估，试验设计所得各响应变量的 R^2 值如表 7-6 所列，两个响应变量的 $R^2 \geqslant 0.75$，因此所建立的近似模型与响应变量之间相关性非常好，近似模型可用。

表 7-6　回归分析计算获得的 R^2 值

响 应 变 量	C_{fg}	C_D
R^2	0.875	0.805

最后得到的各响应变量与自变量之间的关系如下。

推力系数，即

$$C_{fg} = 0.42780 + 0.15643 * L/D + 0.034508 * L_2/L_1 + 0.032833 * L_1/\Delta Y_1 + 0.11743 * A_1/A_{in} + 0.25300 * W_1/D - 4.27083\mathrm{E} - 003 * W/H + 0.042600 * \mathrm{NPR} - 0.012250 * L/D * L_2/L_1 - 5.00000\mathrm{E} - 003 * L/D * L_1/\Delta Y_1 - 0.060000 * L/D * W_1/D + 0.015833 * L_1/\Delta Y_1 * A_1/A_{in} - 0.025000 * L_1/\Delta Y_1 * W_1/D - 0.016667 * A_1/A_{in} * W_1/D + 2.50000\mathrm{E} - 003 * W_1/D * W/H - 8.64894\mathrm{E} - 003 * (L/D)^2 - 0.096099 * (A_1/A_{in})^2 - 7.48005\mathrm{E} - 003 * (\mathrm{NPR})^2$$

(7-15)

流量系数，即

$$C_D = 0.55423 + 0.13208 * L/D + 0.032276 * L_2/L_1 + 0.026748 * L_1/\Delta Y_1 + 0.13754 * A_1/A_{in} + 0.16789 * W_1/D - 2.74792\mathrm{E} - 003 * W/H + 0.020730 * \mathrm{NPR} - 9.72500\mathrm{E} - 003 * L/D * L_2/L_1 - 3.30000\mathrm{E} - 003 * L/D * L_1/\Delta Y_1 - 0.042000 * L/D * W_1/D - 0.015000 * L_1/\Delta Y_1 * W_1/D - 8.33333\mathrm{E} - 003 * A_1/A_{in} * W_1/D + 1.62500\mathrm{E} - 003 * W_1/D * W/H - 9.55476\mathrm{E} - 003 * (L/D)^2 - 1.13244\mathrm{E} - 003 * (L_2/L_1)^2 - 0.086997 * (A_1/A_{in})^2 - 3.81045\mathrm{E} - 003 * (\mathrm{NPR})^2$$

(7-16)

图 7-3 列出了响应变量 C_{fg} 与对其具有显著影响的交互作用项的响应曲面图形，并绘出了响应面上的等高线，曲面上的点表示设计中心点——$L/D = 2.8$，$L_2/L_1 = 2$，$L_1/\Delta Y_1 = 3$，$A_1/A_{in} = 0.65$，$W_1/D = 1.1$，$W/H = 7$，$\mathrm{NPR} = 2.2$。图 7-3（a）显示，$L_2/L_1 = 3$ 即 $L_1/L_2 = 1/3$ 时，随着喷管长径比 L/D 的增大，流量系数 C_{fg} 呈递减趋势；而 $L_2/L_1 = 1$ 时，随着长径比 L/D 的增大，流量系数 C_{fg} 呈递增趋势。类似地，$L/D = 2.3$ 时，随着喷管第一弯长度与

第二弯长度之比的增大,流量系数 C_{fg} 逐渐减小;而 $L/D=3.3$ 时,随着喷管第一弯长度与第二弯长度之比的增大,流量系数 C_{fg} 逐渐增大。因此,喷管长径比 L/D 和喷管第一弯与第二弯长度之比 L_1/L_2 之间存在明显的交互作用。同样地,图 7-3(b) ~ (e) 显示其他项之间的交互作用,不再赘述。

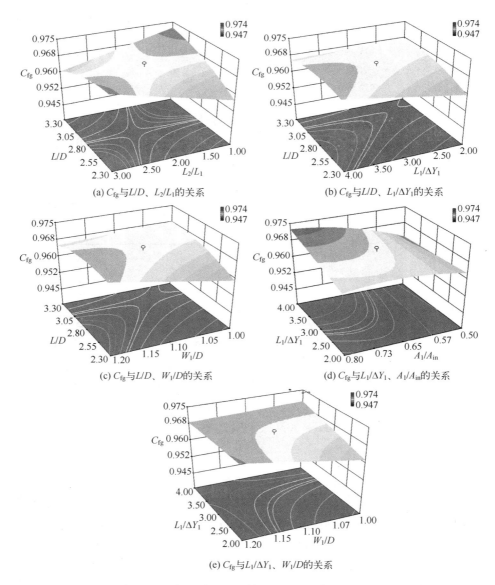

(a) C_{fg} 与 L/D、L_2/L_1 的关系　　　　(b) C_{fg} 与 L/D、$L_1/\Delta Y_1$ 的关系

(c) C_{fg} 与 L/D、W_1/D 的关系　　　　(d) C_{fg} 与 $L_1/\Delta Y_1$、A_1/A_{in} 的关系

(e) C_{fg} 与 $L_1/\Delta Y_1$、W_1/D 的关系

图 7-3　响应变量 C_{fg} 与对其具有显著影响的交互作用项之间的响应曲面

图 7-4 列出了响应变量 C_D 与对其具有显著影响的交互作用项的响应曲面图形,并绘出了响应面上的等高线,曲面上的点表示设计中心点——$L/D=2.8$,$L_2/L_1=2$,$L_1/\Delta Y_1=3$,$A_1/A_{in}=0.65$,$W_1/D=1.1$,$W/H=7$,NPR = 2.2。因子之间的交互作用与上述分析类似,也不再详述。

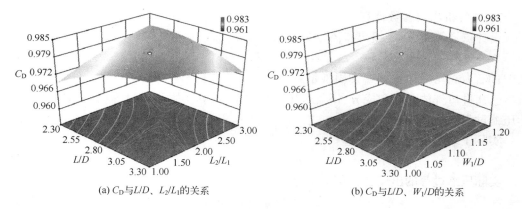

(a) C_D 与 L/D、L_2/L_1 的关系   (b) C_D 与 L/D、W_1/D 的关系

图 7-4　响应变量 C_D 与对其具有显著影响的交互作用项之间的响应曲面

7.3　航空发动机整机仿真模型

发动机性能计算是在以下基本假设条件下,根据气体热力特性,通过变比热等熵绝热过程求解气体的实际压缩过程和实际膨胀过程,通过有效热值法计算气体的加热过程,最终获得发动机热力循环参数的过程。

基本假设条件:

(1) 流动为一维稳定流动。

(2) 气体为完全气体。

(3) 气体的比热容(C_P)只与温度(T)和气体成分有关,忽略压力的影响。

(4) 气体分子量是常数,只与气体成分有关。

(5) 绝热指数(比热比)$k = C_P/C_V$,只与不同的气体成分和温度有关。

在发动机性能计算时,已知:飞行高度 H、马赫数 Ma 以及压气机特性、燃烧室特性、涡轮特性等部件性能,发动机部件性能计算步骤如下。

1. 发动机进口参数的确定

利用飞行高度 H,根据国际标准大气表查得大气压力和温度 P_H、T_H。

当高度小于 11km 时,有

$$T_H = 288.15 - 6.5 \times H$$

$$P_H = 101325\left(1 - \frac{H}{44.308}\right)^{5.2553} \tag{7-17}$$

当高度大于 11km 时,进入同温层,即

$$T_H = 216.5K$$

$$P_H = 23061\mathrm{e}^{\frac{H-11}{6.318}} \tag{7-18}$$

根据飞行 Ma 选择进气道类型,得总压恢复系数 σ_i,计算进气道出口总温 T_2^* 和总压 P_2^* 及其他气动参数,有

$$T_2^* = T_1^*$$

$$P_2^* = \sigma_i P_1^* \tag{7-19}$$

257

2. 压气机出口参数计算

设计点计算时,压气机出口流量为

$$W_3 = W_2 - W_{tcl} - W_{bld} \tag{7-20}$$

式中:W_{tcl}为涡轮冷却量;W_{bld}为引气量。

已知进口气体温度和成分、压气机压比和效率,计算实际压缩过程出口总温T_3^*和实际压缩过程的焓升dh_C。

实际压缩过程的出口总比焓为

$$h_3 = h_2 + dh_C \tag{7-21}$$

实际压缩过程的出口总温和总压为

$$T_3^* = f_1(h_3, far_3, war_3) \tag{7-22}$$

式中:far_3表示油气比,war_3表示水气比。此式表示已知气体热力学特性和气体成分,通过气体特性表可反插值得到温度。

$$P_3^* = P_2^* \pi_C \tag{7-23}$$

压气机所需功为

$$L_C = (W_2 - W_{tcl} - W_{bld}) \times dh_C + W_{tcl} \times dh_{tcl} + W_{bld} \times dh_{bld} \tag{7-24}$$

式中:dh_{tcl}、dh_{bld}分别为涡轮冷却气体、引气气体在压气机实际压缩过程中的焓增;P_2^*为压气机进口总压;P_3^*为压气机出口总压;T_3^*为压气机出口总温;L_C为压气机功。

非设计点计算时,根据图7-5中的压气机特性,插值得到压气机进口换算流量W_{2cor}、压气机增压比π_C和效率η_C。一般地,插值时都是选择压气机的转速n_C、压比比ZC作为插值变量。计算发动机设计点性能时,n_C、ZC是已知的。计算发动机非设计点性能时,ZC通常作为独立变量,而n_C既可以作为独立变量,也可以作为控制规律给定。ZC的定义:设沿等转速线上的数值最大一点的增压比为π_H,最小一点的增压比为π_L,则定义等转速线上任一点增压比π的压比比ZC为

$$ZC = \frac{\pi - \pi_L}{\pi_H - \pi_L} \tag{7-25}$$

根据从压气机特性图插值得到的压气机特性参数,计算出压气机出口参数和压气机功。

由特性图插值得到压气机进口流量为

$$W_2 = W_{2cor} \times \frac{P_2^*}{101325} \times \frac{1}{\sqrt{\dfrac{T_2^*}{288.15} \times \dfrac{R_g}{287.05}}} \tag{7-26}$$

式中:W_{2cor}为进口换算流量;T_2^*为进口总温;P_2^*为进口总压;R_g为进口气体常数。

3. 燃烧室出口参数计算

已知燃烧室出口温度,采用有效热值法计算油气比far。

有效热值定义为单位质量燃油提供给工质空气的净热值,记为ECV。燃烧室能量方程为

$$C_{Pa}T_{t4} - C_{Pa}T_{t3} = far \times ECV \times \eta_b \tag{7-27}$$

$$far = \frac{C_{Pa}T_{t4} - C_{Pa}T_{t3}}{ECV \times \eta_b} \tag{7-28}$$

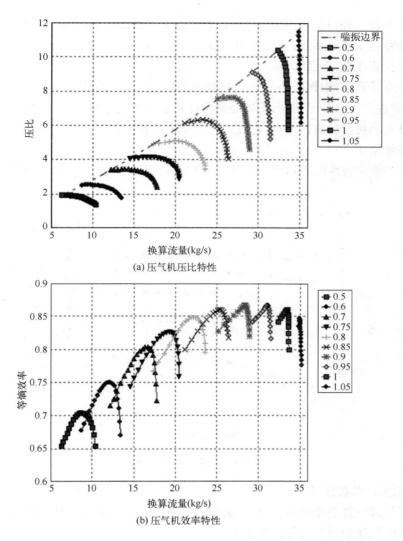

(a) 压气机压比特性

(b) 压气机效率特性

图 7-5 压气机部件特性

用以下近似公式模拟有效热值 ECV 与燃烧室出口温度 T_{t4} 的关系,即

$$
\begin{aligned}
ECV = H_u + 416127 - 2.327 \times 10^{-20} T_{t4}^8 + 2.711 \times 10^{-16} T_{t4}^7 \\
- 1.346 \times 10^{-12} T_{t4}^6 + 3.694 \times 10^{-9} T_{t4}^5 - 6.081 \times 10^{-6} T_{t4}^4 + 6.223 \\
\times 10^{-3} T_{t4}^3 - 4.606 T_{t4}^2 - 278.240 T_{t4} + 67080
\end{aligned} \tag{7-29}
$$

燃烧室所需燃油流量为

$$
W_f = W_3 \times far \tag{7-30}
$$

式中:W_3 为燃烧室进口空气流量。

燃烧室出口流量为

$$
W_4 = W_3 + W_f \tag{7-31}
$$

燃烧室出口总压为

$$
P_4^* = P_3^* \sigma_b \tag{7-32}
$$

式中：P_3^* 为燃烧室进口总压；σ_b 为燃烧室总压恢复系数；$\sigma_b = \sigma_{b,d} Wa_{3,cor}/Wa_{3,cor,d}$，$\sigma_{b,d}$ 为设计点燃烧室总压恢复系数，为已知值，$Wa_{3,cor}$ 为燃烧室进口换算流量；$Wa_{3,cor,d}$ 为设计点燃烧室进口换算流量，为已知值。

非设计点计算时，根据图 7-6 中的燃烧室特性，插值得到燃烧室的燃烧效率 η_b。插值时，燃烧室进口压力是已知的，而燃烧室出口和进口的温差是和燃烧室出口温度 T_4^* 有关的。计算发动机设计点性能时，T_4^* 已知，计算发动机非设计点性能时，T_4^* 是独立变量或由控制规律给定。

根据从燃烧室特性图插值得到的燃烧室燃烧效率参数，计算出燃烧室出口参数和燃油流量。

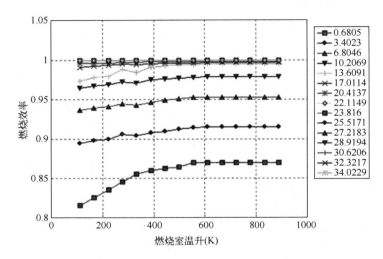

图 7-6 燃烧室部件特性

4. 涡轮出口参数计算

由于涡轮进口处温度较高，一般会从发动机引一股冷气流冷却涡轮进口叶片，涡轮冷却气体与主流气体的混合计算过程如下。

混合后的质量流量为

$$W_{4.5} = W_4 + W_{tcl} \tag{7-33}$$

式中：W_4 为混合前的主流质量流量；W_{tcl} 为涡轮冷却气流的质量流量。

混合后的气体总比焓为

$$h_{4.5} = \frac{W_4 \times h_4 + W_{tcl} \times h_{tcl}}{W_{4.5}} \tag{7-34}$$

式中：h_4 为混合前的气体比焓；h_{tcl} 为冷却气的比焓。

混合后的气体总温为

$$T_{4.5}^* = f_1(h_{4.5}, far_{4.5}, war_{4.5}) \tag{7-35}$$

混合后的气体总压（约等于混合前的主流总压）为

$$P_{4.5}^* \approx P_4^* \tag{7-36}$$

式（7-36）中忽略气体混合的总压损失。

涡轮单位质量气体的焓降为

$$dh_T = \frac{L_C + L_{aux}}{W_{4.5} \times \eta_m} \tag{7-37}$$

式中:L_C 为与该涡轮同轴的压气机功率;L_{aux} 为提取功率;$W_{4.5}$ 为涡轮进口流量;η_m 为该轴的机械效率。

同样,设计点计算时,用变比热过程计算膨胀过程,计算方法类似于压气机压缩过程。可由单位焓降、进口气体参数、涡轮等熵效率等参数计算得出膨胀比 π_T、实际膨胀过程的出口参数等。

非设计点计算时,根据图 7-7 所示的涡轮特性,插值得到涡轮效率、涡轮焓降。一般地,插值时都是选择涡轮进口折合流量 $W_{4.5cor}$、涡轮折合转速 $N_{4.5cor}$ 作为插值变量,其中,$W_{4.5cor} = W_{4.5} \times \sqrt{T_{4.5}^*} / P_{4.5}^*$,$N_{4.5cor} = N_C / \sqrt{T_{4.5}^*}$。计算发动机设计点性能时,$W_{4.5cor}$、$N_{4.5cor}$ 是已知的。计算发动机非设计点性能时,$W_{4.5cor}$ 通常作为独立变量,而 $N_{4.5cor}$ 可由 N_C 和 $T_{4.5}^*$ 得到。

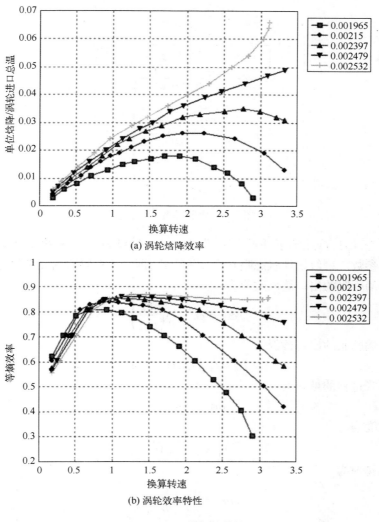

(a) 涡轮焓降效率

(b) 涡轮效率特性

图 7-7　涡轮部件特性

根据从涡轮特性图插值得到的涡轮效率 η_T 和焓降 ΔH_T，计算出涡轮膨胀比和出口参数。

5. 尾喷管参数计算

对于收敛喷管，首先根据喷管出口压力和环境压力比较，判断喷管工作状态。

亚临界状态，出口静压等于外界气压，即 $P_6 = P_H$。根据等熵流动公式，可求得喷管出口参数。已知喷管处于亚临界状态，喷管出口静压为大气压 P_H，且喷管出口面积已由设计点计算得到（面积不可调），喷管流量 W_6 已知，可由图 7-8 所示流程计算得到可使流量流过喷管所需的进口总压 P_5^*。

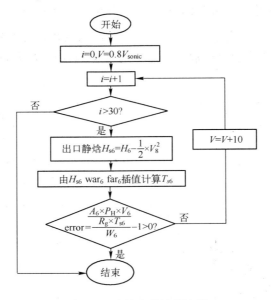

图 7-8　喷管参数计算流程

临界状态，出口静压等于外界气压，即 $P_6 = P_H$，出口为声速，根据等熵流动公式，可求得喷管出口参数。一般设计状态喷管出口为声速，即气流在喷管内完全膨胀。

绝热等熵膨胀的出口熵函数值为

$$\phi_{Ts} = \phi_6 - \ln\left(\frac{P_6}{P_{amb}}\right)$$

绝热等熵膨胀的出口静温为

$$T_{s6} = f_2(\phi_{Ts}, far_6, war_6)$$

等熵膨胀过程的焓降为

$$dh_{nozz} = h_6 - h_{s6} \tag{7-38}$$

出口速度为

$$V_6 = \sqrt{2 \times dh_{nozz}}$$

出口马赫数为

$$Ma_6 = \frac{V_6}{\sqrt{k \times R_g \times T_{s6}}}$$

尾喷管理想出口面积为

$$A_{e6} = \frac{W_6 \times R_g \times T_{s6}}{P_{s6} \times V_6}$$

超临界状态,出口静压大于外界气压,即 $P_6 > P_H$,出口为声速,根据等熵流动公式,可求得喷管出口参数。

6. 发动机非设计点计算模型

在许多情况下,发动机性能计算中所用的部件特性并不是该发动机的试验数据,而是与该发动机的部件特性相差不大的通用特性,为了解决所计算发动机的设计点部件特性参数与通用部件特性设计点参数不一致的问题,在计算中引入了耦合系数的概念。其耦合过程如下。

在设计点可计算出以下参数:设计点换算流量、设计点压比、设计点效率 η_{dp},并将设计点的换算转速作为参考点,将其设为 $n_{cor,dp} = 1$。

非设计点计算时,设计点也需与特性图匹配,即在特性图上找出一个耦合点作为参考,其须与设计点值匹配。找出此点,可在特性图上查出换算流量 $W_{corR,map}$、压比 $\pi_{R,map}$ 及效率 $\eta_{R,map}$。

耦合系数由以下公式计算。

流量耦合系数为

$$f_{mass} = \frac{W_{cor,dp}}{W_{corR,map}} \tag{7-39}$$

效率耦合系数为

$$f_{eff} = \frac{\eta_{dp}}{\eta_{R,map}} \tag{7-40}$$

压比耦合系数为

$$f_{\pi} = \frac{\pi_{dp} - 1}{\pi_{R,map} - 1} \tag{7-41}$$

通过以上耦合系数将通用特性图缩放为实际可用特性图。

对发动机进行非设计点计算时,对于涡喷发动机,根据不同的发动机控制规律,可以选择的独立变量是不同的。例如,对于保持压气机物理转速等于常数的控制规律,可以选取以下几个独立变量:压气机压比比 ZC;涡轮前温度 T_4^*;低压涡轮折合流量 $W_{4.5cor}$。

发动机稳态性能时,选取以下方程作为误差方程,即

$$\begin{aligned} e_1 &= W_{4.5} - W_{4.5M} \\ e_2 &= L_C - L_{HT} \\ e_3 &= P_6^* - P_{6,th}^* \end{aligned} \tag{7-42}$$

非线性方程组的求解:

非设计点性能计算时,上述误差方程通常不会满足给定的收敛条件,因此,发动机在非设计状态的非线性方程组必须采用 Newton – Raphson 法迭代求解,才能确定发动机的实际工作点。Newton – Raphson 法的计算过程如下。

设有一线性方程,表达成一般形式为

$$F(X) = 0 \tag{7-43}$$

牛顿法的基本思想是将非线性问题逐次线性化形成迭代程序。对于向量值函数 $F(X)$，如果包含点 X 的某邻域内，向量函数 $F(X)$ 在某种意义下为线性函数，即

$$L_K(X) = A_K X + B_K \tag{7-44}$$

那么可用线性方程组表示为

$$L_K(X) = A_K X + B_K = 0 \tag{7-45}$$

近似代替非线性方程组 $F(X)$。而方程组 $L_K(X) = A_K X + B_K = 0$ 的解可作为 $F(X) = 0$ 的近似解。这种化非线性问题为线性问题的方法，称为线性化方法。方程组 $L_K(X) = A_K X + B_K = 0$ 称为方程组 $F(X) = 0$ 的线性化方程。则有

$$F(X_K) = L_K(X) = A_K X + B_K = 0$$
$$dF(X_K) = dL_K(X) = A_K \tag{7-46}$$

从中解出 $dF(X_K)$，并代入 $L_K(X) = A_K X + B_K = 0$ 得

$$L_K(X) = dF(X_K)(X - X_K) + F(X_K) = 0 \tag{7-47}$$

令 $X = X_{K+1}$，则有

$$X_{K+1} = X_K - \left[dF(X_K) \right]^{-1} F(X_K) \quad K = 0,1,2,\cdots \tag{7-48}$$

此即非线性方程组 $F(X) = 0$ 的牛顿迭代公式。

Newton – Raphson 法的主要优点是局部收敛好，但也有一些缺点：其一是 X 必须接近真实解才能保证收敛；其二是每一步的迭代都重现计算矩阵及解方程。实际使用时可以通过改进办法，提高收敛速度。

以 Newton – Raphson 法为基础进行迭代求解，以混合排气涡扇发动机为例，选取的发动机工作状态的 3 个参数作为求解变量。它们是 $V_3 = ZC$、$V_4 = T_4^*$、$W_6 = W_{4.5cor}$。在引入各部件的非线性模型以后，这 3 个变量成为 3 个平衡方程中的全部变量。因此，可以将 3 个平衡方程写成：

$$E_1(V_1,V_2,V_3) = 0$$
$$E_2(V_1,V_2,V_3) = 0 \tag{7-49}$$
$$E_3(V_1,V_2,V_3) = 0$$

于是求解共同工作方程的问题转化为求解上述 3 个非线性方程组的问题。解上述非线性方程组，选用 Newton – Raphson 方法。求解过程如下。

上述非线性方程组可写成

$$E_i(V_1,V_2,\cdots,V_n) = 0 \quad i = 1,2,\cdots,n \tag{7-50}$$

引入记号 $V = (V_1,V_2,\cdots,V_n)$，从选取的初始值 $V^{(0)} = (V_1^{(0)},V_2^{(0)},\cdots,V_n^{(0)})$ 出发，假设已迭代算到第 K 步，得到 $V^{(k)} = (V_1^{(k)},V_2^{(k)},\cdots,V_n^{(k)})$。

若对每个 i 都有 $E_i(V^{(k)}) \leqslant \varepsilon (\varepsilon > 0)$，则近似值 $V^{(k)}$ 就是上述非线性方程组的解。式中，ε 为要求的计算精度。

若误差未达到精度要求，则进一步按以下所述修正变量后再迭代。

非线性方程组在 $V^{(k)}$ 附近的偏微分方程组为

$$dE_i = \sum_{j=1}^{n} \frac{\partial E_i}{\partial V_j} dV_j \quad i = 1,2,\cdots,n \tag{7-51}$$

用差商代替微商，则式(7-51)变为

$$\Delta E_i = \sum_{j=1}^{n} \frac{\Delta E_i}{\Delta V_j} \Delta V_j \tag{7-52}$$

式(7-52)还可改写为

$$\Delta V = M^{-1} \Delta E \tag{7-53}$$

式中 M 为 n 阶系数矩阵 $(\Delta E_i / \Delta V_j)_{n \times n}$; ΔV 为解向量; ΔE 为列向量。

解式(7-53)线性代数方程组得到 ΔV 后,那么 $K+1$ 次逼近的变量值为

$$V_j^{(k+1)} = V_j^{(k)} + \Delta V_j \tag{7-54}$$

如此反复迭代,直至误差满足精度要求为止。

7. 发动机整机性能计算

设总推力 F_G、净推力 F_N,单位推力耗油率 SFC,则

$$
\begin{aligned}
F_G &= W_6 V_6 + (P_6 - P_0) A_6 \\
V_0 &= MaC_H \\
F_N &= W_6 V_6 - W_1 V_0 + (P_6 - P_0) A_6 \\
SFC &= \frac{3600 W_f}{F_N}
\end{aligned}
\tag{7-55}
$$

式中: V_6 为喷管排气速度; P_6 为喷管出口压力; A_6 为喷管出口面积; V_0 为飞行速度; C_H 为当地声速; W_6 为喷管出口燃气流量。

7.4 S 弯隐身喷管对发动机工作特性的影响

以某型发动机为基础建立发动机仿真模型,发动机是双涵道、混合排气的双轴式涡扇发动机。前一节采用二阶响应曲面方法建立的 S 弯隐身喷管近似模型可通过获得的流量系数 C_D 和推力系数 C_{fg} 来引入到发动机整体程序中。

以起飞状态作为设计点,部件特性选择通用特性,计算获得的发动机设计点性能参数与真实发动机的性能参数对比如表7-7所示,各参数相对于真实发动机的参数的误差均很小,由此验证所建立的发动机模型是可行的。

表 7-7 计算获得的发动机设计点性能参数与真实发动机对比

参　　数	相 对 误 差
推力	1.20%
耗油率	2.86%
喷管出口面积	0.12%

在发动机仿真模型的喷管模块上,补充 S 弯隐身喷管的近似模型,如图7-9所示。S弯隐身喷管的近似模型通过响应面法建立的流量系数和推力系数来表现。在发动机仿真程序中,将 S 弯隐身喷管的流量系数 C_D 引入到流量平衡方程,将推力系数 C_{fg} 引入到推力和耗油率计算式中,以此建立 S 弯隐身喷管与发动机整机匹配模型。由于喷管几何面积不可调,出口截面面积相同的 S 弯隐身喷管性能之间的差异通过流量系数 C_D 和推力系数 C_{fg} 来反映。

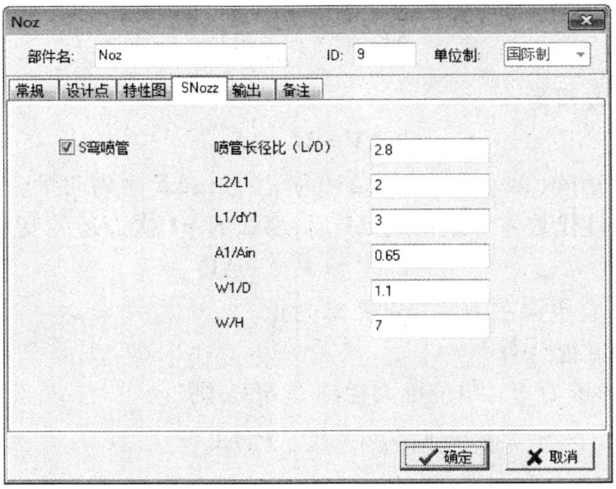

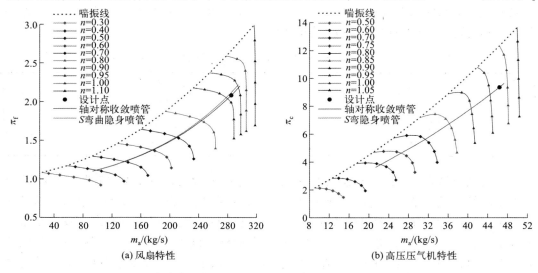

图 7-9　喷管模块上的 S 弯隐身喷管近似模型

为了获得 S 弯隐身喷管与发动机整机耦合特性，并研究其工作点相比于轴对称收敛喷管的漂移情况，本节对比了地面状态下分别安装轴对称喷管和 S 弯隐身喷管的发动机节流特性。S 弯隐身喷管几何参数取值为前述响应面法建立 S 弯隐身喷管近似模型过程中几何参数设计空间的中心点。图 7-10 给出了风扇特性图和高压压气机特性图上带 S 弯隐身喷管与轴对称收敛喷管的发动机节流特性的共同工作线的对比。由图可知，与轴对称收敛喷管相比，带 S 弯隐身喷管的高压压气机的共同工作线是不变的，风扇的共同工作线向喘振边界方向移动。这是因为，在同一相对物理转速下，S 弯隐身喷管与轴对称喷管相比，相当于缩小了尾喷管最小截面面积 A_8。由于高压涡轮落压比不变，高压压气机的共同工作线是不变的。混合排气的涡扇发动机的风扇压气机共同工作线的移动情况取决于设计涵道比 B 的大小。一般地，当混合排气涡扇发动机的涵道比 $B>0.4\sim0.5$ 时，涵道比的变化起主要作用。对于本节研究的发动机模型，设计涵道比 $B=2.33$，所以，A_8

(a) 风扇特性　　　　(b) 高压压气机特性

图 7-10　S 弯隐身喷管和轴对称收敛喷管节流特性的共同工作线对比

减小时风扇出口换算流量降低,引起涵道比 B 的减小,这表示风扇流通能力降低,风扇特性图上共同工作线向喘振边界方向移动。当风扇相对物理转速低于 60% 时,由于喷管落压比较低,S 弯隐身喷管与轴对称收敛喷管的流量系数差异很小,所以共同工作线重合在一起。

表 7-8 给出了各高压压气机相对物理转速下,带 S 弯隐身喷管和轴对称收敛喷管发动机的涡轮前温度、推力及耗油率对比。可以看出,相同转速下,带 S 弯隐身喷管的涡轮前温度与轴对称喷管的相比差异很小,所以高压涡轮膨胀比不变,二者在高压压气机特性图上的共同工作线重合。与轴对称喷管相比,带 S 弯隐身喷管的发动机推力下降 1% ~ 2%,耗油率上升 1% ~ 2%。这是因为 S 弯喷管的推力系数比轴对称喷管的低。

表 7-8　高压压气机相对物理转速下带 S 弯隐身喷管和
轴对称喷管发动机的涡轮前温度、推力及耗油率对比

相对物理转速/%	涡轮前温度/K			推力/N			耗油率/(kg/h/N)		
	轴对称喷管	S 弯喷管	相对误差/%	轴对称喷管	S 弯喷管	相对误差/%	轴对称喷管	S 弯喷管	相对误差/%
100	1507.16	1508	+0.06	13604.6	13488.6	-0.85	0.4957	0.5028	+1.43
98	1461.04	1462.13	+0.08	12572.9	12398	-1.39	0.4860	0.4942	+1.69
92	1333.3	1334.2	+0.07	9378.25	9213.57	-1.76	0.4707	0.4795	+1.87
86	1216.37	1216.89	+0.04	6834.16	6710.8	-1.81	0.4646	0.4734	+1.89
80	1102.33	1102.88	+0.05	4732.4	4647.2	-1.80	0.4696	0.4786	+1.92
74	990.638	991.173	+0.05	3046.62	2992.63	-1.77	0.4917	0.5011	+1.91
68	917.625	918.16	+0.06	1934.27	1900.7	-1.74	0.5482	0.5586	+1.90
62	846.377	846.578	+0.02	1128.22	1108.47	-1.75	0.6624	0.6746	+1.84

参 考 文 献

[1] 航空发动机设计手册：进排气装置[M]. 北京：航空工业出版社，2002.

[2] 孙连山，梁学明. 航空武器发展史[M]. 北京：航空工业出版社，2004.

[3] 唐谋生，刘忠义，刘解华. 雷霆之击：导弹[M]. 北京：化学工业出版社，2012.

[4] 夏军. 百步穿杨：导弹[M]. 北京：化学工业出版社，2009.

[5] （英）D. 理查森，著. 现代隐身战机[M]. 魏志祥，等译. 北京：科学出版社，1991.

[6] 董长军，胡凌云，管有勋. 聚焦隐身战机[M]. 北京：蓝天出版社，2005.

[7] （美）戴维·奥利弗，迈克·瑞安，著. 隐身战斗机：Secret planes and secret missions [M]李向荣，译. 海口市：海南出版社，2002.

[8] 钟华，李自立. 隐身技术：军事高技术的"王牌"[M]. 北京：国防工业出版社，1999.

[9] 张考，马东立. 军用飞机生存力与隐身设计[M]. 北京：国防工业出版社，2002.

[10] 王永仲. 现代军用光学技术[M]. 北京：科学出版社，2003.

[11] 房建成，陶冶，于歌. 空战新兵：无人机与战争[M]. 广州：花城出版社，2010.

[12] Born G A, Roberts T A, Boot P M. Infrared suppression exhaust duct system for a turboprop propulsion system for an aircraft：Untied States，US5699662 [P]. 1997 – 12 – 13.

[13] Brunet E, Daris T, Page A P, et al. Elbow – shaped propulsion gas exhaust assembly in an aircraft：Untied States, US7581400B2 [P]. 2009 – 09 – 01.

[14] Brunet E, Daris T, Page A P, et al. Exhaust assembly forming a horizontal propulsion gas elbow in an aircraft：Untied States, US7784284B2 [P]. 2010 – 08 – 31,2010.

[15] 卫永斌，艾俊强. 并列双发三维非对称多 S 弯喷管参数化设计方法[J]. 航空动力学报，2015，30（2）：271 – 280.

[16] 刘常春，吉洪湖. 一种二元 S 弯喷管的红外辐射特性数值研究[J]. 工程热物理学报，2010. 31（9）：1567 – 1570.

[17] 刘常春，吉洪湖. 一种双 S 弯二元喷管的红外辐射特性数值研究[J]. 航空动力学报，2013. 28（7）：1482 – 1488.

[18] 于明飞，吉洪湖. 小偏距 S 弯二元喷管的红外辐射特性数值分析[J]. 航空动力学报，2015. 30（9）：2080 – 2087.

[19] 高翔，杨青真. 出口形式对双 S 弯排气系统红外特性影响研究[J]. 红外与激光工程，2015. 44（6）：1726 – 1732.

[20] 李岳锋，杨青真. 出口宽高比对 S 形二元收敛喷管雷达散射截面的影响[J]. 航空动力学报，2014. 29（3）：645 – 651.

[21] 章叶川，王占学. 双 S 弯喷管流动特性及红外辐射特性分析[J]. 航空动力学报，2013. 28（11）：2468 – 2474.

[22] 孙啸林，王占学. 基于多参数耦合的变截面 S 弯隐身喷管设计方法研究[J]. 工程热物理学报，2015，36（11）：2371 – 2375.

[23] Sun Xiaolin, Wang Zhanxue, Zhou Li, et al. Experimental and Computational Investigation of Double Serpentine Nozzle [J]. Part G：Joumal of Aerospace Engineering,2015,229（11）：2035 – 2050.

[24] Sun Xiaolin, Wang Zhanxue, Zhou Li, et al. Influences of Design Parameters on a Double Serpentine Convergent Nozzle [J]. ASME Joumal of Engineering for Gas Turbines and Power,2016,138（7）：072301 – 072316.

[25] Sun Xiaolin, Wang Zhanxue, Zhou Li, et al. Performance Estimation for Serpentine Nozzle Coupled with Aero – engine [R]. AIAA – 2016 – 5056.

［26］ 周慧晨，谭慧俊，李湘萍. 复杂变截面进气道的一种设计方法［J］. 航空动力学报，2009，24（6）:1357 – 1363.

［27］ 廉小纯，吴虎. 航空燃气轮机原理［M］. 北京:国防工业出版社，2001.

［28］ 夏玉顺，邵忠祥，鲍国华. 风洞特种实验［M］. 航空专业教材审查组，1983.

［29］ ［美］F. K. 利特尔等，著. 内流空气动力学手册［M］钱翼稷，赵鹤书，宋宪梗，等译. 北京:国防工业出版社，1982.

［30］ 董金刚，张江，沈林强，等. 亚跨超风洞彩色油流流动显示技术［R］. 第八届全国实验流体力学学术会议.

［31］ 王涛，李飞行. 五孔探针理论校准方法研究［J］. 工程与实验. 2012，52（3）:12 – 16.

［32］ GJB 180A – 2006 FL – 0116 低速风洞飞机模型设计准则［S］.

［33］ 蒋磊. 标准孔板与涡街的能耗（永久压力损失）估算［J］. 自控技术应用，2009，30（3）:45 – 46.

［34］ 李强，李周复，陈永奎. 风洞阻尼网周边拉力分析与计算［J］. 航空计算技术，2009，39（6）:30 – 36.

［35］ 王云. 航空发动机原理［M］. 北京:北京航空航天大学出版社，2009.

［36］ 范洁川. 风洞实验手册［M］. 北京:航空工业出版社，2002.

［37］ 姜正行，等. 飞机内流空气动力学［M］. 北京:航空工业出版社，1989.

［38］ 汪维娜，王占学，乔渭阳. 单斜面膨胀喷管几何参数对流场和性能的影响［J］. 航空动力学报，2006，21（2）.

［39］ 张少丽，单勇，张靖周. 单边膨胀喷管气动和红外辐射特性数值研究［J］. 航空动力学报，2006，21（7）:.

［40］ 庄钊文，袁乃昌，莫锦军. 军用目标雷达散射截面预估与测量［M］. 北京:科学出版社，2007.

［41］ 黄培康，殷红成，许小剑. 雷达目标特性［M］. 北京:电子工业出版社，2004.

［42］ 聂在平. 目标与环境电磁散射特性建模［M］. 北京:国防工业出版社，2009.

［43］ Kline M，Kay I. Electromagnetic Theory and Geometrical optics［M］. Wilay Inter – science，1965.

［44］ Knott J F Shaeffr. Incremental diffraction coefficients for plannar surfaces［J］. IEEE Trans，1988，36（1）55 – 70.

［45］ 汪连栋. 几何光学法用于飞机进气道 RCS 的计算［J］. 火力与指挥控制，1991，17（2）:58 – 66.

［46］ 李舰，段文义，徐彦明. 飞行器 RCS 仿真建模方法研究［J］. 计算机仿真，2006，23（12）:54 – 56，89.

［47］ 赵云青，秦会斌，毛祥根. 复杂目标雷达散射截面的计算研究［J］. 杭州电子科技大学学报，2007，27（5）:56 – 59.

［48］ 车竞，唐硕. 高超声速飞行器翼身二面角结构的雷达散射截面分析［J］. 电子与信息学报，2007，29（2）:486 – 488.

［49］ Umul，Yusuf Ziya. Physical optics scattering of waves by a half – plane with different face impedances［C］. IEEE Transactions on Antennas and Propagation，2006，10:21 – 24.

［50］ Barkeshli，Kasra. Shape reconstruction of three – dimensional conducting curved plates using physical optics，NURBS modeling，and Genetic algorithm［C］. IEEE Transactions on Antennas and Propagation，2006，54（9）2497 – 2507.

［51］ De Adana，Francisco Saez. Method based on physical optics for the computation of the radar cross section including diffraction and double effects of metallic and absorbing bodies modeled with parametric surfaces［C］. IEEE Transactions on Antennas and Propagation，2004，52（12）:3295 – 3303.

［52］ Kim S Y Y Diffraction by an arbitrary – angled dielectric wedge. iterative physical optics approximation［C］. IEEE Transactions on Antennas and Propagation，1991，39（9）:1272 – 1281.

［53］ Rpger F. Harrington. Filed Computation by Moment Methods［M］. New York:McMillan，1968.

［54］ Robert Lee，Tse – Tong Chia. Analysis of electromagnetic scatteringfroma cavity with a complex termination by maens of a hybrid Ray – FDTD method. IEEE Trans. AP，1993，41（11）:1560 – 1596.

［55］ Basteriro F，Rodriguez J L，Burkholder R J. An iterative physical optics Approach for analyzing the Electromagnetic scattering by large open – ended cavities［C］. IEEE Transactions on Antennas and Propagation，1995，43（4）:356 – 361.

［56］ Robert J B，Tomas L. Forward – Backward Iterative Physical Optics Algorithm for Computing the RCS of Open Ended Cavities［C］. IEEE Transactions on Antennas and Propagation，2005，53（2）:793 – 799.

［57］ Robert J B. A fast and rapidly convergent iterative physical optics algorithm for computing the RCS of open – ended cavities［J］. ACES Joarnal，2001，16（1）:53 – 59.

［58］ 顾长青，舒永泽. 一种改进的迭代物理光学法［J］. 电子与信息学报，2001，23（10）:1036 – 1040.

［59］ 顾长青，舒永泽，徐金平. 物理迭代光学法的子域链接法［J］. 电子学报，2001，29（3）:420 – 422.

［60］ 何小祥，徐金平，顾长青. 介质涂覆电大腔体电磁散射 IPO 研究［J］. 电子与信息学报，2005，27（1）136 – 138.

[61] 胡俊，聂在平，王军，等．三维电大目标散射求解的多层快速多极子方法[J]．电波科学学报，2004，19(5)：509-514.

[62] 王浩刚．电大尺寸含腔体复杂目标矢量电磁散射一体化精确建模与高效算法研究[D]．电子科技大学博士学位论文，2004.

[63] 胡颉，胡俊，聂在平，等．一种自适应的射线传播多层快速多极子方法[J]．电波科学学报，2004,19(6):669-672.

[64] 胡俊，聂在平，雷霖，等．多层快速多极子方法中转移因子的修正拉格朗日内插技术[J]．电子学报，2006，34(3):539-542.

[65] 温彬，胡俊，聂在平．多层快速多极子算法中修正多极子模式数技术[J]．系统工程与电子技术，2010，32(12):2557-2560.

[66] 弓晓东，胡俊，聂在平，等．三维导电目标电磁散射的高阶多层快速多极子方法[J]．电波科学学报，2004，19(5):577-580.

[67] 张麟兮，李南京，胡楚锋，等．雷达目标散射特性测试与成像诊断[M]．北京:中国宇航出版社，2009.